高等职业院校教学改革创新教材
中软国际卓越人才培养系列丛书 · 软件开发系列

Java EE 架构与程序设计

（第 3 版）

郑　锋　王晓华　主　编◎

马军勇　冯冬艳　副主编◎

電子工業出版社

Publishing House of Electronics Industry

北京 · BEIJING

内 容 简 介

Java EE 包含一系列的技术，对于 Web 开发人员来说，关键是掌握 Web 组件技术、JDBC 编程及常用框架等。本书主要分为四部分：第一部分介绍 Servlet/JSP 入门，并通过对简单示例的演示来讲解 MVC 模式的含义及使用；第二部分详解 Servlet 组件开发，对 Servlet 相关技术进行深入剖析；第三部分深入介绍 JSP 组件开发；第四部分介绍与 Java EE 架构设计相关的几个高级主题，包括 Log4j、Ajax、JSF 框架。本书在第一部分便设计了一个案例，并贯穿始终，随着介绍的深入不断完善案例，将所学技能直接应用到案例开发中，做到"学中做，做中学"。

本书适合各层次Web开发人员阅读。

图书在版编目（CIP）数据

Java EE 架构与程序设计 / 郑锋，王晓华主编. —3 版. —北京：电子工业出版社，2022.8

ISBN 978-7-121-44056-4

Ⅰ. ①J… Ⅱ. ①郑… ②王… Ⅲ. ①JAVA 语言－程序设计 Ⅳ. ①TP312.8

中国版本图书馆 CIP 数据核字（2022）第 134242 号

责任编辑：杨　波
印　　刷：北京雁林吉兆印刷有限公司
装　　订：北京雁林吉兆印刷有限公司
出版发行：电子工业出版社
　　　　　北京市海淀区万寿路 173 信箱　邮编　100036
开　　本：787×1 092　1/16　印张：14.25　字数：364.8 千字
版　　次：2011 年 10 月第 1 版
　　　　　2022 年 8 月第 3 版
印　　次：2023 年 11 月第 2 次印刷
定　　价：49.90 元

凡所购买电子工业出版社图书有缺损问题，请向购买书店调换。若书店售缺，请与本社发行部联系，联系及邮购电话：（010）88254888，88258888。

质量投诉请发邮件至 zlts@phei.com.cn，盗版侵权举报请发邮件至 dbqq@phei.com.cn。

本书咨询联系方式：（010）88254584，yangbo@phei.com.cn。

前言

如果您已经完全掌握 Java SE（Java 语言标准版）核心编程技术，那么就可以胜任桌面应用开发。然而，目前大多数的企业级 Java 应用都是基于 B/S 结构的。要想使用 Java 技术开发 B/S 结构的应用，就必须掌握 Java EE（Java 企业版）的相关技术，本教材主要介绍与 Java EE 架构设计相关的内容。

Java EE 包括一系列的技术，本教材主要关注 Java EE 开发员必须掌握的组件和技术，旨在通过对本教材的介绍，使读者能够快速胜任 Web 应用开发。教材的内容分为四部分，力求简单明了，深入浅出地阐述 Web 应用开发。

第一部分：Servlet/JSP 入门。本部分将用简洁的描述使读者了解 Web 组件，帮助读者搭建一个简单的 Web 应用，了解 Web 应用的开发、部署过程，了解 Servlet/JSP 的基本概念，掌握 JDBC 编程等，旨在带领读者进入使用 Java EE 进行 Web 应用开发的大门。

第二部分：详解 Servlet 组件开发。由于 JSP 的本质就是 Servlet，所以本教材先从 Servlet 开始介绍。将从请求、响应、会话、上下文、监听器、过滤器等各方面介绍 Servlet 核心技术，介绍完本部分后，读者将能够全面掌握 Servlet 组件的开发。

第三部分：详解 JSP 组件开发。有了 Servlet 的扎实基础后，JSP 的介绍就相对容易。本部分将从内置对象、指令、标准动作、JavaBean、JSTL 标签、EL 语音等方面介绍 JSP 组件的开发。

第四部分：高级主题。全面掌握 Servlet/JSP 技术后，本部分介绍几个经常使用的高级主题，包括 Log4j、Ajax 技术以及 JSF 框架。

在本书的第一部分，设计了一个"案例"，这个案例没有复杂的业务逻辑，且在本书中一直使用，贯穿始终。随着学习的深入，将不断完善这个案例，给案例增加新的功能，从而使得读者能够边学边做、边做边学，一定程度上保证了教材的实用性。书中有关实践的部分，都有详细的截图及代码示例，使读者能够快速上手，而不仅仅使学习只停留在理论的层面。另外，附录部分提供了企业关注的技能，并从企业的角度给予解析，从而帮助读者进一步梳理学习内容，掌握企业需要的技能。

自 2011 年本书第 1 版面世以来，得到各院校师生和培训机构学员的普遍认可，在此表示衷心的感谢！

在此次改版修订的过程中，对一些难以理解的内容进行了修改，并更新了部分软件的版本。为了能够帮助读者更好地理解、实践书中内容，在每章结尾提供了思考与练习题，通过这些题目，不仅能对本章的学习内容进行总结，还能有效提升学习的效果。

本书所有配套的讲义、源代码及视频均可到华信教育资源网免费下载。

本书由武汉理工大学郑锋和北京中软国际教育科技股份有限公司王晓华担任主编，由泰安日报社马军勇和山西职业技术学院冯冬艳担任副主编，全书由王晓华统稿。其中郑锋编写了第 1 章～第 7 章，王晓华编写了第 8 章～第 18 章，马军勇编写了第 19 章～第 21 章，冯冬艳编写了第 22 章、第 23 章、附录 A 和附录 B。

由于编者水平有限，时间仓促，书中存在一些不尽如人意的地方，甚至会有一些错误。如果您发现了任何内容方面的问题，烦请跟编者联系（wangxh@chinasofti. com），我们定会尽快进行勘误。

编　者

目录

第一部分 Servlet/JSP 入门

第二部分 详解 Servlet 组件开发

第三部分 详解JSP组件开发

第四部分 高级主题

第一部分

Servlet/JSP 入门

万事开头难。任何技术的学习和掌握，入门都是非常关键的一步，本书第一部分的内容关键在于“入门”。本部分从搭建 Web 应用的开发运行环境开始，让读者逐步掌握 Web 应用的基本开发步骤。然后对 Servlet 和 JSP 进行介绍，使读者了解 Servlet 和 JSP 的概念、优点、开发过程等。构建 Web 应用，要建立正确的架构思想，MVC 模式是 Web 应用中常用的一种架构模式。本部分也将通过一个简单例子，介绍 MVC 模式的概念，帮助读者尽早建立正确的 MVC 思想，理解 Servlet 和 JSP 在开发中的实际运用。另外，本部分设计了一个案例，并实现了案例的业务逻辑和页面部分。该案例将贯穿于本书的后续章节中，并不断完善，以帮助读者掌握相关知识。

第 1 章

Java EE Web 开发概述

Servlet 和 JSP 是 Java EE 技术的一部分，本章讲解 Java EE 中主要技术的基本含义，并介绍典型的 Java EE 应用架构。工欲善其事，必先利其器。本章将逐步介绍如何搭建 Servlet/JSP 的运行及开发环境，并展示如何创建、部署、测试一个 Web 应用，使读者能快速搭建必需的环境，为后续学习做好准备。

1.1 Java EE 技术概述

Java 平台有 3 个版本，包括微型版 Java ME（Java Platform，Micro Edition），用来开发适用于小型设备和智能卡的应用；标准版 Java SE（Java Platform，Standard Edition），用来开发桌面应用系统；企业版 Java EE（Java Platform，Enterprise Edition），用来创建企业级应用。Java EE 版本的基础是 Java SE 版本，要想使用 Java 技术构建企业级应用，不仅仅需要掌握必要的 Java EE 技术，精通 Java SE 更是必要的前提。

Java EE 是由一系列的技术和服务组成的，通常来说有 13 种。具体如下。

（1）JDBC（Java Database Connectivity）：用来访问数据库的 API。

（2）Java Servlet：是一种小型的 Java 程序，扩展了 Web 服务器的功能。

（3）JSP（Java Server Pages）：JSP 页面由 HTML 代码和嵌入其中的 Java 代码组成，用来实现动态视图。

（4）JNDI（Java Name and Directory Interface）：JNDI API 用于访问名字和目录服务器。

（5）EJB（Enterprise JavaBean）：实现业务逻辑的组件，可以构建分布式系统。

（6）RMI（Remote Method Invoke）：调用远程对象的方法。

（7）Java IDL/CORBA：将 Java 和 CORBA 集成在一起。

（8）XML（Extensible Markup Language）：用来定义其他标记语言的语言。

（9）JMS（Java Message Service）：用于和消息中间件相互通信的 API。

（10）JTA（Java Transaction Architecture）：一种标准的 API，可以访问各种事务管理器。

（11）JTS（Java Transaction Service）：是 CORBA OTS 事务监控的基本实现。

（12）JavaMail：用于存取邮件服务器的 API。

（13）JAF（JavaBeans Activation Framework）：JavaMail 利用 JAF 来处理 MIME 编码的邮

件附件。

使用 Java EE 技术构建企业应用，往往会采用如图 1-1 所示的 Java EE 应用架构。

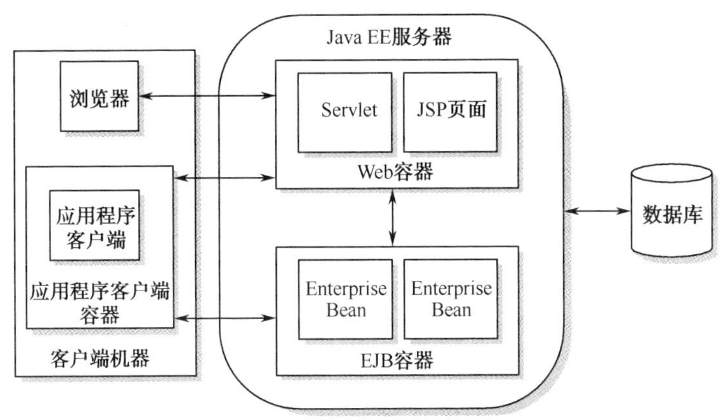

图 1–1 Java EE 应用架构

常用的 Java EE 应用架构中，客户端可能是浏览器，也可能是应用程序客户端。客户端的请求发送给 Java EE 服务器，由服务器调用客户端请求的组件，如 Servlet、JSP、EJB 等组件可以通过 JDBC 连接到数据库，进行数据存储操作；也可以通过其他服务访问不同的资源，如通过 JMS 访问消息服务器，通过 JNDI 访问名字和目录服务器等。

目前，大多数的企业应用都是 B/S 结构，即客户端是浏览器。从图 1-1 中可见，浏览器只能直接访问 Web 容器中的组件，如 Servlet 和 JSP 页面。如果要使用 Java EE 核心技术开发 B/S 结构的 Web 应用，那么至少要使用 Servlet 和 JSP 技术，因为浏览器无法直接访问 Java EE 服务器中的其他组件。本书将重点介绍 Servlet 和 JSP 技术，往往这二者被统称为 Java EE Web 组件开发技术。熟练掌握 Servlet 和 JSP 技术，是掌握 MVC 框架技术的必要基础。值得一提的是，目前很多企业 Web 应用都会使用一些开源框架，例如 Struts、Hibernate、Spring、Spring MVC、MyBatis、SpringBoot、JPA 等。然而，对于 Java EE 的初学者来说，先了解最核心的 Java EE 技术及架构是必要的途径。

J2EE 和 Java EE 有什么区别？在 JDK5.0 发布以前，Java 的企业版本称为 J2EE；JDK5.0 发布后，Java 的企业版本则称为 Java EE，对应其他版本为 Java SE、Java ME。J2EE1.4 和 Java EE5.0 是两个较流行的版本，较新的版本是 Java EE6.0。

1.2 搭建运行环境——Tomcat

Servlet 和 JSP 被称为 Java EE Web 组件，使用 Servlet 和 JSP 组件可以开发 Web 应用。组件（Component）一个最明显特征就是必须运行在容器（Container）中，容器可以理解为组件的运行环境，往往采用软件形式来实现。Web 组件的运行环境称为 Web 容器（Web Container）。开发 Web 应用之后，必须先安装好 Web 容器，然后将 Web 应用部署到 Web 容器中才能运行。

容器作为一个独立发展的标准化产品，目前种类有很多，但是它们都有自己的市场定位，

很难说谁优谁劣，各有特点。例如，现在比较流行的 Jetty，在定制化和移动领域有不错的发展。这里以 Tomcat 为例来介绍 Web 容器如何管理 Servlet，Tomcat 是其中一种较常用的免费的 Web 容器，本教材中将以 Tomcat 作为 Web 应用的运行容器。Tomcat 的容器分为四个等级，Context 容器是直接管理 Servlet 在容器中的包装类（Wrapper），一个 Context 对应一个 Web 工程，所以 Context 容器如何运行将直接影响 Servlet 的工作方式。Tomcat 容器模型如图 1-2 所示。

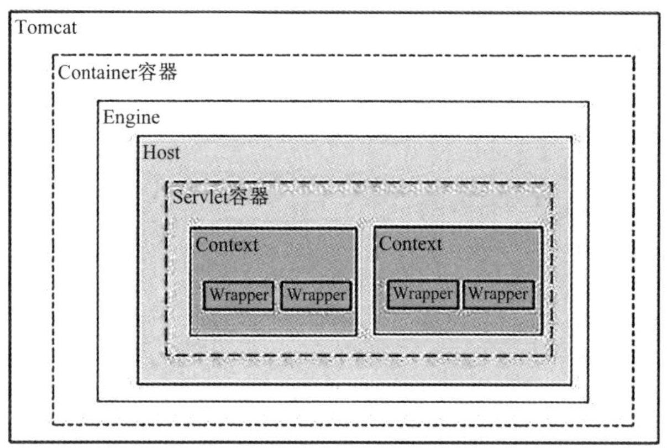

图 1-2　Tomcat 容器模型

使用 Tomcat 时，需要通过 Tomcat 官网的下载链接下载 Tomcat 安装文件，如图 1-3 所示。Tomcat 安装文件有两种版本：一种是免安装的版本，直接解压缩即可使用；另一种是需要安装的版本。

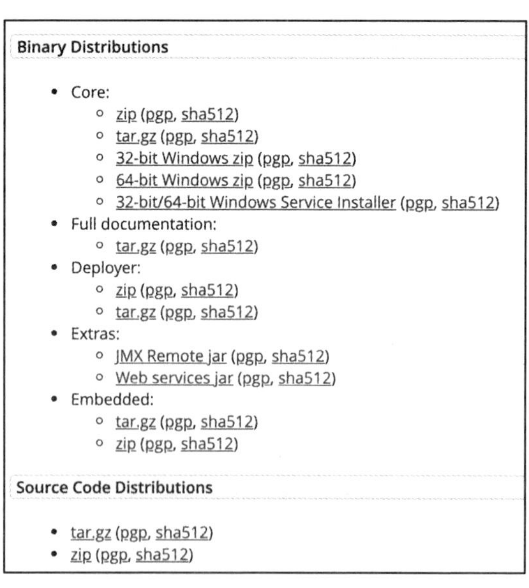

图 1-3　Tomcat 官网的下载链接

本教材中使用第一种版本的 Tomcat，这也是实际开发过程中使用较多的一种方式。下载 Tomcat 安装文件后，解压缩到某个目录下即可。该目录的目录名称建议不要有中文，不要有空格。教材中截图展示的是 Tomcat-6.0.16 的版本，其他版本（如 Tomcat 7.0、Tomcat 8.0、Tomcat 9.0 等）的配置启动等方式基本类似。Tomcat 解压缩后的目录结构如图 1-4 所示。

安装 Tomcat 后，要成功启动 Tomcat 才能提供服务。启动 Tomcat 前，需要在环境变量中配置变量名为 java_home 的环境变量，其变量值为 JDK 的安装目录，如图 1-5 所示。

地址(D) E:\project\javaweb\apache-tomcat-6.0.16

名称	大小	类型	修改日期	属性
bin		文件夹	2010-4-21 23:15	
conf		文件夹	2010-4-21 23:15	
lib		文件夹	2010-4-21 23:15	
logs		文件夹	2010-4-21 23:15	
temp		文件夹	2010-4-21 23:15	
webapps		文件夹	2010-4-21 23:15	
work		文件夹	2010-4-21 23:15	
LICENSE	38 KB	文件	2008-1-28 23:39	A
NOTICE	1 KB	文件	2008-1-28 23:39	A
RELEASE-NOTES	8 KB	文件	2008-1-28 23:39	A
RUNNING.txt	7 KB	文本文档	2008-1-28 23:39	A

图 1-4 Tomcat 解压缩后的目录结构

图 1-5 设置 java_home 的环境变量

接下来，运行 cmd 命令，切换到 Tomcat 目录的 bin 目录下，运行 startup.bat 即可启动 Tomcat，如图 1-6 所示。

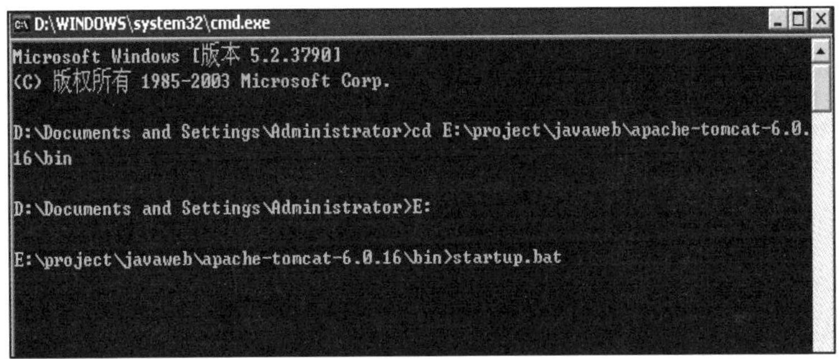

图 1-6 启动 Tomcat

启动 Tomcat 后，将在控制台输出启动信息。如果启动出错，通过查看启动信息就可以获悉出错原因，如图 1-7 所示。

```
2010-4-21 23:21:51 org.apache.coyote.http11.Http11Protocol init
信息: Initializing Coyote HTTP/1.1 on http-8080
2010-4-21 23:21:51 org.apache.catalina.startup.Catalina load
信息: Initialization processed in 1274 ms
2010-4-21 23:21:51 org.apache.catalina.core.StandardService start
信息: Starting service Catalina
2010-4-21 23:21:51 org.apache.catalina.core.StandardEngine start
信息: Starting Servlet Engine: Apache Tomcat/6.0.16
2010-4-21 23:21:52 org.apache.catalina.core.StandardContext addApplicationListener
信息: The listener "listeners.ContextListener" is already configured for this context. The duplicate definition has been ignored.
2010-4-21 23:21:52 org.apache.catalina.core.StandardContext addApplicationListener
信息: The listener "listeners.SessionListener" is already configured for this context. The duplicate definition has been ignored.
2010-4-21 23:21:52 org.apache.coyote.http11.Http11Protocol start
信息: Starting Coyote HTTP/1.1 on http-8080
2010-4-21 23:21:52 org.apache.jk.common.ChannelSocket init
信息: JK: ajp13 listening on /0.0.0.0:8009
2010-4-21 23:21:52 org.apache.jk.server.JkMain start
信息: Jk running ID=0 time=0/16  config=null
2010-4-21 23:21:52 org.apache.catalina.startup.Catalina start
信息: Server startup in 1128 ms
```

图 1-7 启动信息

启动信息中提示成功启动，Tomcat 就已经正常启动，缺省端口为 8080。可以通过浏览器访问 Tomcat 的 8080 端口服务，显示页面如图 1-8 所示。

图 1-8　通过浏览器访问 Tomcat 的 8080 端口服务的显示页面

只要在浏览器中显示了如图 1-8 所示的 Tomcat 首页面，就证明 Tomcat 已成功启动，即已为 Web 组件提供了一个可用的运行环境。

1.3 搭建开发环境

通过前面的介绍，学习了如何成功搭建 Servlet/JSP 的运行环境，本节将介绍如何搭建开发环境。只要有文本编辑器，即使是 Notepad（记事本）这样简单的编辑器，都可以进行 Web 应用开发。然而为了提高开发效率，在真实的企业开发过程中，都会使用某种集成开发环境（IDE）来进行项目开发。

Java EE 的集成开发环境有很多，如 Eclipse、MyEclipse、IntelliJ IDEA 等。其中 IntelliJ IDEA、MyEclipse 都是付费的软件；本教材使用 IBM 公司提供的免费的 Eclipse 平台。Eclipse 是目前较流行的免费的 Java EE 开发平台，使用 Eclipse 开发 Java EE 应用前，往往需要下载或自主开发相应插件。MyEclipse 是一款付费的 Eclipse 插件，集成了 Java EE 开发所需的大部分插件。Eclipse 不需要安装，解压缩后即可使用，购买 MyEclipse 插件后，进行缺省安装即可。本教材中使用 MyEclipse 作为 Eclipse 的 Java EE 开发插件，进行 Java EE 应用开发。

安装结束后，可以启动 Eclipse。启动过程中，会提示选择工作空间（workspace）。工作空间是使用 Eclipse 开发的工程源文件存放的位置，可以使用缺省位置，也可以自行创建。启动后的 Eclipse+MyEclipse 工作界面如图 1-9 所示。

到此为止，已经成功搭建了运行环境 Tomcat，并使用字符界面成功启动，同时也成功安装了 Eclipse 平台及 MyEclipse 插件，搭建了常用的开发环境。

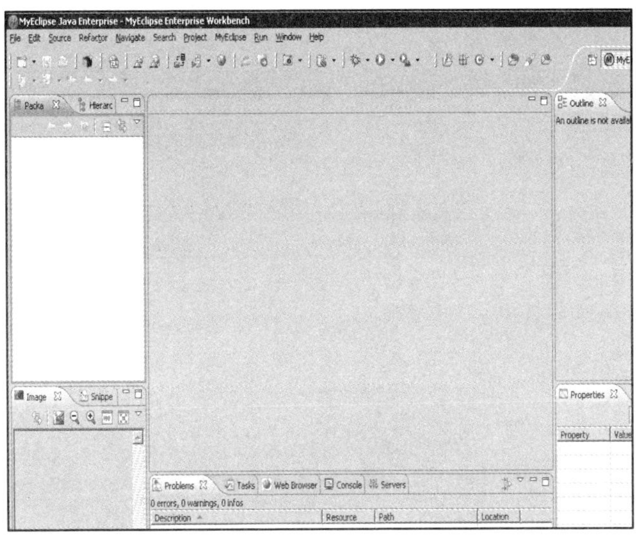

图 1-9　Eclipse+MyEclipse 工作界面

1.4 MyEclipse 管理 Tomcat

在前面的学习内容中，已经演示了如何使用字符界面启动 Tomcat。然而，安装好 MyEclipse 后，由于 MyEclipse 中集成了管理 Tomcat 的插件，所以可以使用 MyEclipse 启动或关闭 Tomcat。这种方式比起 1.2 节介绍的字符方式更简单直观，本节将介绍如何使用 MyEclipse 管理 Tomcat。

（1）单击服务器图标，选择 Configure Server 菜单项，如图 1-10 所示。

（2）在弹出的窗口中配置 Tomcat 具体信息，如图 1-11 所示，主要配置 Tomcat 的安装根目录，并选择“Enable”选项。

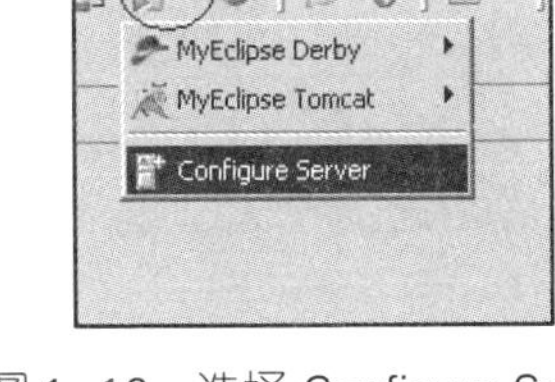

图 1-10　选择 Configure Server 菜单项

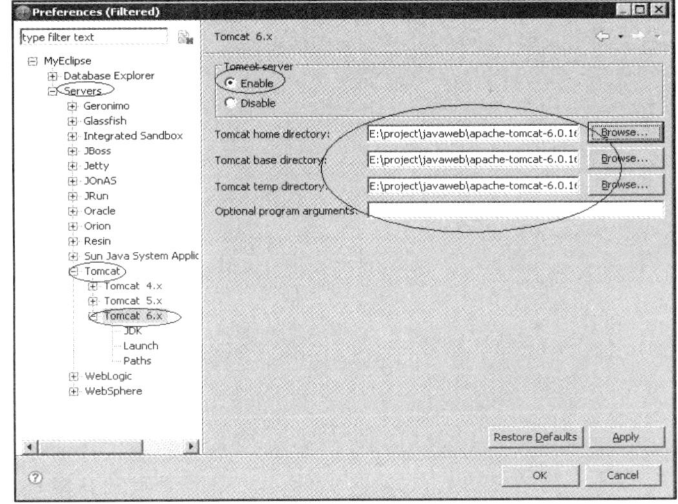

图 1-11　配置 Tomcat 具体信息

（3）选择 Tomcat 下的 JDK 选项，单击“Add…”按钮，如图 1-12 所示。

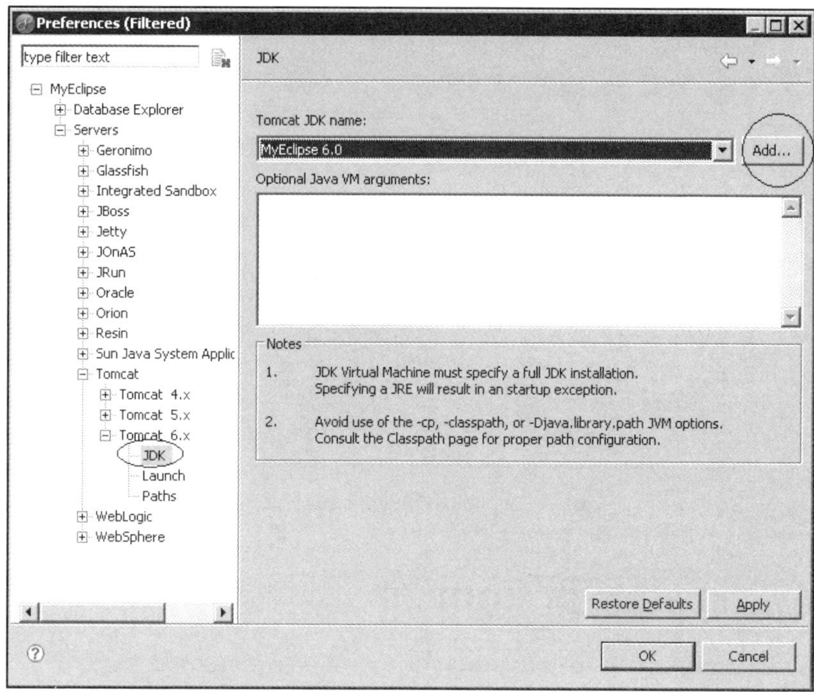

图 1-12　配置 JDK

（4）在弹出的窗口中浏览选择 JDK 的根目录，如图 1-13 所示。

（5）应用所有配置，选择服务器图标，启动 Tomcat，如图 1-14 所示。

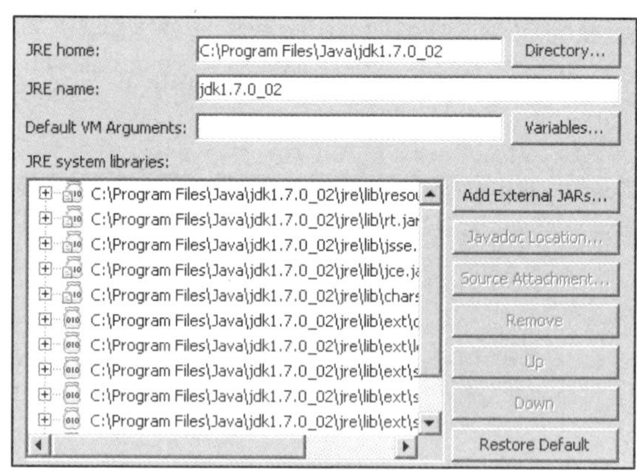

图 1-13　选择 JDK 的根目录

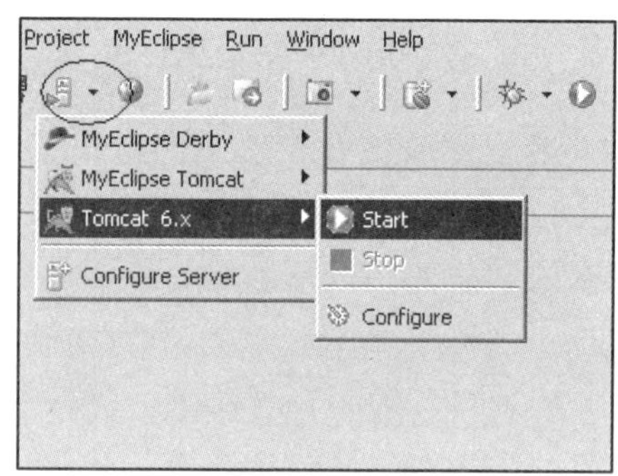

图 1-14　启动 Tomcat

（6）在 Console 视图中，可以看到启动信息，如图 1-15 所示。

（7）在浏览器中访问 Tomcat 首页面，如图 1-16 所示。

（8）关闭 Tomcat 有两种办法：强制关闭和正常关闭。如图 1-17 所示，通过菜单“Stop”命令可正常关闭 Tomcat。

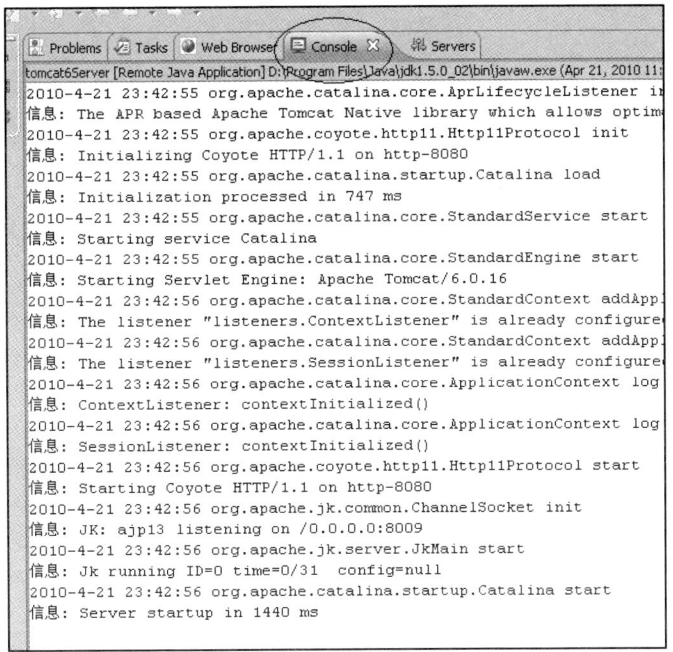

图 1-15　Console 视图中显示的启动信息

图 1-16　Tomcat 首页面

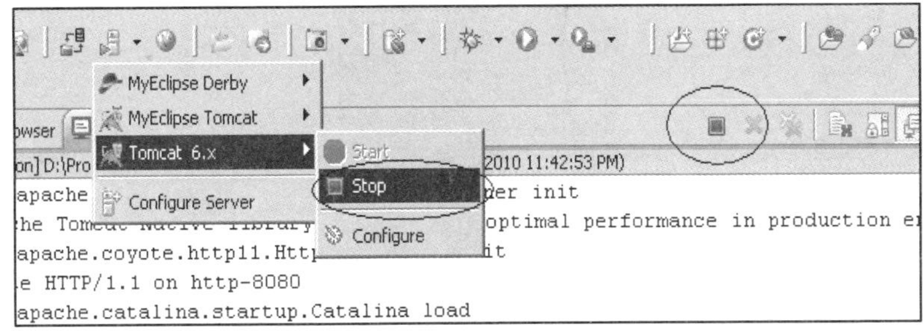

图 1-17　通过菜单“Stop”命令可正常关闭 Tomcat

至此，通过上面的 8 个步骤，能够在 Eclipse 中配置 Tomcat，并成功启动及测试 Tomcat。

1.5 使用 Eclipse 开发 Web 应用

通过前面的介绍，已经能够正确安装 Eclipse、MyEclipse 及 Tomcat，并能够通过 MyEclipse 管理 Tomcat。本节将介绍使用已经搭建好的开发运行环境来开发并运行 Web 应用的主要步骤。

（1）创建一个 Web 工程，如图 1-18 所示。

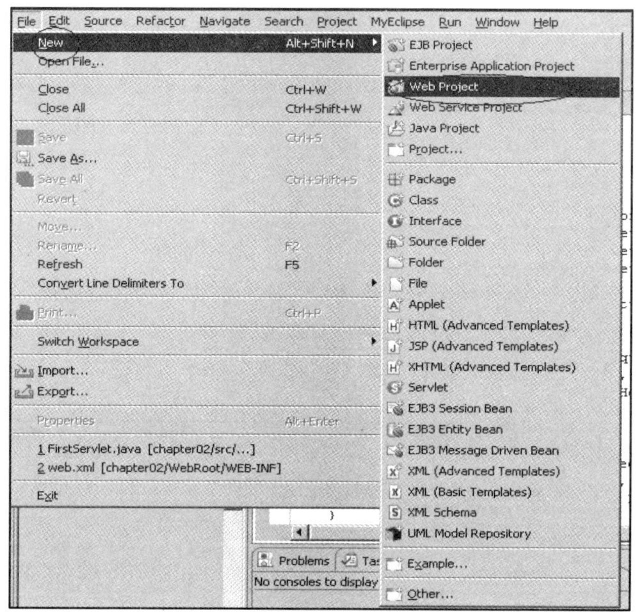

图 1-18　创建 Web 工程

（2）填写 Web 工程信息，如图 1-19 所示。

（3）在左侧生成树状结构的 Web 工程目录，如图 1-20 所示。

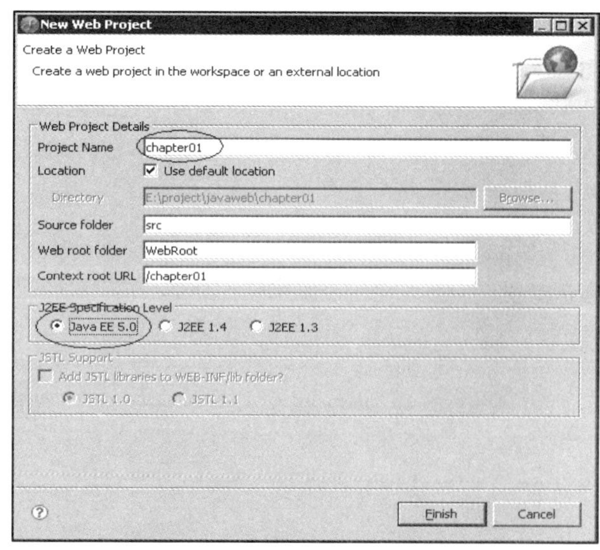

图 1-19　填写 Web 工程信息

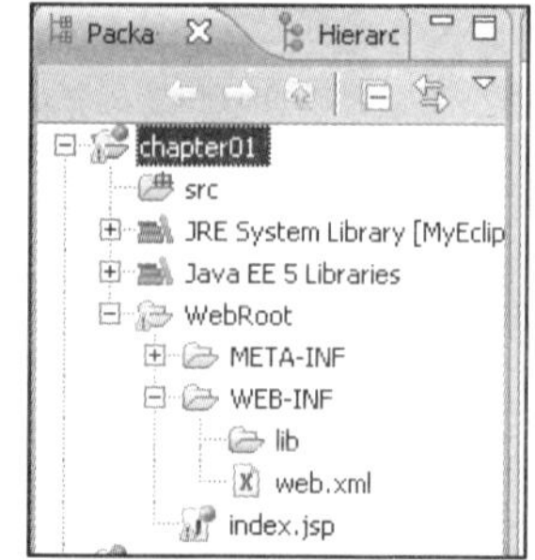

图 1-20　Web 工程目录

在生成的 Web 工程目录中，所有的 Java 类，包括 Java SE 的类、Servlet 类等都将存储在 src 目录下。所有的 HTML、JSP 文件，都将存储在 WebRoot 目录下。运行时的配置信息将在 WEB-INF 目录下的 web.xml 文件中编写，后面章节将详细介绍。

（4）打开 index.jsp 文件，修改其内容，如图 1-21 所示。

```
web.xml   FirstServlet.java   index.jsp

<!DOCTYPE HTML PUBLIC "-//W3C//DTD HTML 4.01 Transitional//EN">
<html>
  <head>
    <base href="<%=basePath%>">

    <title>My JSP 'index.jsp' starting page</title>
    <meta http-equiv="pragma" content="no-cache">
    <meta http-equiv="cache-control" content="no-cache">
    <meta http-equiv="expires" content="0">
    <meta http-equiv="keywords" content="keyword1,keyword2,keyword3
    <meta Attribute : http-equiv scription" content="This is my page">
    <!-- Data Type : NAME
    <link Press 'F2' for focus.t" type="text/css" href="styles.css">
    -->
  </head>

  <body>
    Hello,This is chapter01 demo. <br>
  </body>
</html>
```

图 1–21 编辑 index.jsp 文件

打开 index.jsp 文件后，可以修改文件的内容，实例中将<body>的内容改为“Hello, This is chapter01 demo .”。

（5）将 Web 应用部署到 Tomcat 中，如图 1-22 所示。

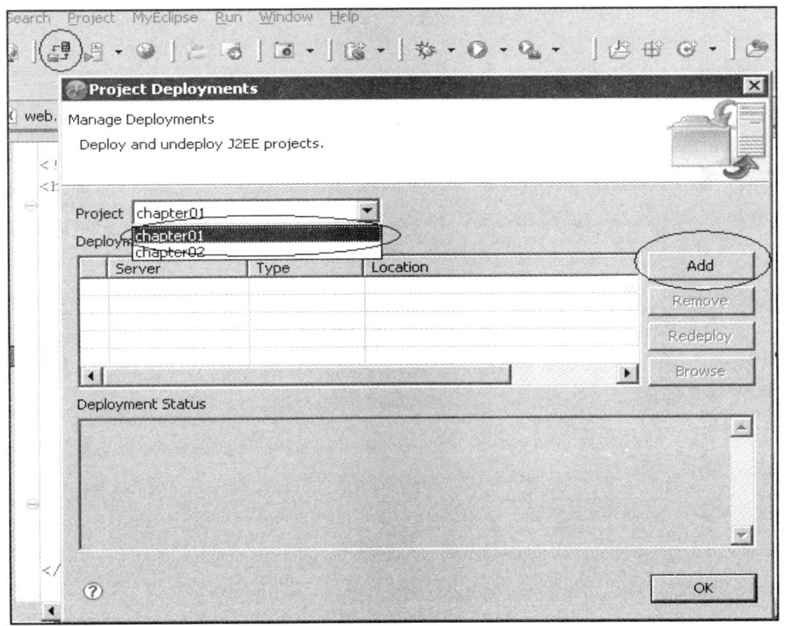

图 1–22 部署 Web 应用

目前，工程 chapter01 的所有文件都存在于 Eclipse 的工作空间，即存在于开发环境中。要想运行该工程，就需要将其按照容器规范“放置”到容器的环境中。将应用从开发环境按照规范放到运行环境的过程，称为“部署”（deploy）。在 MyEclipse 中部署 Web 应用非常简单，单击部署图标，选择需要部署的工程，单击“Add”按钮，就可以开始部署。

（6）在弹出的窗口中选择服务器，单击“Finish”按钮，如图 1-23 所示。

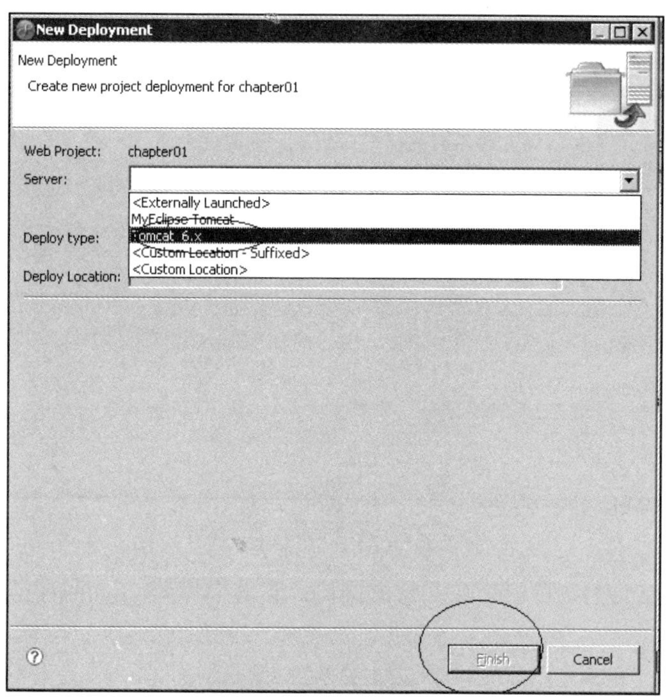

图 1-23 选择服务器

（7）在 Tomcat 的 webapps 目录下，将新增一个 chapter01 目录，说明部署已经结束，如图 1-24 所示。

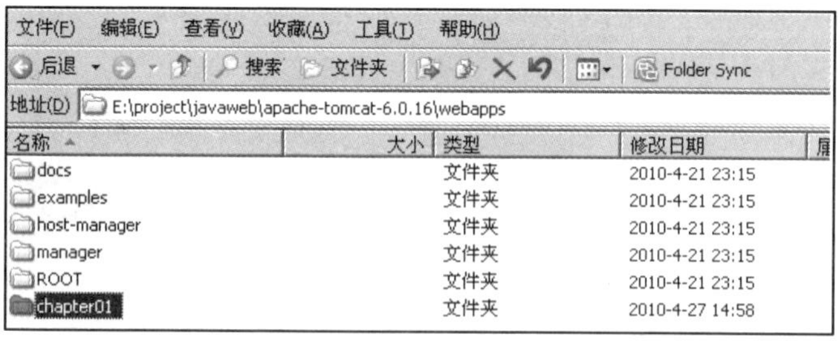

图 1-24 应用部署到 Tomcat 中

缺省情况下，部署成功的 Web 应用将存在于 Tomcat 的 webapps 目录下。如实例中的应用部署成功后，在 Tomcat 的 webapps 目录下新增一个 chapter01 目录，chapter01 称为应用的上下文（context）名字，可以用来访问该应用。

（8）启动 Tomcat 后，可以在浏览器中使用 http://localhost:8080/chapter01/index.jsp 访问 chapter01 应用下的 index.jsp，如图 1-25 所示。

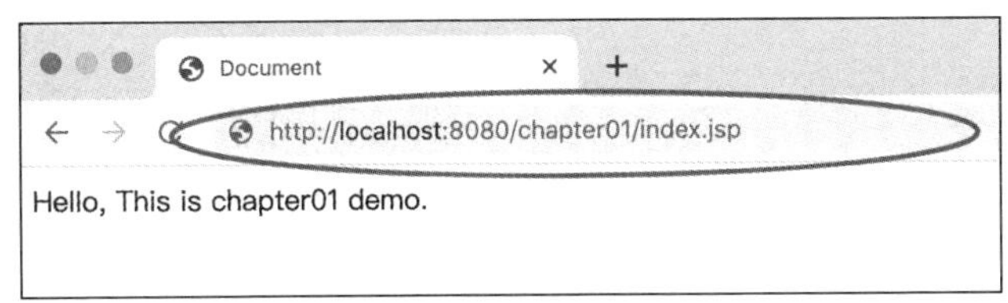

图 1-25　访问 chapter01 应用

至此，通过上面 8 个详细的步骤，已经能够使用 Eclipse 创建一个 Web 应用，并修改其中的 index.jsp 文件，然后使用 MyEclipse 插件将应用部署到 Tomcat 中，最后在浏览器中使用上下文名字 chapter01 访问该应用（注意名字的大小写敏感）。通过上面的介绍，读者已经可以开发并运行第一个 Web 应用。

1.6 本章小结

本章介绍了 Java EE 的概念和 Java EE 的多种技术。要使用 Java EE 技术开发 B/S 应用，Servlet/JSP 是非常必要的组件。要开发运行 Web 应用，必须安装并配置 Web 容器，为 Web 应用提供必要的运行环境。本章介绍了常用容器 Tomcat 的安装、启动及访问的方式。有了运行环境后，要开发 Web 应用，必须安装集成开发环境，本章介绍了 Eclipse 和 MyEclipse 的背景和使用。学习完本章后，读者可以理解 Servlet/JSP 在 Java EE 技术中的地位，而且本章已经为 Servlet/JSP 准备好了运行环境和开发环境，并使读者熟悉了使用该环境开发部署 Web 应用的主要步骤。接下来的章节将介绍如何开发 Servlet/JSP，如何将 Servlet/JSP 部署到运行环境中等相关技术。

1.7 思考与练习

1. 搭建 Java EE Web 应用开发环境，包括 JDK1.7、Tomcat 6.0X、Eclipse、MyEclipse。能够使用 MyEclipse 启动 Tomcat、关闭 Tomcat。

2. 创建 Web 应用，名字为 chapter01，部署到 Tomcat，访问 index.jsp 显示“Hello, this is my first App!”。

第 2 章 Servlet 快速入门

Java EE 的 Web 组件包括 Servlet 和 JSP 两种组件。本章从 Servlet 概念开始介绍，开发一个简单的 Servlet 实例，并部署、测试该 Servlet，帮助读者快速了解 Servlet 组件。

2.1 请求与响应

Internet 的基本协议是 TCP/IP（传输控制协议/网际协议），FTP、HTTP 协议是建立在 TCP/IP 上的应用层协议。HTTP 协议是 Web 应用所使用的主要协议，基于请求响应的模式，即客户端向服务器发送一个请求，服务器则以一个状态行为作为响应。了解 HTTP 协议请求响应机制，是深入理解 Web 应用的必要前提。基于 HTTP 协议的请求响应机制的信息交换过程包含下面几个步骤。

（1）建立连接。第一步需要客户端与服务器建立 TCP 连接。

（2）发送请求。打开一个连接后，客户端需要把请求信息发送到服务器的相应端口上，完成请求的动作提交。请求信息的示例如下：

```
GET /first HTTP/1.0
Connection: Keep-Alive
User-Agent: Mozilla/4.76 [en] (X11; U; SunOS 5.8 sun4u)
Host: localhost:8080
Accept: image/gif, image/x-xbitmap, image/jpeg, image/pjpeg, image/png, */*
Accept-Encoding: gzip
Accept-Language: en
Accept-Charset: iso-8859-1,*,utf-8
```

上述请求信息中第一行的“GET”表示该请求以 GET 方式发出，“/first”表示要请求的资源路径。第二行开始的信息是请求头，冒号前是请求头的名字，冒号后是请求头的值。每个请求头都有特殊含义，例如，User-Agent 表示浏览器类型，如果服务器端返回的内容与浏览器类型有关，则可以通过该值编程；Accept-Encoding 表示浏览器能够进行解码的数据编码方式，例如 gzip，表示服务器端能够向支持 gzip 的浏览器返回经 gzip 编码的 HTML 页面，可以减少下载时间；Accept-Charset 表示浏览器可接受的字符集。

（3）返回响应。服务器在处理完客户端请求之后，要向客户端返回响应消息。响应消息的示例如下：

```
HTTP/1.0 200 OK
Content-Type: text/html
Date: Tue, 10 Apr 2001 23:36:58 GMT
Server: Apache Tomcat/4.0-b1 (HTTP/1.1 Connector)
Connection: close
<HTML>
<HEAD>
<TITLE>Hello Servlet</TITLE>
</HEAD>
<BODY BGCOLOR='white'>
<B>Hello, World</B>
</BODY>
</HTML>
```

HTTP 响应的格式类似于请求的格式，主要由响应行、响应头、响应体组成。其中“HTTP/1.0 200 OK”是响应行，“200”是 HTTP 响应码，表示响应正常。响应行下面的是响应头，其中 Content-Type 表示响应的内容类型，值为 text/html，表示响应的内容是文本或 HTML 文件。响应信息的最后是响应体，是返回给客户端浏览器的内容，浏览器将根据内容类型进行处理。

（4）关闭连接。通信结束后，客户端和服务器端都可以关闭套接字来结束 TCP/IP 对话。

2.2 什么是 Servlet

很多初学者对 Servlet 不容易理解。从形式上看，Servlet 就是一个 Java 类，不过这个类不是随意定义的，需要遵守一定的规范，必须继承 Servlet API 中指定的类。除此之外，Servlet 并不是一个普通的类，Servlet 是一个服务器端的组件，必须运行在 Web 容器中（如本教材中使用的容器是 Tomcat），不能直接通过调用 main 方法执行 Servlet，必须将 Servlet 按照规范部署到容器中才能执行。

大多数情况下，自定义的 Servlet 类都继承 javax.servlet.http.HttpServlet 类，并覆盖其中的核心方法。Servlet 能够接收客户端请求，并通过响应生成动态页面，返回给客户端。由于 Servlet 是用 Java 编写的，所以它具有跨平台的特性。因此，Servlet 程序设计和平台无关，不管底层的操作系统是 Windows、Solaris、Mac、Linux 还是其他能支持 Java 的操作系统，同样的 Servlet 完全可以在不同的 Web 服务器上执行。Servlet 有着十分广泛的应用，常用来处理客户端的请求。另外，凭借 Java 的强大功能，使用 Servlet 还可以实现大量的服务器端管理维护功能及各种特殊的任务。

2.3 第一个 Servlet 程序

Servlet 的本质是一个 Java 类。创建 Servlet 组件非常容易，只要创建一个 Java 类，并继承 HttpServlet 类即可。HttpServlet 类中定义了很多方法，继承 HttpServlet 类后，并不需要覆盖所有方法，多数情况下会覆盖其中的 doGet 或 doPost 方法，这两个方法可以接收客户端的请求并返回。在 doGet 或 doPost 方法中可以编写处理请求的代码，如下所示：

```
package com.etc;
public class FirstServlet extends HttpServlet {
  public void doGet(HttpServletRequest request, HttpServletResponse response)throws
  ServletException, IOException {
        System.out.println("doGet: Hello,ETC!");
  }
  public void doPost(HttpServletRequest request, HttpServletResponse response)throws
  ServletException, IOException {
        System.out.println("doPost: Hello,ETC!");
  }
}
```

上面的示例就是一个简单的 Servlet，它继承了 HttpServlet 类，并覆盖了 doGet 和 doPost 方法，在两个方法中均进行了简单的打印输出操作。Servlet 不同于 Java SE 的类，不能通过调用 main 方法执行。Servlet 是一个组件，必须在容器环境中运行。

2.4 如何访问 Servlet

2.4.1 配置 Servlet 信息

如上节所述，Servlet 是一个组件，必须依赖容器才能运行，容器需要读取一些相关信息才能正确运行 Servlet，这些信息都需要在 WEB-INF/web.xml 文件中编写，对 Servlet 进行配置。web.xml 是 Java EE Web 应用开发中特别重要的一个文件，有关 web.xml 文件的详细内容将在后续介绍。以前面创建的 FirstServlet 为例，主要配置信息如下所示：

```
<servlet>
    <servlet-name>FirstServlet</servlet-name>
    <servlet-class>com.etc.FirstServlet</servlet-class>
  </servlet>
  <servlet-mapping>
    <servlet-name>FirstServlet</servlet-name>
    <url-pattern>/first</url-pattern>
  </servlet-mapping>
```

其中<servlet-class>标签用来指定 Servlet 类的全名，如 com.etc.FirstServlet，必须正确书写完整的包名和类名，区分大小写。<servlet-name>指定容器初始化的 Servlet 实例的名字，可以使用任意字符，然而，一般建议使用去掉包名的类名作为该标签的值，以提高可读性，如 FirstServlet。一个 web.xml 文件中，<servlet-name>的值不能重复，否则部署时将出现错误。<url-pattern>是一个逻辑值，其值是虚拟的，用来作为访问当前 Servlet 的路径，并不是一个真正的路径。也就是说，url-pattern 的值是访问一个 Servlet 的唯一路径，url-pattern 的值必须以

符号/开头，值可以任意设定，需要注意命名的可读性。通过上面的配置，容器将在第一次访问该 Servlet 时实例化一个名字为 FirstServlet 的对象，为客户端提供服务，客户端可以通过/first 这个路径去访问这个对象。

2.4.2 访问 Servlet 的三种方式

在 web.xml 中配置 Servlet 信息后，就可以通过浏览器使用 url-pattern 的值访问该 Servlet。访问 Servlet 的方式通常有三种。不管用哪种方式访问，都需要使用 web.xml 中的 url-pattern 值唯一标记该 Servlet。本节将通过访问前面部署成功的 FirstServlet，逐一介绍这三种访问方式。

（1）直接在浏览器地址栏中输入 url-pattern 进行访问。

可以在浏览器地址栏中直接输入 Servlet 的 url-pattern 值访问 Servlet，使用这种方式访问 Servlet，将调用 Servlet 类的 doGet 方法。在地址栏中输入 FirstServlet 的访问路径 http://localhost:8080/chapter02/first，其中 localhost:8080 是服务器的主机和端口，chapter02 是应用上下文的名字，first 是 FirstServlet 类的 url-pattern 值，如图 2-1 所示。

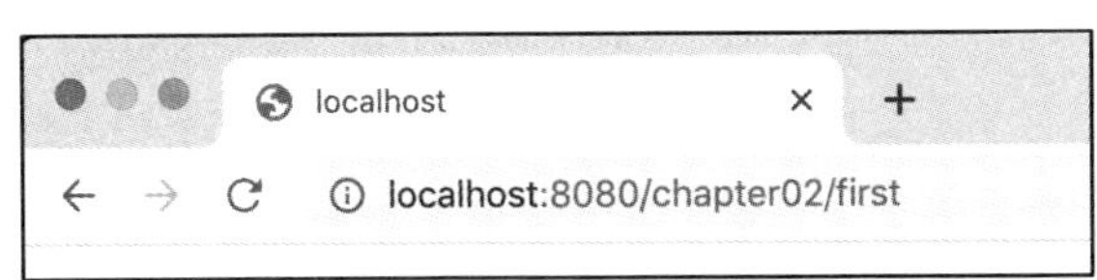

图 2-1　在地址栏中访问 Servlet

访问该 Servlet 后，将调用类中的 doGet 方法，在 Tomcat 的控制台打印输出字符串“Hello, ETC!”，如图 2-2 所示。

```
信息: SessionListener: contextInitialized()
2010-4-27 15:06:12 org.apache.coyote.http11.Http11Protocol start
信息: Starting Coyote HTTP/1.1 on http-8080
2010-4-27 15:06:12 org.apache.jk.common.ChannelSocket init
信息: JK: ajp13 listening on /0.0.0.0:8009
2010-4-27 15:06:12 org.apache.jk.server.JkMain start
信息: Jk running ID=0 time=0/32  config=null
2010-4-27 15:06:12 org.apache.catalina.startup.Catalina start
信息: Server startup in 2578 ms
doGet: Hello,ETC!
```

图 2-2　FirstServlet 运行结果

这种访问方式在实际应用开发中很少使用，但是可以帮助读者尽快理解 Servlet 组件，熟悉 Servlet 配置信息的含义。

（2）通过超链接访问。

超链接是 Web 应用中最常用的一种方式，Servlet 可以接收客户端的请求，在 JSP 或 HTML 中常使用超链接发出请求，可以将超链接的 href 值指定为 Servlet 的 url-pattern 值来请求 Servlet。通过超链接方式访问 Servlet，将调用 Servlet 中的 doGet 方法。在 index.jsp 中加入如下代码：

```
<body>
<a href="first">Run the FirstServlet.doGet</a><br>
</body>
```

上述代码中的 href="first"指定了 Servlet 的 url-pattern 值，该超链接将请求 url-pattern 值为 first 的 FirstServlet 类。在浏览器中访问 index.jsp 页面，如图 2-3 所示。

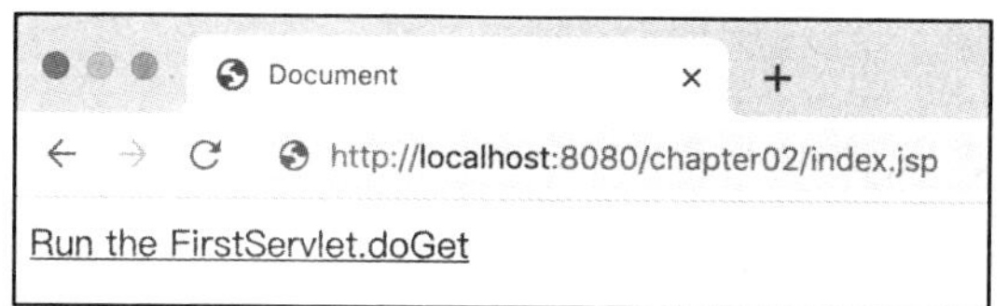

图 2-3　访问 index.jsp 页面

单击超链接后，将运行 FirstServlet 的 doGet 方法，在 Tomcat 的控制台中输出字符串“doGet: Hello, ETC!”。初学者经常容易把“first”误写成“/first”，而“/first”表示的是寻找 Tomcat 容器根目录下的资源路径，即 http://localhost:8080/first，所以发生 404 错误。

（3）通过表单提交访问。

HTML 或 JSP 中除可以使用超链接发出请求外，还常使用表单提交的方式提交请求。表单是 Web 应用中最常用的一种元素。表单元素<form>有一个属性 method，当 method 的值是 get 时，则表示表单提交方式为 GET，调用 Servlet 的 doGet 方法；如果 method 的值为 post 时，则表示表单提交方式为 POST，调用 Servlet 的 doPost 方法。在 index.jsp 中加入如下代码：

```
<form action="first" method="post">
  Pls input your name:<input type="text" name="custname"><br>
  Pls input your pwd:<input type="password" name="pwd"><br>
<input type="submit" value="Login">
</form>
```

上述代码中创建了一个表单，表单的提交方式是 POST，action 值表示提交路径，值为 first，是 FirstServlet 的 url-pattern。表单中有三个元素，一个是用来输入用户名的 text，一个是用来输入密码的 password，同时还包含一个“Login”（提交）按钮。单击“Login”按钮后，将调用 FirstServlet 的 doPost 方法。访问 index.jsp 页面的效果如图 2-4 所示。

Document
http://localhost:8080/chapter02/index.jsp
Pls input your name:
Pls input your pwd:
Login

图 2-4　访问 index.jsp 页面的效果

单击“Login”按钮后，将运行 FirstServlet 的 doPost 方法，在控制台打印输出“doPost: Hello, ETC!”字符串。运行结果如图 2-5 所示。

```
信息: Reloading context [/chapter02]
doGet: Hello,ETC!
2010-4-27 16:00:43 org.apache.catalina.startup.HostConfig checkResources
信息: Reloading context [/chapter02]
doPost: Hello,ETC!
```

图 2-5　运行结果

2.5 web.xml 文件

在每个 Web 应用的 WEB-INF 目录下，都有一个 web.xml 文件，被称为部署描述符（Deployment Descriptor）文件。web.xml 文件用来对应用进行描述，定义应用中的一些配置信息，是 Web 应用中非常重要的一个配置文件。如果 web.xml 中配置信息有误，在启动 Tomcat 容器时，将在启动日志中提示错误信息。例如，工程 chapter02 的 web.xml 文件如下所示：

```
<?xml version="1.0" encoding="UTF-8"?>
<web-app version="2.5"
  xmlns="http://java.sun.com/xml/ns/Java EE"
  xmlns:xsi="http://www.w3.org/2001/XMLSchema-instance"
  xsi:schemaLocation="http://java.sun.com/xml/ns/Java EE
  http://java.sun.com/xml/ns/Java EE/web-app_2_5.xsd">
   <servlet>
      <description>This is the description of my J2EE component</description>
      <display-name>This is the display name of my J2EE component</display-name>
      <servlet-name>FirstServlet</servlet-name>
      <servlet-class>com.etc.FirstServlet</servlet-class>
   </servlet>
   <servlet-mapping>
      <servlet-name>FirstServlet</servlet-name>
      <url-pattern>/first</url-pattern>
   </servlet-mapping>
   <welcome-file-list>
      <welcome-file>index.jsp</welcome-file>
   </welcome-file-list>
</web-app>
```

web.xml 中所有标签都位于根标签<web-app>内，<web-app>的属性 version 指定当前 Servlet 版本，例如上述代码中 version="2.5"表示当前的 Servlet 版本为 2.5。web.xml 中所有标签都已经在 schema 中定义，相应定义文件位置在<web-app>的 xsi:schemaLocation 属性定义，值为 http://java.sun.com/xml/ns/Java EE/web-app_2_5.xsd，可以在浏览器中访问该 xsd 文件。web.xml 中可以配置各种信息，如 Servlet、Filter、Listener、安全约束等，在后面的章节将逐步介绍。

2.6 使用 Eclipse 开发 Servlet

前面的内容中都只通过部分代码和图示去理解 Servlet 的基本概念，没有演示使用集成开发环境开发部署 Servlet 的步骤。实际应用开发过程中，都会使用集成开发环境开发部署 Servlet，以提高效率及规范性。本节将介绍使用 Eclipse+MyEclipse 开发部署 Servlet 的主要步骤。

（1）在工程的 src 目录上右击，选择“New”→“Servlet”命令，如图 2-6 所示。

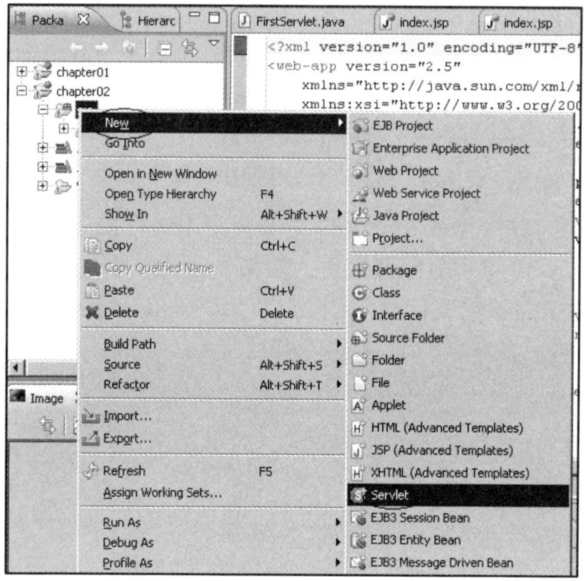

图 2-6　使用模板创建 Servlet

（2）在弹出的对话框中，填写 Servlet 的基本信息，如图 2-7 所示。

在弹出的对话框中，填写 Servlet 的基本信息，主要包括 Servlet 类所在包名，Servlet 的类名，以及在 Servlet 类覆盖的 HttpServlet 类中的方法等。在如图 2-7 所示的对话框中，指定了包名是 com.etc，类名为 FirstServlet，要覆盖的方法包括 Create doGet 和 Create doPost。

（3）单击“Next”按钮，在弹出的对话框中，修改 web.xml 中的 Servlet 配置信息，如图 2-8 所示。

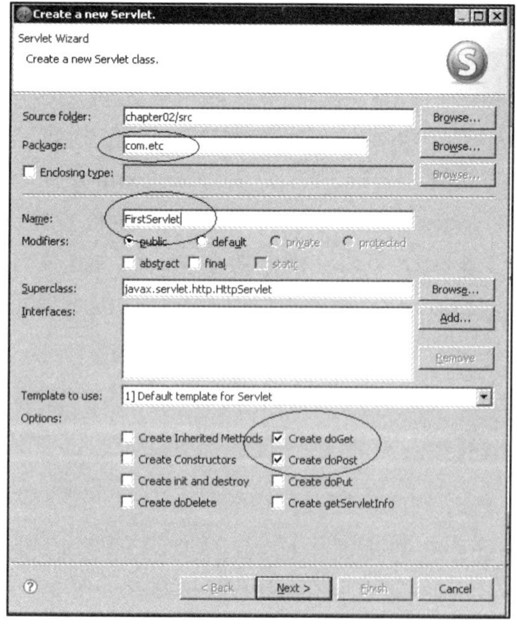

图 2-7　填写 Servlet 基本信息

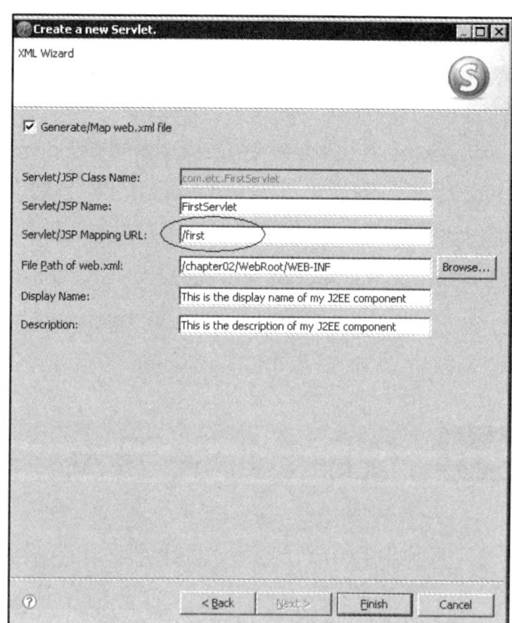

图 2-8　修改 Servlet 配置信息

在该对话框中可以修改 web.xml 中的 Servlet 配置信息。Servlet 的配置信息主要包括：

Servlet 类名，该类名不能修改，必须与 Servlet 源文件一致；Servlet 实例名，对应 web.xml 中的<servlet-name>值，缺省使用不包含包名的 Servlet 类名，可以修改，一般不建议修改；Servlet 映射路径，对应 web.xml 中<url-pattern>的值，可以修改，但必须以 "/" 开始，本例中改为/first；web.xml 的路径，可以修改，一般使用缺省路径即可；Servlet 的显示名字，对应 web.xml 中<display-name>的值，在访问 Servlet 时作为页面的标题存在；Servlet 的描述，对应 web.xml 中<description>的值，用以描述当前的 Servlet。

（4）生成 Servlet 类 FirstServlet.java，根据业务需要，可以修改 doGet、doPost 方法。

通过前面的 3 个步骤，将生成 Servlet 类 FirstServlet，该类覆盖了 doGet 和 doPost 方法，根据需要重写 doGet 和 doPost 方法，代码如下：

```
package com.etc;
public class FirstServlet extends HttpServlet {
  public void doGet(HttpServletRequest request, HttpServletResponse response)
  throws ServletException, IOException {
        System.out.println("doGet: Hello ETC!");
  }
  public void doPost(HttpServletRequest request, HttpServletResponse response)throws
  ServletException, IOException {
        System.out.println("doPost: Hello ETC!");
  }}
```

（5）web.xml 中已经自动生成 Servlet 的配置信息。

通过步骤（1）~（3），不仅能自动生成符合规范的 Servlet 类，还能自动生成 web.xml 文件，该文件将根据图 2-8 中所填写的配置信息自动生成，代码如下：

```
  <servlet>
    <description>This is the description of my J2EE component</description>
    <display-name>This is the display name of
my J2EE component</display-name>
    <servlet-name>FirstServlet</servlet-name>
  <servlet-class>com.etc.FirstServlet</servlet-class>
  </servlet>

  <servlet-mapping>
    <servlet-name>FirstServlet</servlet-name>
    <url-pattern>/first</url-pattern>
  </servlet-mapping>
  <welcome-file-list>
    <welcome-file>index.jsp</welcome-file>
  </welcome-file-list>
</web-app>
```

其中<welcome-file>是缺省存在的配置，指的是访问该应用时自动跳转的欢迎页面为 index.jsp，也可以根据实际需要进行修改。可以指定多个<welcome-file>，服务器将根据顺序进行选择。

（6）部署应用。

（7）通过浏览器访问 Servlet。

至此，通过上面详细的 7 个步骤，我们已经能够使用 Eclipse+MyEclipse 集成开发环境，逐步创建 Servlet、配置 Servlet、部署应用及访问应用。

2.7 请求与响应

2.7.1 请求接口

对 Servlet 的访问是基于 HTTP 协议进行的，基于请求和响应的模式。Servlet API 中定义了 HttpServletRequest 类型封装请求，定义了 HttpServletResponse 类型封装响应。当客户端请求 Servlet 时，容器将来自客户端的请求信息封装成 HttpServletRequest 类型对象，将响应信息封装成 HttpServletResponse 对象，传递给 doXXX（如 doGet、doPost）方法进行处理。

不论通过哪种方法调用 Servlet，最终都是运行 Servlet 类中的 doXXX 方法，doXXX 方法的声明形式如下所示：

```
    public void doXXX(HttpServletRequest request, HttpServletResponse response)throws ServletException,
IOException
```

从上面的方法声明形式中可见，doXXX 方法有两个参数，类型为 HttpServletRequest、HttpServletResponse，分别封装了请求和响应信息。了解请求和响应对象，是快速入门 Servlet/JSP 开发的关键。

HttpServletRequest 接口中，定义了大量获取请求信息的方法，如下所示。

（1）public String getParameter(String name)：获取客户端传递到服务器端的请求参数的值。

（2）public String[] getParameterValues(String name)：将某请求参数对应的值获取并封装到返回数组中，往往在请求中一个参数名对应多个参数值的情况下使用，例如复选框提交。

（3）public String getRemoteAddr()：获取提交请求的客户端的 IP 地址。

2.7.2 响应接口

请求是客户端传到服务器端的信息，当客户端处理了客户请求后，往往需要往客户端返回结果，被称为响应。Servlet API 中定义了 HttpServletResponse 接口来封装响应，该接口中定义了大量与响应有关的方法，如下所示。

（1）public PrintWriter getWriter()：获得响应的输出流，将响应内容输出到客户端。

（2）public void setContentType(String type)：设置响应的内容类型，如 text/html;charset=gb2312，表示响应内容是文本或 HTML，使用 gb2312 编码格式。

通过上面的介绍，已经掌握了 Servlet API 中的请求和响应接口，理解了请求和响应的含义。下面修改 FirstServlet 类的 doPost 方法，使其获取表单提交的请求参数值，并显示在浏览器页面中，代码如下（完整代码请参见教学资料包中的教材实例源代码文件“javaweb\

chapter02\src\com\etc\FirstServlet.java”）：

```
    public void doPost(HttpServletRequest request, HttpServletResponse response)throws ServletException,
IOException {
    //      获取请求参数username和pwd
            String custname=request.getParameter ("custname");
            String pwd=request. getParameter ("pwd");
    //      设置响应的内容类型
            response.setContentType("text/html;charset=gb2312");
    //      获得响应的输出流
            PrintWriter out=response.getWriter();
    //      将响应内容写入输出流
            out.println("欢迎登录！你的用户名是：<font color=red>"+custname+" </font>
            <br>");
            out.println("你的密码是："+pwd);
            out.close();
    }
```

上述代码中，首先使用 HttpServletRequest 的 getParameter 方法获取客户端输入的 username 和 pwd 请求参数值，然后使用 HttpServletResponse 的 setContentType 方法设置响应的内容类型和编码格式，最后通过响应输出流将获得的用户名和密码输出到客户端，在浏览器中进行显示。

在 index.jsp 的表单中输入用户名和密码，单击“Lonin”（提交）按钮，将访问 FirstServlet 的 doPost 方法，结果如图 2-9 所示。

图 2-9 运行结果

可见，将响应内容写入到响应的输出流中，Servlet 就可以生成动态页面。然而，如果页面比较复杂，将整个页面全部使用 out.println 输出是非常困难的，因此，Servlet 往往不会用来生成复杂的动态页面，而会使用 JSP 技术来生成复杂的动态页面。

Servlet 不擅长生成动态页面，那么 Servlet 有什么作用呢？Servlet 往往承担 MVC 模式中 Controller 的角色，即控制器。Servlet 负责接收客户端的请求，调用业务逻辑处理请求，然后根据处理结果跳转到不同视图上。MVC 的相关知识将在后面章节介绍。

2.8 本章小结

本章主要对 Servlet 技术进行快速入门。Servlet 从语法上理解，就是一个 Java 类，该类往往继承 HttpServlet 类，并覆盖其中的 doGet、doPost 等方法。然而，Servlet 并不是一个简单的 Java SE 类，而是服务器端的 Web 组件，必须运行在容器中。开发结束后，必须将 Servlet 部署到 Web 容器中才能运行。部署的信息需要在部署描述符文件 web.xml 中配置，主要配置<servlet>及<servlet-mapping>信息。Web 应用主要是基于 HTTP 协议的，HTTP 协议是基于请求响应模式的协议。因此，快速理解请求响应的概念是理解 Web 应用开发的关键。Servlet API 中通过 HttpServletRequest 和 HttpServletResponse 对请求和响应进行了封装，提供了处理请求和响应的方法。Servlet 可以生成动态页面，然而这并不是 Servlet 的强项，生成复杂动态页面的功能往往由 JSP 完成。

2.9 思考与练习

1. 简述请求接口中 getParameter、getParameterNames、getParameterValues 这 3 个方法的意义与作用。

2. 在 web.xml 中配置 Servlet，需要配置哪些信息？分别有什么含义？

3. 通过超链接访问一个 Servlet 时，调用 Servlet 类的哪个方法？

4. setContentType 方法有什么作用？

5. 创建 Web 应用 chapter02，实现如下功能：在 index.jsp 页面显示 3 个复选框，内容分别是蓝色、红色、绿色，勾选（可多选）后，在 ShowColorServlet.java 中显示选中的内容。

第 3 章

JSP 快速入门

除 Servlet 之外，JSP 是 Java EE 中另一个重要的 Web 组件。JSP 是用来构建动态视图的 Web 组件，JSP 的本质是一个符合 Servlet 规范的 Java 类。本章从 JSP 的本质开始介绍，理解 JSP 的运行过程，并对 JSP 中常用的脚本元素及内置对象进行简单介绍，达到 JSP 快速入门的目的。

3.1 什么是 JSP

3.1.1 JSP 概述

JSP 全称为 Java Server Pages，是运行于服务器端的 Web 组件。从表面上看，JSP 是 HTML 文件中嵌入了部分 Java 代码，其中 Java 代码使用<%%>封装，用来生成动态页面。下面使用 Eclipse 创建 JSP 文件 test.jsp，代码如下：

```
<%@ page language="java" import="java.util.*" pageEncoding="ISO-8859-1"%>
<%
String path = request.getContextPath();
String basePath =
request.getScheme()+"://"+request.getServerName()+":"+request.getServerPort()+path+"/";
%>
<!DOCTYPE HTML PUBLIC "-//W3C//DTD HTML 4.01 Transitional//EN">
<html>
  <head>
    <base href="<%=basePath%>">
    <title>My JSP 'test.jsp' starting page</title>
    <meta http-equiv="pragma" content="no-cache">


  <meta http-equiv="cache-control" content="no-cache">
  <meta http-equiv="expires" content="0">
    <meta http-equiv="keywords" content="keyword1,keyword2,keyword3">
```

```
        <meta http-equiv="description" content="This is my page">
    </head>
    <body>
        Hello,ETC! <br>
        <%System.out.println("test.jsp: Hello, ETC!");%><br>
    </body>
</html>
```

分析上述代码，JSP 文件的静态部分直接使用文本或 HTML 标签实现，动态部分使用 Java 代码完成，Java 代码封装在<%%>中。test.jsp 中首先使用文本直接输出“Hello, ETC!”，接下来使用 Java 代码在控制台中打印输出“test.jsp: Hello, ETC!”。在浏览器中访问 test.jsp，效果如图 3-1 所示。

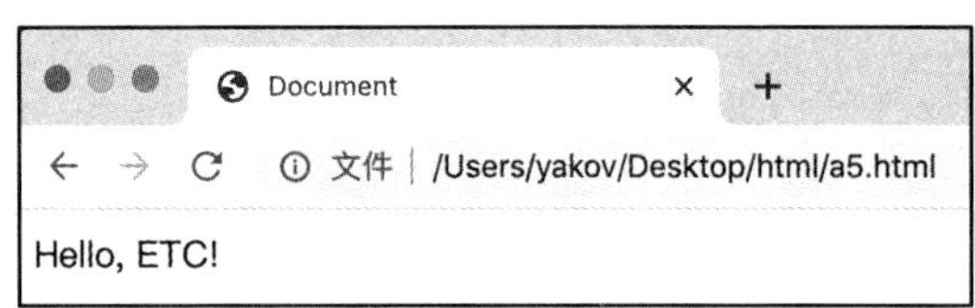

图 3-1　test.jsp 运行效果

同时，由于在 test.jsp 中有<% System.out.println ("test.jsp: Hello, ETC!");%>脚本，所以在 Tomcat 的控制台中输出结果如下：

```
test.jsp: Hello, ETC!
```

可见，在 JSP 文件中，只要在<% %>中编写正确的 Java 代码，就可以实现动态功能，而静态部分依然可以使用 HTML 标签及文本实现。本节的例子在实际应用中很少使用，没有太多实用价值，仅仅为了帮助初学者理解 JSP 的基本概念。

3.1.2 JSP 运行步骤

上节介绍了 JSP 的基本结构，本节将以 test.jsp 为例，讲解 JSP 的主要运行步骤，以帮助读者更为深入地理解 JSP 组件。

（1）容器将 test.jsp 翻译成 test_jsp.java 文件，存储于 tomcat 相应目录下，如图 3-2 所示。

地址(D) E:\project\javaweb\apache-tomcat-6.0.16\work\Catalina\localhost\chapter03\org\apache\jsp

文件夹：面 / 我的文档 / 我的电脑 / C (C:) / D (D:)

名称	大小	类型	修改日期	属性
index_jsp.class	5 KB	CLASS 文件	2010-4-28 14:39	A
index_jsp.java	4 KB	JAVA 文件	2010-4-28 14:39	A
test_jsp.class	6 KB	CLASS 文件	2010-4-28 14:40	A
test_jsp.java	4 KB	JAVA 文件	2010-4-28 14:40	A

图 3-2　test_jsp.java 文件所在目录

当客户端第一次访问 JSP 文件时，容器将按照 Servlet 规范将 JSP 文件翻译成 Java 文件，并存于 Tomcat 的相应目录下。例如，访问 test.jsp 时，将翻译成 test_jsp.java 文件，文件中关键方法是_jspService 方法，部分代码如下：

```
package org.apache.jsp;
public final class test_jsp extends org.apache.jasper.runtime.HttpJspBase
    implements org.apache.jasper.runtime.JspSourceDependent {
 //省略部分
 public void _jspService(HttpServletRequest request, HttpServletResponse response)throws
java.io.IOException, ServletException {

    PageContext pageContext = null;
    HttpSession session = null;
    ServletContext application = null;
    ServletConfig config = null;
    JspWriter out = null;
    Object page = this;
    JspWriter _jspx_out = null;
    PageContext _jspx_page_context = null;

    try {
      response.setContentType("text/html;charset=ISO-8859-1");
      pageContext = _jspxFactory.getPageContext(this, request, response,
                  null, true, 8192, true);
      _jspx_page_context = pageContext;
      application = pageContext.getServletContext();
      config = pageContext.getServletConfig();
      session = pageContext.getSession();
      out = pageContext.getOut();
      _jspx_out = out;

      out.write('\r');
      out.write('\n');
//省略部分
      out.write("<html>\r\n");
      out.write("  <head>\r\n");
      out.write("    <base href=\"");
      out.print(basePath);
      out.write("\">\r\n");
      //省略部分
      out.write("    Hello, ETC! <br>\r\n");
      out.write("    ");
      System.out.println("test.jsp: Hello, ETC!");
      out.write("<br>\r\n");
      out.write("  </body>\r\n");
      out.write("</html>\r\n");
}
//省略部分
```

通过分析上述代码可知，容器翻译生成的 Java 类中的 jsp_service 方法与 Servlet 类中的 doXXX 方法非常类似，有请求和响应两个重要参数，该方法的方法体主要包含两部分代码：

第一部分代码声明创建一系列内置对象，内置对象相关内容将在后面章节详细介绍；第二部分代码首先对内置对象进行赋值，然后将 JSP 中的文本及 HTML 标签使用输出流进行输出，并且同时把 JSP 中<% %>内的 Java 代码翻译到方法中。

（2）容器编译 test_jsp.java 文件，生成 test_jsp.class 文件，如图 3-3 所示。

地址(D) E:\project\javaweb\apache-tomcat-6.0.16\work\Catalina\localhost\chapter03\org\apache\jsp

名称	大小	类型	修改日期	属性
index_jsp.class	5 KB	CLASS 文件	2010-4-28 14:39	A
index_jsp.java	4 KB	JAVA 文件	2010-4-28 14:39	A
test_jsp.class	6 KB	CLASS 文件	2010-4-28 14:40	A
test_jsp.java	4 KB	JAVA 文件	2010-4-28 14:40	A

图 3-3　test_jsp.class 文件

容器将 JSP 文件翻译成 Java 类后，将该类进行进一步编译，如果编译成功，则生成.class 文件，否则将在浏览器中显示 JSP 的编译错误。

（3）容器实例化 JSP 类。

任何类都需要实例化才能运行，在执行 JSP 前，容器将实例化 JSP 类。

（4）容器调用 JSP 类的_jspService 方法，并将请求和响应对象传递给该方法，提供服务。

实例化 JSP 对象后，容器将请求和响应对象传递给该对象的_jspService 方法，运行该方法，为客户端提供服务，并将响应内容返回给客户端。

通过了解 JSP 的运行过程，可以得出结论：虽然 JSP 从表面上看是 HTML 文件加入 Java 代码，然而，本质上 JSP 是一个 Java 类，该类遵守 Servlet API 规范。JSP 本质上就是 Servlet。例如，JSP 类中的关键方法_jspService 的声明形式与 Servlet 中的 doXXX 方法的声明形式完全一样，代码如下：

```
    public void _jspService(HttpServletRequest request, HttpServletResponse response)throws
java.io.IOException, ServletException
```

JSP 翻译生成的类中，使用了大量的 Servlet 规范 API，如 HttpServletRequest、HttpServletResponse 等，相关内容将在后面章节介绍。

3.2 JSP 脚本元素入门

讲解 JSP 运行过程后，读者应该理解 JSP 是一个符合 Servlet 规范的类，JSP 对应的 Java 类是由容器根据规范翻译生成的。JSP 文件主要由文本、HTML 代码和 Java 代码 3 个部分组成。凡是 Java 代码都必须写在脚本元素中，本节将介绍 JSP 中常用的两种脚本元素。

（1）<% %>：称为脚本片段（Scriptlet），可以包含任何符合语法的 Java 代码，容器将脚本片段中的 Java 代码翻译到对应 Java 类的_jspService 方法体中。

（2）<%= %>：称为表达式（Expression），可以将=后的表达式输出到客户端浏览器，容器将表达式翻译成如下所示代码，插入到对应 Java 类的_jspService 方法体中。

```
PrintWriter out=response.getWriter();
out.println("表达式的内容");
```

JSP 文件中的文本、HTML 标签都将被写到响应的输出流中，输出到客户端浏览器。修改 test.jsp 文件如下：

```
<html>
  <head>
    <title>My JSP 'test.jsp' starting page</title>
  </head>
  <body>
     Hello, ETC! <br>
    <%System.out.println("test.jsp: Hello,ETC!");%><br>
    <%="test.jsp: Hello,ETC!"%><br>
    <%out.println("test.jsp: Hello,ETC!");%><br>
  </body>
</html>
```

上述 test.jsp 文件中包含了 HTML 代码、文本、脚本片段、表达式，通过浏览器访问 test.jsp，翻译生成的 java 文件的_jspService 方法部分代码如下：

```
    public void _jspService(HttpServletRequest request, HttpServletResponse response)throws
java.io.IOException, ServletException {
            out.write("    <body>\r\n");
            out.write("         Hello, ETC! <br>\r\n");
            out.write("       ");
            System.out.println("test.jsp: Hello, ETC!");
            out.write("<br>\r\n");
            out.write("       ");
            out.print("test.jsp: Hello, ETC!");
            out.write("<br>\r\n");
            out.write("       ");
            out.println("test.jsp: Hello, ETC!");
            out.write("<br>\r\n");
            out.write("    </body>\r\n");
            out.write("</html>\r\n");
        }
```

可见，文本及 HTML 标记都通过响应的输出流写回到客户端浏览器，如 out.write("<body>\r\n")等。<% %>中的代码都作为 Java 代码插入到_jspService 方法体中，如 System.out.println("test.jsp: Hello, ETC!")。<%= %>中的表达式内容，都将使用 out.print 语句输出到客户端浏览器，如 out.print("test.jsp: Hello, ETC!")。

3.3 JSP 内置对象入门

通过上节的介绍，可以总结出：JSP 类的关键方法是_jspService，JSP 中的内容大部分都被翻译到_jspService 方法体中。_jspService 方法是一个“模板方法”，即不管 JSP 文件的具体内容如何，该方法中总会有一些固定不变的代码。例如，方法中总是先声明并初始化一些对象，代码如下：

```
public void _jspService(HttpServletRequest request, HttpServletResponse response)throws
java.io.IOException, ServletException {
        PageContext pageContext = null;
        HttpSession session = null;
        ServletContext application = null;
        ServletConfig config = null;
        JspWriter out = null;
        Object page = this;
        JspWriter _jspx_out = null;
        PageContext _jspx_page_context = null;
        try {
            response.setContentType("text/html");
            pageContext = _jspxFactory.getPageContext(this, request, response,
                            null, true, 8192, true);
            _jspx_page_context = pageContext;
            application = pageContext.getServletContext();
            config = pageContext.getServletConfig();
            session = pageContext.getSession();
            out = pageContext.getOut();
            _jspx_out = out;
//翻译生成的Java代码将从该位置开始插入！！！！
```

从上述代码中可见，_jspService 方法总是先声明并创建一些对象，不管 JSP 文件有何区别，这些对象的类型和名字都是固定的。JSP 中的文本及 HTML 输出、脚本元素中的代码及表达式的输出语句，都将被翻译后插入到这些对象声明创建之后。因此，在 JSP 的脚本中，就可以直接使用这些已经提前声明创建的对象，如 request、response、out、session、application 等。这些对象被称为内置对象或预定义对象，可以直接在 JSP 中使用，不需要声明和实例化，需要注意正确的书写形式。代码如下（完整代码请参见教学资料包中的教材实例源代码文件“\javaweb\chapter03\WebRoot\test.jsp”）：

```
<%out.println("test.jsp: Hello,ETC!");%><br>
<%=request.getParameter("title")%><br>
```

上述代码中，在 JSP 的脚本元素及表达式中直接使用了 out 和 request 内置对象，这些对象在 JSP 文件中不需要声明，不需要初始化，因为容器在翻译的过程中总会先声明并初始化这些内置对象。这些内置对象的类型都是 Servlet API 中定义的类型，如 request 的类型是 HttpServletRequest，所以 request 可以调用 HttpServletRequest 接口中定义的任何方法。掌握内置对象的概念是理解 JSP 技术的关键，详细内容将在 JSP 部分详细介绍。

3.4 本章小结

本章旨在对 JSP 快速入门。JSP 的本质是一个 Servlet 类，然而，JSP 和 Servlet 各司其职，JSP 的主要功能是生成动态页面，Servlet 用来实现控制逻辑，后面章节将详细介绍。JSP 表面

上是 HTML 文件中嵌入了 Java 代码，大多数时候采用<%%>及<%=%>嵌入 Java 代码。通过介绍 JSP 的主要运行过程——翻译、编译、实例化、提供服务，得出结论：JSP 本质上是一个符合规范的 Servlet 类。容器根据 Servlet 规范，将每一个 JSP 页面翻译成一个 Java 类并进行编译。结合 JSP 翻译生成的 Java 类，了解翻译的规范，介绍内置对象的概念。内置对象就是 JSP 翻译生成的 Java 类中事先声明和创建好的对象，可以在 JSP 中直接使用，不需要声明和实例化。理解内置对象是 JSP 快速入门的关键。

3.5 思考与练习

1. 简述一个 JSP 文件的运行过程。
2. <%=输出的内容%>将翻译成什么样的 Java 代码？
3. 什么是 JSP 的内置对象？有什么特点？

第 4 章

JDBC 编程

大多数企业级应用都使用关系型数据库来存储数据，因此，如何使用 Java 语言访问数据库，是 Java 程序员必须掌握的技能。为了后面章节能使用访问数据库的实例进行介绍，本章先介绍 JDBC 编程。JDBC 是 Java 语言访问数据库的技术，称为 Java DataBase Connectivity。JDBC 使用面向对象技术封装了对数据库的访问，易用易学，且可以使访问数据库的代码不依赖数据库提供商。本章将介绍如何使用 JDBC 访问数据库、操作数据库记录。

4.1 JDBC 概述

JDBC 是 Java 语言访问数据库的解决方案。JDBC 包括两部分：第一部分是提供给程序员使用的 API，在 Java SE 版本的 API 中。大部分 API 位于 java.sql 包中，扩展的部分 API 位于 javax.sql 包中。程序员只要熟悉 JDBC API，就可以编写 JDBC 程序访问数据库、操作数据库记录，而且操作不同数据库的代码几乎相同。每个数据库软件肯定有所差别，如何做到同样的代码能访问不同的数据库软件呢？主要依赖 JDBC 的第二部分 SPI。数据库软件如果希望能够被 Java 语言访问，数据库厂商就必须实现针对数据库厂商的 JDBC API，称为 SPI，这就是 JDBC 的第二部分，被称为 JDBC 驱动程序。正因为不同数据库实现了不同的驱动程序，在执行过程中，调用驱动程序实现数据库访问，所以才能实现使用相同代码访问不同数据库。在驱动程序中，有一个关键的类，这个类能够帮助 Java 程序与数据库创建连接，称为驱动类（Driver Class），将负责执行。

要使用 JDBC 访问数据库，首先需要熟悉 java.sql 包及 javax.sql 包中的类和接口的使用；其次要下载相应数据库软件的驱动程序，并引入到当前工程中。具体使用将在后面章节详细介绍。

4.2 JDBC API 中常用接口和类

JDBC API 中提供了很多接口和类，使用这些接口和类进行编程，可以方便地访问数据库。熟悉 JDBC API 中的接口和类，是学会使用 JDBC 操作数据库的第一步。本节将介绍 JDBC API

中常用的类和接口。

（1）驱动管理器类：DriverManager。

要操作数据库，首先必须与数据库创建连接，得到连接对象（Connection）。java.sql 包中的 DriverManager 类定义了获得数据库连接的方法，如下所示：

```
public static Connection getConnection(String url,
                                       String user,
                                       String password)
```

getConnection 方法是静态方法，可以直接使用 DriverManager 类名调用。通过 getConnection 方法可以获得连接对象，其中参数 url 称为连接串，不同数据库软件的 url 格式不同，url 中体现了该数据库的连接协议、数据库名称、端口、主机地址等信息；参数 user 是访问数据库的用户名；参数 password 是访问数据库的密码。

（2）数据库连接接口：Connection。

通过 DriverManager 类的 getConnection 方法，将获得连接对象，在 API 中使用 Connection 接口表示连接对象。获得连接对象后，即与数据库创建了连接。要操作数据库，就需要执行 SQL 语句。执行 SQL 语句必须借助语句对象（Statement），可以使用连接对象获得语句对象。Connection 中获得语句对象的方法如下所示：

```
Statement createStatement()
```

（3）语句对象接口：Statement。

通过连接对象（Connection）的 createStatement 方法获得语句对象后，语句对象即可执行 SQL 语句。Statement 中提供了 executeUpdate、executeQuery 方法，分别执行不同的 SQL 语句，如下所示：

int executeUpdate(String sql) ：执行增加、删除、修改操作的 SQL 语句，返回值为操作的总行数。

ResultSet executeQuery(String sql)：执行查询语句，返回值为查询结果集合。

（4）结果集接口：ResultSet。

查询数据库记录是应用开发过程中最常使用的操作，对查询的返回结果往往都需要进行处理。JDBC 中查询的结果都封装在 ResultSet 对象中，该接口提供了遍历结果集的方法，主要方法包括如下几个。

boolean next()：该方法可以使结果集游标向下移动，如果仍有记录，则返回 true；如果已经遍历结束，则返回 false。

getXXX(String columnName)：该系列方法用来根据字段名返回字段的值。结果集接口中有大量的 getXXX(String columnName)方法，如 getString、getInt 等。XXX 表示数据类型，选择使用与列的数据类型匹配的 getXXX 方法，可以用来根据关系表的字段名称返回该字段的值。例如，getString("cust_name")方法将返回字段名为 cust_name 的 String 类型的值。

getXXX(int index)：该系列方法用来根据字段在结果集中的索引值返回字段的值。结果集中有大量的 getXXX(int index)方法，作用与 getXXX(String columnName)方法类似，用来根据索引值返回该字段的值，XXX 是该字段的数据类型。例如，getString(1)方法将返回第 1 个字段的 String 类型的值。

4.3 使用 JDBC 进行增、删、改的操作

前面介绍了 JDBC API 中常用的类与接口，本节用简单例子演示如何使用 JDBC 对数据库表进行增、删、改的操作。使用的数据库为 MySQL 5.1.19，以对一张表进行插入记录的操作为例，介绍 JDBC 编程，具体步骤如下所述。

（1）安装 MySQL 数据库，创建名为 demo 的 schema，在 demo 中创建表 customer，表结构如图 4-1 所示，包含 4 个字段，分别是 custname、pwd、age、address，主键为 custname，其中 custname、pwd 不能为空。

（2）下载 MySQL 数据库的 JDBC 驱动程序，并导入当前工程中。

（3）在 Java 类中声明需要使用的对象。

Column Name	Datatype	NOT NULL	AUTO INC	Flags	Default Value	Comment
custname	VARCHAR(20)	✔		☐ BINARY		
pwd	VARCHAR(45)	✔		☐ BINARY		
age	INTEGER			☑ UNSIGNED ☐ ZEROFILL		
address	VARCHAR(45)			☐ BINARY		

图 4-1　创建表 customer

数据库表创建成功并加载驱动后，就可以编写 JDBC 程序来操作数据库表。Java 类中首先需要声明必须使用的对象，包括驱动类的名字、连接串、连接对象、语句对象。其中驱动类和连接串在每个数据库软件中是不同的，需要通过查询相关文档，确定使用的数据库软件版本的驱动类名和连接串写法。代码如下（完整代码请参见教学资料包中的教材实例源代码文件“javaweb\ chapter04\src\com\etc\chapter18\TestInsert.java”）。

```
String driverClassName="com.mysql.jdbc.Driver";
String url="jdbc:mysql://localhost:3306/demo";
Connection conn=null;
Statement stmt=null;
```

上述代码中声明了 MySQL 数据库的驱动类的名字 com.mysql.jdbc.Driver，访问 MySQL 数据库的连接串 url jdbc:mysql://localhost:3306/demo，并声明了连接对象和语句对象。

（4）将驱动类加载到内存中。

要获得连接，必须先将驱动类加载到内存中。使用 class 类的 forName 方法可加载一个类，代码如下：

```
try {
Class.forName(driverClassName);
} catch (ClassNotFoundException e) {
  e.printStackTrace();
}
```

（5）使用 DriverManager 类获得连接对象。

加载了驱动类后，就可以使用 DriverManager 类的 getConnection 方法获得连接对象，代码如下：

```
try {
  Class.forName(driverClassName);
  conn=DriverManager.getConnection(url,"root","123");
} catch (ClassNotFoundException e) {
        e.printStackTrace();
} catch (SQLException e) {
        e.printStackTrace();
}
```

（6）通过连接对象获得语句对象。

获得连接对象后，就可以通过连接对象的 createStatement 方法获得语句对象，代码如下：

```
try {
   Class.forName(driverClassName);
   conn=DriverManager.getConnection(url,"root","123");
   stmt=conn.createStatement();
} catch (ClassNotFoundException e) {
  e.printStackTrace();
} catch (SQLException e) {
  e.printStackTrace();
}
```

（7）准备要执行的 insert SQL 语句，使用语句对象执行。

通过前面 6 个步骤，已经做好了必要的准备，接下来可以准备需要执行的 insert 语句，使用语句对象进行执行，代码如下：

```
try {
  Class.forName(driverClassName);
  conn=DriverManager.getConnection(url,"root","123");
  stmt=conn.createStatement();
  String sql="insert into customer values('John','123',34,'HK')";
  stmt.executeUpdate(sql);
} catch (ClassNotFoundException e) {
e.printStackTrace();
} catch (SQLException e) {
  e.printStackTrace();
}
```

（8）关闭资源对象。

由于语句对象、连接对象会占用大量资源，所以使用完毕后一定要在 finally 块中及时关闭。代码如下：

```
finally{
  if(stmt!=null){
        try {
              stmt.close();
        } catch (SQLException e) {
              e.printStackTrace();
        }
  }
  if(conn!=null){
        try {
```

```
                conn.close();
            } catch (SQLException e) {
                e.printStackTrace();
            }
        }
    }
```

运行上述代码后，可以向 customer 表中插入一条记录，结果如图 4-2 所示。

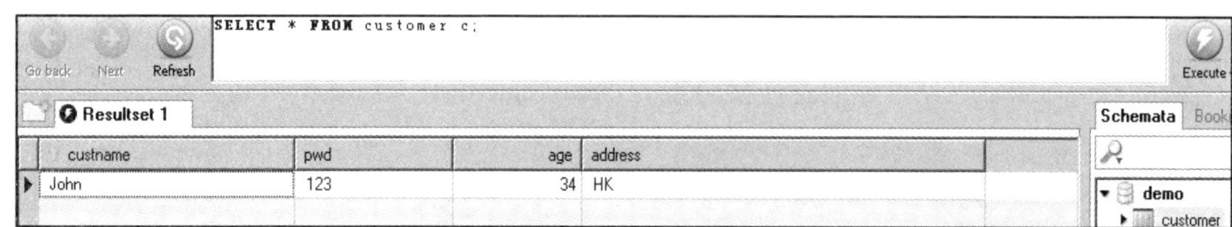

图 4-2 插入一条记录

对数据表进行删除、更新的操作，都可以参照上述操作步骤。

4.4 使用 JDBC 进行查询

除上节介绍的增、删、改的操作外，实际中更多使用 JDBC 进行查询。本节将通过 JDBC 对 customer 表进行查询，介绍查询的主要步骤。使用 JDBC 进行查询的前 6 个步骤与增、删、改的操作相同，具体步骤如下所述。

（1）与上节示例的前 6 个步骤相同的操作。

进行查询操作的前面 6 个步骤与上节的插入操作步骤相同，都是先准备好数据库表、导入驱动程序，然后声明需要使用的对象、加载驱动类、获得连接对象、获得语句对象。代码如下（完整代码请参见教学资料包中的教材实例源代码文件“javaweb\chapter04\ src\com\etc \chapter18\TestSelect.java”）：

```
package com.etc.chapter18;
public class TestSelect {
  public static void main(String[] args) {
        String driverClassName="com.mysql.jdbc.Driver";
        String url="jdbc:mysql://localhost:3306/demo";
        Connection conn=null;
        Statement stmt=null;
          ResultSet rs=null;
        try {
              Class.forName(driverClassName);
              conn=DriverManager.getConnection(url,"root","123");
              stmt=conn.createStatement();
        } catch (ClassNotFoundException e) {
              e.printStackTrace();
        } catch (SQLException e) {
              e.printStackTrace();
        }     }}
```

上述代码与 4.3 节中代码的区别是，声明了 ResultSet 对象，用来封装查询返回的结果集。

（2）使用语句对象执行查询语句。

接下来就可以准备需要执行的查询语句，使用语句对象执行 SQL 语句，并返回结果集对象，代码如下：

```
String sql="select * from customer";
rs=stmt.executeQuery(sql);
```

（3）处理结果集。

查询操作与增、删、改操作的最大的区别在于查询操作需要处理结果集，而增、删、改的操作不需要。ResultSet 接口中提供了方便的方法处理结果集，代码如下：

```
while(rs.next()){
System.out.println(rs.getString(1)+" "+rs.getString(2)+"    "+rs.getInt(3)+"
"+rs.getString(4));
}
```

上述代码中使用 ResultSet 接口中的 next 方法作为 while 循环条件，逐行遍历结果集，并使用 getXXX 方法返回字段值。

（4）在 finally 块中关闭结果集对象、语句对象、连接对象。

在执行完需要的操作后，一定要把使用过的结果集对象、语句对象及连接对象进行关闭，避免占用大量资源。为了保证在任何情况下都能关闭资源，往往在 finally 块中进行关闭操作，代码如下：

```
finally{
        if(rs!=null){
            try {
                rs.close();
            } catch (SQLException e) {
                e.printStackTrace();
            }
        }
        if(stmt!=null){
            try {
                stmt.close();
            } catch (SQLException e) {
                e.printStackTrace();
            }
        }
        if(conn!=null){
            try {
                conn.close();
            } catch (SQLException e) {
                e.printStackTrace();
            }
        }
    }
```

上述代码运行结果如下：

```
John   123   34   HK
```

4.5 JDBC 的语句对象

使用 JDBC 操作数据库的主要步骤包括加载驱动类、获得连接对象、创建语句对象、执行 SQL 语句。本节将详细介绍 JDBC 中的语句对象。JDBC 的语句对象都是通过 Connection 对象获得的，语句对象有 3 种，分别为 Statement、PreparedStatement、CallableStatement。其中，Statement 是其他两个接口的父接口。前面章节的例子中均使用 Statement 类型的语句对象。本节将对 3 种语句对象逐一进行介绍。

（1）Statement。

Statement 是语句对象的顶级接口，定义了语句对象的统一规范。通过 Connection 中的 createStatement 方法可以获得 Statement 对象，在执行 SQL 语句时才指定具体的 SQL 语句，代码如下：

```
stmt=conn.createStatement();
String sql="select * from customer";
rs=stmt.executeQuery(sql);
```

上述代码中首先创建了语句对象，然后使用 executeQuery 方法执行查询语句，并返回结果集对象。

（2）PreparedStatement。

PreparedStatement 称为预编译的语句对象，是 Statement 的子接口。通过 Connection 中的 prepareStatement(String sql)方法可以获得 PreparedStatement 对象。在获得 PreparedStatement 对象时，已经将待执行的 SQL 语句存到了该对象中，而且 SQL 语句中可以使用“?”表示动态参数并进行了预编译。因此，在多次执行相同 SQL 语句的情况下，PreparedStatement 要比 Statement 高效，代码如下（完整代码请参见教学资料包中的教材实例源代码文件“javaweb\chapter04 \src\com\etc\chapter18\ TestPreparedStatement.java”）：

```
package com.etc.chapter18;
public class TestPreparedStatement {

  public static void insert(Customer cust){
        String driverClassName="com.mysql.jdbc.Driver";
        String url="jdbc:mysql://localhost:3306/demo";
        Connection conn=null;


        PreparedStatement stmt=null;
try {
        Class.forName(driverClassName);
        conn=DriverManager.getConnection(url,"root","123");
        String sql="insert into customer values(?,?,?,?)";
        stmt=conn.prepareStatement(sql);
```

```
            stmt.setString(1, cust.getCustname());
            stmt.setString(2, cust.getPwd());
            stmt.setInt(3, cust.getAge());
            stmt.setString(4, cust.getAddress());
            stmt.executeUpdate();
            }
    //省略其他代码
    public static void main(String[] args) {
            Customer cust=new Customer("Alice","123",23,"BJ");
            insert(cust);
            }}
```

如上述代码中所示，PreparedStatement 的 SQL 语句中如果需要动态参数，则可以使用“?”占位，然后通过 PreparedStatement 的 setXXX 方法对参数进行赋值。其中 XXX 是数据类型，通过选择与字段数据类型匹配的 setXXX 方法，就可以对参数进行赋值。需要注意的是，“?”号位置的索引值从 1 开始，而不是 0。

（3）CallableStatement。

CallableStatement 接口是 Statement 的另一个子接口，可以用来调用数据库的存储过程。CallableStatement 对象可以通过 Connection 中的 prepareCall(String sql) 方法获得。CallableStatement 中有大量的 setXXX 方法来指定存储过程的 IN 参数，其中 XXX 表示参数的数据类型。对于存储过程的 OUT 参数，可以使用 registerOutParameter 方法注册。

4.6 本章小结

本章主要介绍了如何使用 JDBC 访问数据库。JDBC 由两部分组件组成：一部分是程序员需要使用的 API；另一部分是数据库提供商针对 API 的具体实现，即 SPI，称为驱动程序包。作为 Java 程序员，只要理解 API 就可以使用 JDBC 操作数据库，而且不同的数据库可以使用相同代码进行操作。本章首先介绍了 API 中常用的类和接口，然后通过简单例子，展示如何使用 JDBC 进行增、删、改、查的操作。学习完本章内容后，读者可以使用 JDBC 操作数据库记录，为后面的学习内容打好基础。

4.7 思考与练习

1. 简述 DriverManager 类的作用和用法。
2. 说明 Statement 与 PreparedStatement 的区别与联系。
3. 描述 JDBC 编程的具体步骤。
4. 在什么情况下会用到 ResultSet 类型？主要有哪些方法？
5. 在 JDBC 编程中，哪些信息是与具体数据库软件相关的？

第 5 章

MVC 模式

MVC 模式是 Web 应用中比较流行的一种架构模式，是一种软件设计典范，也是 Java EE Web 应用开发中经常使用的一种模式。本章先通过一个简单的案例，讲解 MVC 模式的含义及 Servlet 和 JSP 在 MVC 模式中的角色。另外，本章准备了一个实例，名称为“案例”，该案例将在整个教材中贯穿使用，辅助理解相关知识点。

5.1 一个简单例子（Demo）

通过前面章节的介绍，已经对 Servlet 和 JSP 有了初步的理解，本节将通过简单例子展示 Servlet 和 JSP 如何各司其职，并结合使用来构建 Web 应用，进一步理解 Web 组件的作用。简单例子实现的功能：用户通过 index.jsp 页面输入用户名和密码进行登录，如果用户名和密码分别为 admin 和 123，则登录成功，跳转到 welcome.jsp 页面；否则，登录失败，跳转到 index.jsp 页面。实现步骤如下。

（1）创建一个 Web 工程，名称为 chapter05。

（2）创建需要的两个 JSP 页面：登录页面 index.jsp 和欢迎页面 welcome.jsp。

使用 Eclipse 中的 JSP 模板，创建 index.jsp 和 welcome.jsp 两个页面，如图 5-1 所示。

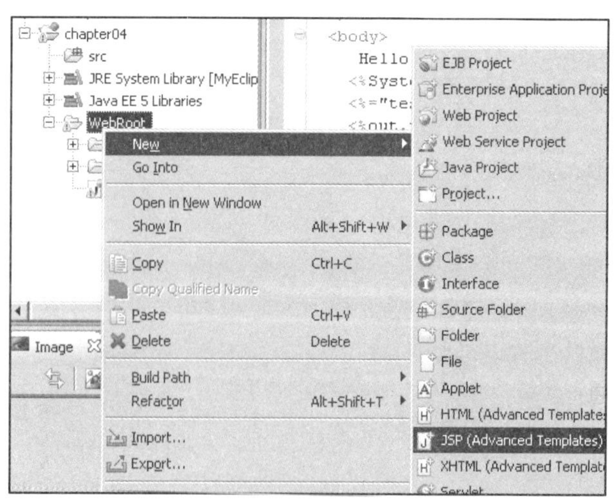

图 5-1 创建 JSP 文件

（3）创建 LoginService 类，实现登录逻辑。

简单例子中需要实现的登录逻辑在 LoginService 类中实现，LoginService 是一个 Java SE 的类，声明 login 方法，使用 boolean 类型的返回值标记登录成功或失败，代码如下（完整代码请参见教学资料包中的教材实例源代码文件“javaweb\chapter05\src\com\etc\service\LoginService.java”）：

```
package com.etc.service;

public class LoginService {
  public boolean login(String custname,String pwd){
        if(custname!=null&&pwd!= null
&&custname.equals("admin")&&pwd.equals("123")){
                return true;
        }else{
                return false;
        }
  }}
```

上述代码中，首先判断输入的 custname 和 pwd 的值，如果值不为空，同时分别等于 admin 和 123，则返回 true，表示登录成功；否则返回 false，表示登录失败。

（4）完成 Servlet 类 LoginServlet，调用业务逻辑，并跳转到响应页面。

到此为止，已经创建了页面和业务逻辑。要将页面和业务逻辑连接起来，实现登录功能，就需要使用 Servlet。代码如下（完整代码请参见教学资料包中的教材实例源代码文件“javaweb\chapter05\src\com\etc\servlet\LoginServlet.java”）：

```
package com.etc.servlet;
public class LoginServlet extends HttpServlet {
  public void doPost(HttpServletRequest request, HttpServletResponse response)
                throws ServletException, IOException {
//      获取客户端输入的用户名和密码
        String custname=request.getParameter("custname");
        String pwd=request.getParameter("pwd");
//      调用LoginService业务逻辑类
        LoginService ls=new LoginService();
        boolean flag=ls.login(custname, pwd);
//      跳转到不同视图
        if(flag){
                response.sendRedirect("welcome.jsp");
        }else{
                response.sendRedirect("index.jsp");
        }}}
```

上述代码中首先通过调用 HttpServletRequest 中的 getParameter 方法获取用户名和密码两个请求参数，然后调用 LoginService 类中的 login 方法，根据 login 方法的返回值跳转到不同的页面上。其中，sendRedirect 方法是 HttpServletResponse 接口中的方法，称为响应重定向。响应重定向的意思是客户端将访问重定向的资源，生成响应输出到客户端。例如，登录成功，则调用 response.sendRedirect("welcome.jsp")语句，意思是重定向到 welcome.jsp 页面，客户端将访问 welcome.jsp 页面并生成响应。

（5）修改 index.jsp 中表单的 action 属性，通过 Servlet 的 url-pattern 调用 LoginServlet。

index.jsp 中通过表单提交进行登录请求，请求需要提交到 LoginServlet 中。将 form 表单的 action 属性值修改为 Servlet 的 url-pattern 值 login 即可，注意不要写成“/login”。代码如下：

```
<form action="login" method="post">
        Pls input your name:<input type="text" name="custname"><br>
        Pls input your pwd:<input type="password" ame="pwd"><br>
<input type="submit" value="Login">
```

（6）部署应用。

（7）测试。

到此为止，已经成功开发了简单例子中的两个 JSP 页面 index.jsp 和 welcome.jsp，以及业务逻辑类 LoginService 和 Servlet 类 LoginServlet，并将应用部署到容器中，下面可以进行测试。首先访问 index.jsp，如图 5-2 所示。

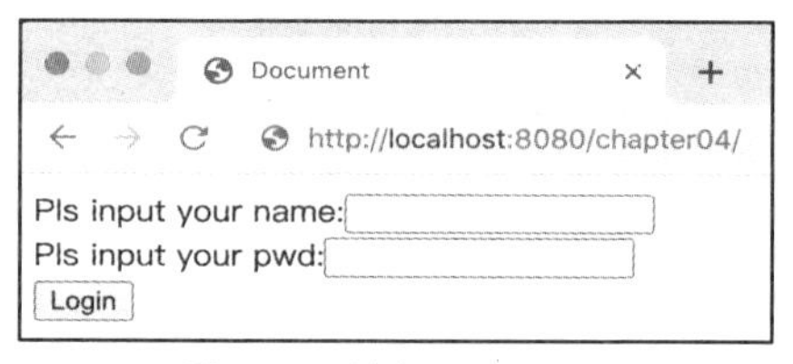

图 5-2　访问 index.jsp

在 JSP 的表单中输入用户名为 admin，密码为 123，单击“Login”按钮，登录成功，跳转到 welcome.jsp 页面，如图 5-3 所示。

如果输入的不是 admin 和 123，则登录失败，跳转到 index.jsp 页面，如图 5-4 所示。

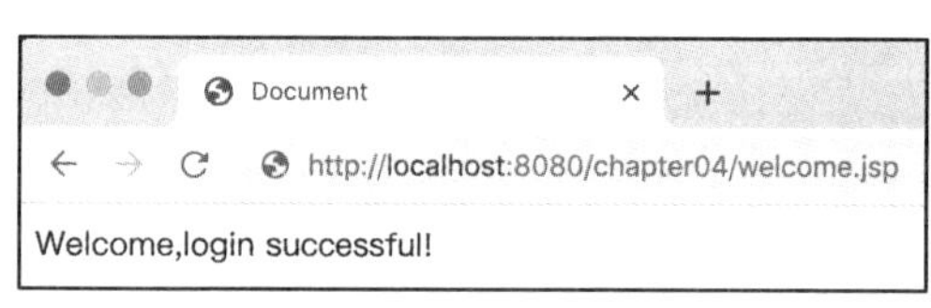

图 5-3　登录成功

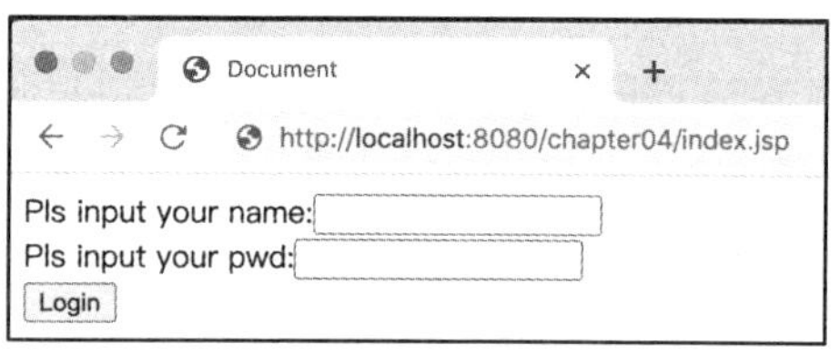

图 5-4　登录失败

至此，例子（Demo）已经完成，使用了 JSP、Java SE 类、Servlet 实现简易的登录逻辑。

5.2 例子（Demo）中的 MVC 体现

上节中实现了简单例子，本节通过分析该例子，理解 MVC 模式的概念。上节中的例子主要由三部分组成，下面分别进行介绍。

（1）页面，称之为 View。

例子中的页面都由 JSP 文件实现，包括 index.jsp 和 welcome.jsp 两个页面文件，主要负责登录信息输入和登录结果显示。

（2）业务逻辑，称之为 Model。

例子中的业务逻辑由简单的 Java 类完成，即 LoginService.java，负责业务逻辑实现，当且仅当用户名和密码分别是 admin 和 123 时登录成功，否则登录失败。

（3）控制器，称之为 Controller。

例子中 LoginServlet 主要的工作是连接页面和业务逻辑，获取客户端的输入，调用业务逻辑，根据执行结果跳转到相应结果视图，生成响应展示给客户端，称为控制器（Controller）。

这种将一个应用分成页面、控制器、业务逻辑三部分来构建的思想，被称为 MVC 架构模式，即 Model-View-Controller。MVC 中的模式并不局限于 Java 技术，也不局限于 B/S 结构，MVC 中的三部分也可以根据不同的应用和背景采用不同技术实现。对于 Java EE 的 Web 应用，Model 可以使用 Java SE、EJB、WebService 等实现，View 可以使用 JSP、FreeMarker、Velocity 等技术实现，Controller 可以使用 Servlet、Filter 等技术实现。本教材中的实例，Model 使用 Java SE 类实现，View 使用 JSP 页面实现，Controller 使用 Servlet 实现。

5.3 MVC 模式总结

MVC 最初应用于桌面程序中，M 是指数据模型，V 是指用户界面，C 则是控制器，是 Xerox PARC 在 20 世纪 80 年代为编程语言“Smalltalk-80”发明的一种软件设计模式，至今已被广泛使用。使用 MVC 的目的是将 M 和 V 实现代码分离，从而使同一个程序可以使用不同的表现形式。C 存在的目的则是确保 M 和 V 的同步，一旦 M 改变，V 应该同步更新。

MVC 模式是近些年被 Java EE 平台广泛使用的设计模式。Web 应用中的 MVC 模式与桌面程序中的 MVC 模式有所不同。由于 Web 应用大多基于请求/响应模式，因此往往做不到“一旦 M 改变，V 应该同步更新”。基于 Java EE 的 Web 应用开发，经历了 Model 1 和 Model 2 不同时代。Model 1 中不使用 Servlet，主要使用 JSP 和 JavaBean，如图 5-5 所示。

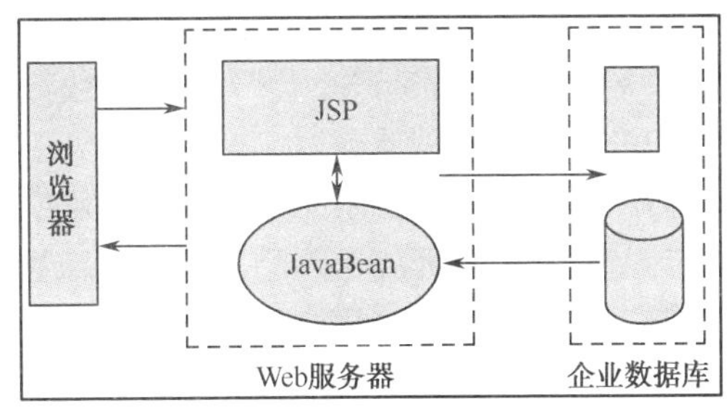

图 5-5 Model 1 模型

在 Model 1 模型中，不使用 Servlet，浏览器提交请求直接到 JSP，JSP 调用 JavaBean 处理业务逻辑，然后生成不同响应到客户端。JavaBean 通过 JDBC 访问企业数据库。严格来说，Model1 模型不是真正意义上的 MVC 模式。JavaBean 的相关概念将会在后面章节介绍。

Model 2 则引入了 MVC 设计模式思想，使用 JSP、Servlet 及 JavaBean 构建 Web 应用，如图 5-6 所示。

Model 2 已经是 MVC 设计思想下的架构，Servlet 充当控制器，JSP 充当视图，JavaBean 则作为模型。浏览器的请求都提交给 Servlet，Servlet 实例化 JavaBean 处理请求，并根据处理结果跳转到不同的 JSP 页面，生成响应到客户端浏览器。JavaBean 可以使用 JDBC 访问企业数据库。

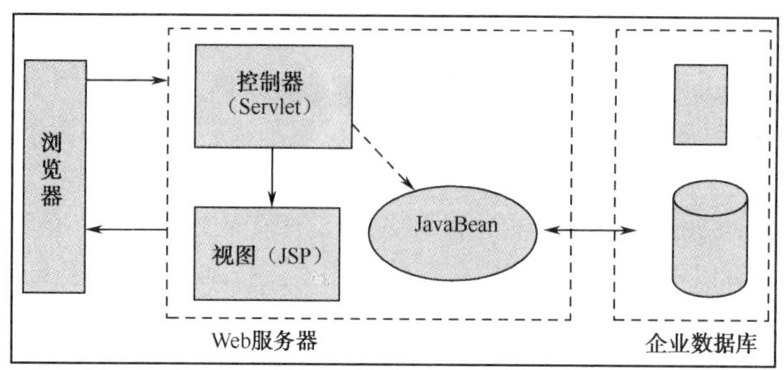

图 5-6　Model 2 模型

MVC 模式有哪些优点和缺点？MVC 模式能使应用耦合性降低、可维护性提高，有利于软件的工程化管理。然而，MVC 模式中的三个部分没有明确定义，需要精心理解和设计，也会让中小型应用开发起来更为复杂。

5.4 “案例”准备

本教材从第二部分开始，将对 Servlet 和 JSP 进行细致深入的介绍，为了帮助读者能够更轻松、更容易地理解相关技术，教材中使用一个案例贯穿每个知识点。案例不注重业务逻辑，重点在于理解每个知识点。本节将对案例进行简单介绍，并实现 Model 部分，以及视图的静态部分。在后面章节中，将对案例逐渐完善，以下简称“案例”。

案例中的主要用例描述如下。

用例一：用户输入用户名和密码进行登录。

用例二：用户输入用户名、密码、年龄、地址进行注册，用户名不能重复。

用例三：用户登录成功后，通过欢迎页面上的超链接，可以查看个人信息以及所有注册用户除密码外的信息。

数据库使用 MySQL 数据库，创建关系表 Customer，如图 5-7 所示。

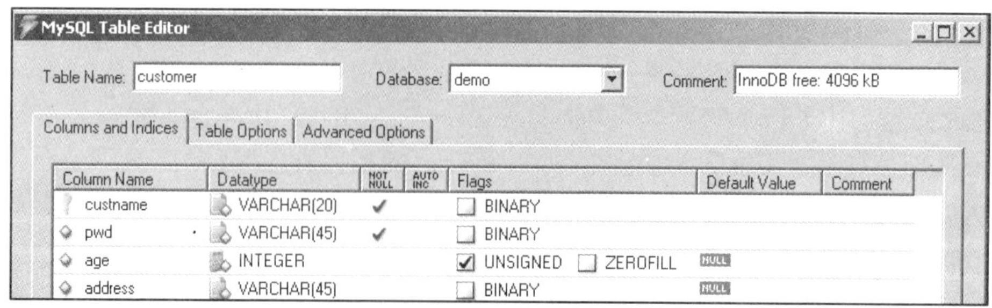

图 5-7　创建 Customer 表

本节将实现案例的 Model 部分。Model 由三部分组成，下面逐一进行介绍。

（1）VO 类。

VO（Value Object）即值对象，用来封装数据，在业务层之间传递。“案例”中只有一种实体，即客户，所以需要创建一个 Customer 类，作为 VO 类使用。代码如下：

```
package com.etc.vo;

public class Customer {
  private String custname;
  private String pwd;
  private Integer age;


  private String address;
  public Customer() {
        super();
  }
  public Customer(String custname, String pwd) {
        super();
        this.custname = custname;
        this.pwd = pwd;
  }
  public Customer(String custname, String pwd, Integer age, String address) {
        super();
        this.custname = custname;
        this.pwd = pwd;
        this.age = age;
        this.address = address;
  }
  public String getCustname() {
        return custname;
  }
  public void setCustname(String custname) {
        this.custname = custname;
  }
  public String getPwd() {
        return pwd;
  }
  public void setPwd(String pwd) {
        this.pwd = pwd;
  }
  public Integer getAge() {
        return age;
  }
  public void setAge(Integer age) {
        this.age = age;
  }
  public String getAddress() {
```

```
        return address;
    }
    public void setAddress(String address) {
        this.address = address;}}
```

VO 类中封装了客户的 4 个属性，包括 custname、pwd、age 和 address，以及不同参数的构造方法，用来实例化对象。同时，为属性提供了 getter 和 setter 方法，用来返回及设置属性。

（2）DAO 类。

DAO（Data Access Object）即数据访问对象，用来封装数据访问逻辑。很多时候，初学者可能将数据访问逻辑与业务逻辑混在一起实现。然而，很多数据访问逻辑可能被多个业务逻辑共同使用，如银行业务中的存款和取款两个业务逻辑，都会使用到"修改余额"这个数据访问逻辑。因此，有必要将数据访问逻辑与业务逻辑分离，提高重用性及可维护性。通过分析"案例"的业务逻辑，可以总结出案例中需要实现根据用户名查询、根据用户名和密码查询、插入一条记录、查询所有记录这四种数据逻辑，可以将这四种数据逻辑封装到 CustomerDAO 类中，作为数据访问对象使用。

由于数据访问逻辑中需要获得 JDBC 连接对象，所以将获得 JDBC 连接对象的方法封装到一个工具类中。创建工具类 JDBCConnectionFactory，作为 Connection 对象的工厂类，代码如下：

```
public class JDBCConnectionFactory {
public static Connection getConnection(){
Connection conn=null;
try {
  Class.forName("com.mysql.jdbc.Driver");
  conn=DriverManager.getConnection("jdbc:mysql://localhost:3306/scwcd","root","123");
        } catch (ClassNotFoundException e) {
            e.printStackTrace();
        } catch (SQLException e) {
            e.printStackTrace();
        }
        return conn;
  }}
```

上述代码中声明了一个静态方法 getConnection，可以获得一个 MySQL 数据库的连接对象。接下来，创建 CustomerDAO 类，实现 4 个数据逻辑方法。代码如下：

```
public class CustomerDAO {
  public List<Customer> selectAll(){
        List<Customer> list=new ArrayList<Customer>();
        Connection conn=JDBCConnectionFactory.getConnection();
        try {
            Statement stmt=conn. createStatement ();
            String sql="select custname,age,address from customer";
            ResultSet rs=stmt.executeQuery(sql);
            while(rs.next()){
            list.add(new Customer(rs.getString(1),null,rs. getInt(2),rs.
```

```
getString(3)));
                }
        } catch (SQLException e) {
                e.printStackTrace();
        }finally{
                if(conn!=null){
                        try {
                                conn.close();
                        } catch (SQLException e) {
                                e.printStackTrace();
                        }
                }
        }
        return list;
    }

    public Customer selectByName(String custname){
        Customer cust=null;
        Connection conn=JDBCConnectionFactory.getConnection();
        String sql="select * from customer where custname=?";
        try {
                PreparedStatement pstmt=conn.prepareStatement(sql);
                pstmt.setString(1, custname);
                ResultSet rs=pstmt.executeQuery();
                if(rs.next()){
                        cust=new Customer(rs.getString(1),rs.getString(2),rs.getInt(3),rs.getString(4));
                }


        } catch (SQLException e) {
                e.printStackTrace();
        }finally{
                if(conn!=null){
                        try {
                                conn.close();
                        } catch (SQLException e) {
                                e.printStackTrace();
                        }
                }
        }
        return cust;
    }

    public Customer selectByNamePwd(String custname,String pwd){
        Customer cust=null;
        Connection conn=JDBCConnectionFactory.getConnection();
        String sql="select * from customer where custname=? and pwd=?";
        try {
```

```
                PreparedStatement pstmt=conn.prepareStatement(sql);
                pstmt.setString(1, custname);
                pstmt.setString(2, pwd);
                ResultSet rs=pstmt.executeQuery();
                if(rs.next()){
                    cust=new Customer(rs.getString(1),rs.getString(2),rs.getInt(3),rs.getString(4));
                }
            } catch (SQLException e) {
                e.printStackTrace();
            }finally{
                if(conn!=null){
                    try {
                        conn.close();
                    } catch (SQLException e) {
                        e.printStackTrace();
                    }
                }
            }
            return cust;
        }

        public void insert(Customer cust){
            Connection conn=JDBCConnectionFactory.getConnection();
            String sql="insert into customer values(?,?,?,?)";
            try {
                PreparedStatement pstmt=conn.prepareStatement(sql);
                pstmt.setString(1, cust.getCustname());
                pstmt.setString(2, cust.getPwd());
                pstmt.setInt(3, cust.getAge());
                pstmt.setString(4, cust.getAddress());
                pstmt.executeUpdate();
            } catch (SQLException e) {
                e.printStackTrace();
            }finally{
                if(conn!=null){
                    try {
                        conn.close();
                    } catch (SQLException e) {
                        e.printStackTrace();}}}}}}
```

上述代码中，每个方法都首先使用 JDBCConnectionFactory 类的 getConnection 方法获得数据库连接对象，然后使用 JDBC API 进行数据库编程，实现了 4 个数据访问逻辑。其中，selectByName 和 selectByNamePwd 方法都将查询到的一条记录封装到一个 Customer 对象中返回，selectAll 把查询到的多条记录封装到一个集合对象中。

（3）Service 类。

实现了必需的数据访问逻辑后，就可以实现业务逻辑，通常使用服务类来封装业务逻辑。案例中创建 CustomerService 类，以实现登录、注册、查看个人信息、查看所有人信息 4 种业务逻辑。CustomerService 类中需要调用 CustomerDAO 类的数据访问逻辑。代码如下：

```
public class CustomerService {
  private CustomerDAO dao=new CustomerDAO();
  public boolean login(String custname,String pwd){
        Customer cust=dao.selectByNamePwd(custname, pwd);
        if(cust!=null){
              return true;
        }else{
              return false;
        }
  }
  public boolean register(Customer cust){
        Customer c=dao.selectByName(cust.getCustname());
        if(c==null){
              dao.insert(cust);
              return true;
        }else{
              return false;
        }
  }

  public Customer viewPersonal(String custname){
        return dao.selectByName(custname);
  }
  public List<Customer> viewAll(){
        return dao.selectAll();
  }
}
```

可见，业务逻辑中主要使用 DAO 类中的数据逻辑，实现业务逻辑处理。

至此，案例的 Model 部分已经实现完成，共分为三部分，分别是 VO、DAO、Service，在 Service 层最终实现了所有业务逻辑。

接下来实现静态原型，确定案例的导航。登录页面为 index.jsp，如果登录成功则跳转到 welcome.jsp 页面，如果登录失败则跳转到 index.jsp 页面。注册页面为 register.jsp 页面，如果注册成功则跳转到 index.jsp，如果注册失败则跳转到注册页面 register.jsp。welcome.jsp 页面上有两个超链接：一个显示个人信息，页面为 personal.jsp；另一个显示所有人信息，页面为 allcustomers.jsp。在企业应用开发中，页面的用户体验是非常重要的一个方面，目前有很多流行的技术和框架可以实现美观易用的页面，然而，本教材主要关注 Web 组件，不包含页面设计及实现的相关内容。案例主要用于介绍 Web 应用开发的动态部分，所以静态页面不追求样式和美观，以最简单的形式展现。页面的效果如下所示。

登录页面 index.jsp，如图 5-8 所示。

注册页面 register.jsp，如图 5-9 所示。

欢迎页面 welcome.jsp，如图 5-10 所示。

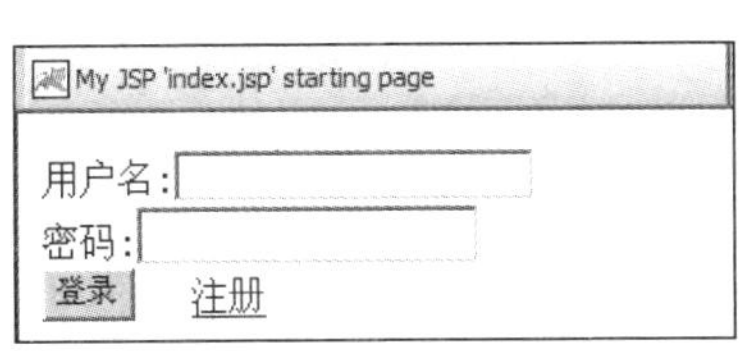

图 5-8　登录页面

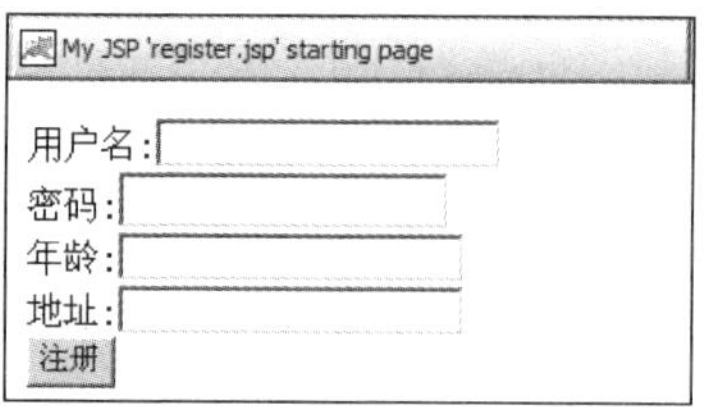

图 5-9　注册页面

图 5-10　欢迎页面

个人信息页面 personalinfo.jsp，如图 5-11 所示。

所有用户信息页面 allusers.jsp，如图 5-12 所示。

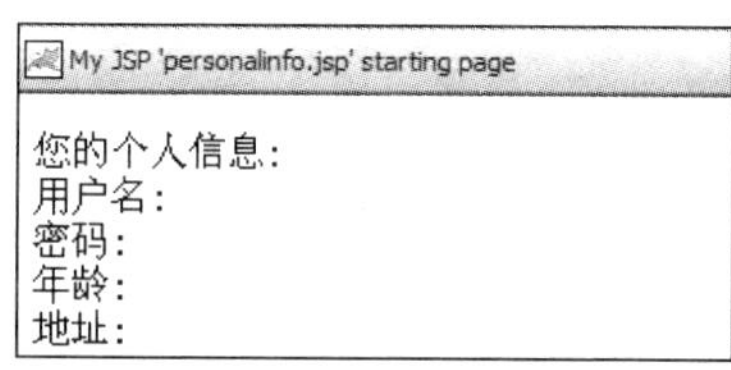

图 5-11　个人信息页面

图 5-12　所有用户信息页面

至此，案例的 Model 部分及 View 的静态部分已经完成。在后面的章节中，将逐步实现并完善每个用例，添加动态功能，以辅助介绍相关知识点。

5.5 本章小结

本章首先通过一个简单的例子，介绍了使用 Eclipse 和 Tomcat 构建 Web 应用的步骤。接下来基于这个简单的例子，提出了 MVC 架构思想。MVC 是源于桌面程序的设计模式，目前已经在 Java EE Web 应用开发中广泛使用。Servlet 往往承担 MVC 中 C 的角色，即控制器，主要用来接收客户端的请求信息，调用 Model，然后跳转到某个视图上，生成客户端响应。而 JSP 往往承担 MVC 中 V 的角色，用来生成动态视图。Model 可以使用 Java SE 的类实现，封装业务逻辑。然而，值得注意的是，不要将 JSP+Servlet+JavaBean 就等同于 MVC，也就是说，这仅仅是 Java EE Web 开发中的一种 MVC 架构思想的实现而已。另外，本章还为教材准备了一个案例，该案例并没有复杂的业务逻辑，也没有漂亮的视图，主要目的在于辅助介绍后面章节的相关知识点。

5.6 思考与练习

1. 描述 MVC 模式的含义及优势。
2. 简述 Model 1 与 Model 2 的含义及区别。
3. 简述 VO、DAO、Service 的含义。
4. 使用 MVC 模式构建应用 chaper05，使用 JSP 实现视图，使用 DAO 实现数据访问，使用 Service 实现业务逻辑。实现登录功能：输入数据库中存在的用户名和密码，登录成功则显示欢迎信息；否则登录失败，重新跳转到登录页面。

第二部分

详解 Servlet 组件开发

第一部分已经介绍了 Servlet 和 JSP 的基本概念，以及各自在 MVC 模式中的角色。因为 JSP 的本质就是一个 Servlet，所以掌握 Servlet 后介绍 JSP 将很容易。本部分从介绍 Servlet 生命周期开始，逐步介绍请求、响应、cookie、会话、上下文的使用。另外，还将结合第一部分准备的案例，介绍 Servlet 监听器、过滤器的使用。学习完本部分的内容后，能帮助读者熟练掌握 Servlet 组件开发，更深入理解 MVC 模式的应用。

第 6 章 Servlet 组件

Servlet 是服务器端的组件，必须在容器中才能“生存”，从初始化到销毁，都依赖于容器。本章将介绍 Servlet 的生命周期，理解 Servlet 是单实例、多线程的概念。Servlet API 中提供了一系列的接口和类，构成 Servlet 组件的“家谱”，包括 Servlet、ServletConfig 接口，GenericServlet、HttpServlet 类。本章将介绍这些接口和类中的常见方法。

6.1 Servlet 实例的特征

Servlet 是一个 Java 类，所以具有面向对象的特征。不论通过哪种方式调用 Servlet，本质上都是容器先创建一个 Servlet 的对象，然后调用该对象的方法。下面先通过简单的 Servlet 类来演示 Servlet 的运行过程。代码如下：

```
public class TestServlet extends HttpServlet {
  public TestServlet() {
        System.out.println("调用构造方法");}
  public void doGet(HttpServletRequest request, HttpServletResponse response)throws
  ServletException, IOException {
        System.out.println("调用doGet方法");
  }
}
```

上述代码的 TestServlet 中，在构造方法中进行了打印输出操作，并在 doGet 方法中也进行了打印输出操作。第一次通过浏览器访问该 Servlet，控制台输出结果如下：

```
调用构造方法
调用doGet方法
```

通过上面的输出结果可见，第一次访问 Servlet 时，容器先调用构造方法创建了一个 Servlet 组件，继而调用对象的 doGet 方法。然而，再次访问该 Servlet，输出结果如下：

```
调用doGet方法
```

通过上面的输出结果可见，第二次访问 Servlet 时，没有调用构造方法，也就是不再创建新的 Servlet 组件。除第一次访问外，之后不论多少个客户端，访问多少次该 Servlet，

永远只输出“调用 doGet 方法”，而不会再输出“调用构造方法”。也就是说，Servlet 只有在第一次被调用时初始化一次。该实例被存储在容器中，多个客户端并发访问时，Tomcat 会启动多线程，并发访问该实例。由此可知 Servlet 是多线程、单实例的。

如果某个 Servlet 需要在应用加载时就被实例化，而不是在第一次访问时才被实例化，可以在 web.xml 中通过配置<load-on-startup>来实现。配置如下：

```
<servlet>
    <servlet-name>TestServlet</servlet-name>
    <servlet-class>com.etc.TestServlet</servlet-class>
    <load-on-startup>1</load-on-startup>
</servlet>
```

<load-on-startup>1</load-on-startup>中的 1 表示实例化该 Servlet 实例的顺序为第一个，而不是实例的数量，该标记的值为非负数即可。重新启动 Tomcat，或者重新部署该 Servlet 所在的应用，在控制台将输出：

```
调用构造方法
```

由以上输出结果可知，通过配置正确的<load-on-startup>值，Servlet 将会在应用加载时按照顺序被初始化，而不是在第一次访问时才被初始化，可以将初始化的时间提前。

Servlet 类都是在第一次被访问时才被初始化吗？答案是否定的。缺省情况下，Servlet 的实例是第一次被加载时初始化，且只初始化一次。然而，可以通过在 web.xml 中配置<load-on-startup>值，使容器加载应用时就初始化该 Servlet 实例。但是，值得指出的是，不管使用哪种方式初始化，Servlet 实例都只被初始化一次。

6.2 Servlet 的“家谱”

Web 应用中的自定义 Servlet 类大多直接继承于 HttpServlet 类，而 HttpServlet 类也继承并实现了其他类和接口。本节将介绍 HttpServlet 类的继承关系，为介绍 Servlet 的生命周期打好基础。HttpServlet 类的声明形式如下：

```
public abstract class HttpServlet
extends GenericServlet
implements Servlet, ServletConfig
```

可见，HttpServlet 类继承了父类 javax.servlet.GenericServlet，实现了 javax.servlet.Servlet 及 javax.servlet.ServletConfig 两个接口。因此，任何自定义的 Servlet 类都可以直接使用 HttpServlet、GenericServlet、Servlet、ServletConfig 中定义的任何方法。下面逐一介绍 Servlet“家谱”中的类与接口的主要方法。

（1）Servlet 接口。

Servlet 接口定义了所有 Servlet 类必须实现的方法，这些方法都是容器调用的生命周期方

法，主要方法如下。

public void init(ServletConfig config)：该方法被容器调用，对 Servlet 实例进行初始化配置，只在 Servlet 初始化后调用一次。自定义的 Servlet 类中一般不会覆盖该方法。

public void service(ServletRequest req,ServletResponse res)：该方法被容器调用，使该 Servlet 可以响应客户端请求。自定义的 Servlet 类中一般不会覆盖该方法。

public void destroy()：该方法被容器调用，表示 Servlet 实例被销毁。自定义的 Servlet 类中一般不会覆盖该方法。

（2）ServletConfig 接口。

该接口用来封装 Servlet 实例的初始化配置信息，该接口的实例被上述 Servlet 接口中的 init(ServletConfig)方法所使用，以保证容器能成功初始化 Servlet 组件。该接口中的常用方法如下。

public String getInitParameter(String name)：获得 Servlet 的初始化参数值，方法参数是初始化参数的名字，返回值是参数的值。

下面介绍如何在 web.xml 中对一个 Servlet 配置初始化参数。初始化参数只被当前 Servlet 实例使用，其他 Servlet 实例不能使用，配置如下（完整代码请参见教学资料包中的教材实例源代码文件“javaweb\chapter06\WebRoot\WEB-INF\web.xml”）：

```
<servlet>
   <servlet-name>TestServlet</servlet-name>
   <servlet-class>com.etc.TestServlet</servlet-class>
   <init-param>
      <param-name>level</param-name>
      <param-value>2.1</param-value>
   </init-param>
   <load-on-startup>1</load-on-startup>
</servlet>
```

上述配置中定义了名字为 TestServlet 的 Servlet，并使用<init-param>标记为 TestServlet 配置了一个名为 level 的初始化参数，参数值为 2.1。Servlet 定义初始化参数后，就可以在该 Servlet 中使用 ServletConfig 中的 getInitParameter 方法获得该参数值并进行使用，其他的 Servlet 中则无法使用。例如，在 TestServlet 的 doXXX 方法中，可以使用 getInitParameter 获取 level 的值：

```
String level=this.getInitParameter("level");
```

因为 ServletConfig 接口被 HttpServlet 类实现，所以自定义的 Servlet 类已经间接实现了 ServletConfig 接口，因此在自定义的 Servlet 类中可以使用 this 调用 ServletConfig 接口中的方法。

（3）GenericServlet 类。

该类实现了上述 Servlet、ServletConfig 接口中的所有方法，同时扩展了新方法。该类中有一个 init()方法常在自定义的 Servlet 中进行重写，如下所示。

public void init()：该方法不是抽象方法，但是方法体为空，没有实现任何逻辑。该方法往往被自定义的Servlet类覆盖，用来封装Servlet类实例化后的自定义操作。该方法仅在Servlet

被实例化后调用一次。代码如下：

```
public class TestServlet extends HttpServlet {
  private String level;
        public TestServlet() {
        System.out.println("调用构造方法");
  }
  public void init(){
        level=this.getInitParameter("level");
  }
  public void doGet(HttpServletRequest request, HttpServletResponse response)throws
  ServletException, IOException {
        System.out.println("调用doGet方法");}
}
```

TestServlet 类覆盖了 init 方法，该方法返回 Servlet 的初始化参数 level 的值，并赋值给变量 level。当且仅当初始化 TestServlet 后，容器会调用一次 init 方法，以后再也不会被调用。

（4）HttpServlet 类。

HttpServlet 类继承了 GenericServlet 类，是 HTTP 协议 Servlet 类的父类。该类中定义了大量的 doXXX 方法，如下所示。

protected void doGet(HttpServletRequest req, HttpServletResponse resp)：使用 HTTP GET 方式访问 Servlet 时，调用该方法。

protected void doPost(HttpServletRequest req, HttpServletResponse resp)：使用 HTTP POST 方式访问 Servlet 时，调用该方法。

HttpServlet 中还有很多 doXXX 方法，实际中最常用的是 doGet 和 doPost 方法。总而言之，目前企业应用中，大多使用 HTTP 协议的 Servlet 几乎都是继承于 HttpServlet 类，而 HttpServlet 类继承于 GenericServlet 类，GenericServlet 类又实现了 Servlet 和 ServletConfig 接口。因此，Servlet、ServletConfig、GenericServlet、HttpServlet 就构成了 Servlet 的“家谱”，任何一个自定义的 Servlet 类，都拥有“家谱”中所有类和接口中的方法。自定义的 Servlet 类，通常覆盖的方法有如下几个。

① doGet 方法。

该方法在 HttpServlet 类中定义，自定义 Servlet 类覆盖该方法，用来处理 GET 方式的请求。

② doPost 方法。

该方法在 HttpServlet 类中定义，自定义 Servlet 类覆盖该方法，用来处理 POST 方式的请求。

③ init()方法。

该方法在 GenericServlet 类中定义，自定义 Servlet 类覆盖该方法，用来对 Servlet 实例化后进行一些自定义处理。该方法只在 Servlet 组件实例化后被调用一次。

④ destroy()方法。

该方法在 Servlet 接口中定义，自定义 Servlet 类中覆盖该方法，用来实现 Servlet 实例被容器销毁前的一些自定义处理。

6.3 Servlet 的生命周期

上节介绍了 Servlet 的“家谱”，使读者熟悉了自定义 Servlet 类所继承及实现的父类和接口，本节将进一步介绍一个 Servlet 组件的生命周期。Servlet 是服务器端的组件，其生命周期可以分成 3 个阶段，本节将从每个阶段介绍 Servlet 的生命周期。

阶段一：初始化。

① 容器加载应用（配置了<load-on-startup>变量）或客户端第一次访问 Servlet，容器将调用 Servlet 类的构造方法，实例化一个 Servlet 组件，该对象存在于服务器端，容器将启动多线程并发访问该对象。

② 实例化结束后，容器将对 Servlet 实例进行初始化，先调用 init(ServletConfig)方法，再调用 init()方法。

阶段二：提供服务。

① Servlet 初始化成功后，容器调用 Servlet 接口中定义的 service(ServletRequest req, ServletResponse res)方法。

② service 方法将请求和响应对象转换成 HttpServletRequest 和 HttpServletResponse 对象，调用 HttpServlet 类中定义的 service(HttpServletRequest req,HttpServletResponse resp)方法。

③ HttpServlet 中的 service 方法，将请求根据请求方式转发给对应的 doXXX 方法，如 doGet、doPost 等，为客户端提供服务。

阶段三：销毁。

① Servlet 提供服务结束，或者一段时间过后，容器将销毁 Servlet 实例。

② 销毁 Servlet 实例前，容器先调用 Servlet 接口中定义的 destroy 方法，允许完成一些自定义操作。

上面从初始化、提供服务、销毁 3 个阶段介绍了 Servlet 的生命周期，帮助读者更深入理解 Servlet 组件。

6.4 本章小结

本章主要介绍了 Servlet 组件的生命周期。Servlet 作为服务器端的组件，是单实例的，即一个 Servlet 组件，在容器中只存在一个实例，容器通过启动多线程并发使用该实例。一个自定义的 Servlet 类，大多继承于 HttpServlet 类，然而 HttpServlet 类又继承并实现了其他父类和接口，如 GenericServlet 类、ServletConfig 接口、Servlet 接口。本章还介绍了 Servlet 家谱中的类和接口的主要方法，如 init()方法、getInitParameter 方法等。讲解 Servlet 家谱后，又总结了 Servlet 生命周期的主要过程，帮助读者更为深入地理解 Servlet 组件。

6.5 思考与练习

1. web.xml 中配置<load-on-startup>2</load-on-startup>有什么含义?
2. 在某个 Servlet 的<servlet></servlet>中配置<init-param></init-param>后，该参数能否被其他 Servlet 组件使用?
3. ServletConfig 接口中的 getInitParameter 方法有什么作用?
4. GenericServlet 类中的 init()方法在什么阶段会被调用?
5. 如何理解“Servlet 是多线程、单实例的”这句话?
6. 简述 Servlet 的生命周期。

第 7 章 请求与响应

Web 应用大多是基于 HTTP 协议的，而 HTTP 协议基于请求/响应模式。请求和响应是 Web 应用中的两个重要对象，理解请求和响应是掌握 Web 应用开发的必要基础。本章介绍 Servlet API 中的请求接口 HttpServletRequest 和响应接口 HttpServletResponse，掌握请求接口和响应接口中常见的方法。在 Web 应用中，常需要将请求转发到下一个组件，本章将介绍如何使用请求转发器 RequestDispatcher 进行请求转发。另外，还将介绍通过请求属性在组件间传递对象的方法。学习本章后，读者将能够熟练使用请求和响应接口进行 Web 应用开发。

7.1 请求接口

HTTP 协议是基于请求响应模式的协议。Servlet API 中，使用 HttpServletRequest 类型的对象封装请求流中的数据。HttpServletRequest 的父接口是 ServletRequest，定义了大量获取请求信息的方法。下面将 HttpServletRequest 接口中的常用方法分成 3 大类进行介绍。

（1）获得请求头信息的方法。

HttpServletRequest 接口中提供了大量获得请求头信息的方法，包括 getHeader、getIntHeader、getDateHeader、getHeaderNames、getHeaders 等。其中，getHeader 方法可以根据请求头名字获得请求头值，请求头的名字是 HTTP 协议已经定义好的，不能自定义；getIntHeader 方法用来返回整型请求头的值；getDateHeader 方法用来返回日期类型请求头的值；getHeaderNames 返回所有头的名字；getHeaders 返回所有头的值。

（2）获得请求参数的方法。

Web 应用中常使用表单提交发出请求，例如，输入用户名及密码后，单击“登录”按钮，就成为表达提交，其中的用户名和密码就是请求参数。常需要在服务器端获得请求参数，HttpServletRequest 接口中提供了与请求参数相关的方法，包括 getParameter、getParameterValues、getParameterNames 等。其中，getParameter 方法可以根据请求参数的名字返回请求参数的值，请求参数的名字是 HTML 标记的 name 值，请求参数的值就是 HTML 标记的 value 值；getParameterValues 方法可以将同一个名字的所有请求参数值作为数组返回，例如多选框类型的参数，就可能是一个名字的参数对应多个值；getParameterNames 方法可以返回所有请求参数的名字。

（3）获得客户端和服务器端相关信息的方法。

HttpServletRequest 接口中还提供了很多获得客户端及服务器端相关信息的方法，包括：getRemoteAddr 用来获得远程地址，getRemotePort 用来获得远程端口，getLocalName 用来获得本地主机名，getLocalPort 用来获得本地端口。

请求接口中还有很多其他的方法，在后面章节将继续介绍。其中 getParameter 方法是最为常用的方法，用来获取客户端传到服务器端的请求参数。本节将实现“案例”中的登录功能，进一步介绍请求接口中方法的使用。

登录的业务逻辑已经在 CustomerService 类里用 login 方法实现，视图的静态部分也已经完成。所以，接下来需要创建 Servlet，用来实现控制逻辑，将视图和业务逻辑连接起来即可。使用 LoginServlet 实现登录的控制逻辑，代码如下（完整代码请参见教学资料包中的教材实例源代码文件“javaweb\chapter07\src\com\etc\servlet\LoginServlet.java”）：

```
public class LoginServlet extends HttpServlet {
public void doPost(HttpServletRequest request, HttpServletResponse response)
  throws ServletException, IOException {
//获取请求参数
        String custname=request.getParameter("custname");
        String pwd=request.getParameter("pwd");
//调用业务逻辑
        CustomerService cs=new CustomerService();
        boolean flag=cs.login(custname, pwd);
  }
}
```

上述代码只是 LoginServlet 的一部分，完整代码将在后面章节完成。上述代码中首先通过 request 的 getParameter 方法获得客户端输入的用户名和密码，名字分别是 custname 和 pwd，然后调用业务逻辑中的 login 方法进行登录处理，login 方法返回 boolean 类型的 flag 值标记登录状态。如果 flag 值为 true，则表示登录成功；如果值为 false，则表示登录失败。接下来，应该根据登录结果，生成不同响应输出到客户端，将在下节介绍。

7.2 响应接口

客户端向服务器端发出请求，服务器端处理请求后将向客户端输出响应，生成响应页面呈现给用户。Servlet API 中使用 HttpServletResponse 类型对象封装响应信息，HttpServletResponse 的父接口是 ServletResponse 接口，定义了大量处理响应对象的方法。本节介绍响应接口中常用的几类方法。

（1）处理响应头信息的方法。

HttpServletResponse 中定义了很多处理响应头信息的方法，包括 addHeader、addIntHeader、addDateHeader、setHeader、setIntHeader 等。其中，addHeader 方法用来在响应中添加一个头，如果该头的名字已经存在，那么允许一个头包含多个值；addIntHeader 方法用来在响应中添加一个整型的头的信息；addDateHeader 方法用来在响应中添加一个 Date 类型的头的信息；setHeader 方法用来在响应中添加一个头信息，如果头存在，则覆盖已有的值；setIntHeader 用来在响应

中添加一个整型的头信息，如果头存在，则覆盖已有的值。

（2）获得响应输出流及设置内容类型的方法。

响应对象用来往客户端输出响应体，生成响应页面。要向客户端做输出操作，首先需要通过 HttpServletResponse 接口的 getWriter 方法获得输出流，同时可以使用 setContentType 方法设置响应的内容类型，如 text/html;charset=gb2312，表示输出的内容类型是文本或 HTML，字符编码是 gb2312，可以显示中文。

（3）响应重定向。

Servlet 中往往需要根据不同的处理结果，将响应重定向到其他资源。HttpServletRespose 中的 sendRedirect 方法可以实现响应重定向功能。

响应中还有很多其他方法，在后面章节中将逐渐介绍。其中响应重定向 sendRedirect 方法是较常用的方法，用来将响应重新定向到其他页面，生成响应页面给客户端。

上节的 LoginServlet 只实现了获得请求参数、调用业务逻辑的功能，现在继续完成 LoginServlet，实现根据登录结果将响应重定向到不同 JSP 的功能。代码如下：

```
public void doPost(HttpServletRequest request, HttpServletResponse response)throws ServletException,
IOException {
//      获取请求参数
        String custname=request.getParameter("custname");
        String pwd=request.getParameter("pwd");
//      调用业务逻辑
        CustomerService cs=new CustomerService();
        boolean flag=cs.login(custname, pwd);
//      跳转到不同页面
        if(flag){
            response.sendRedirect("welcome.jsp");
        }else{
            response.sendRedirect("index.jsp");
        }
}
```

上述代码中使用 response.sendRedirect 方法将响应重定向到不同的 JSP，从而显示登录的不同结果。

修改 index.jsp 中表单的 action 值，指向 LoginServlet 的 url-pattern 值 login。至此，“案例”中的登录功能已经实现，可以通过访问 index.jsp 输入用户名和密码，测试登录功能。输入数据库中存在的用户名和密码，则登录成功，跳转到 welcome.jsp 页面，否则登录失败，将跳转到 index.jsp 页面。可见，在 Web 应用中，请求对象和响应对象起到了至关重要的作用，请求对象封装来自客户端的数据，而响应对象正好相反，把服务器端生成的数据返回到客户端，生成响应页面。

7.3 请求转发器

上节介绍了通过响应重定向的方法进行页面跳转的方式，本节介绍另一种 Web 组件之间进

行跳转的方法，即使用请求转发器进行请求转发。下面通过修改“案例”来逐步介绍。

首先修改 welcome.jsp 页面，使其能够显示成功登录的用户的用户名。用户名是在 index.jsp 的表单中输入的，作为请求参数传递给服务器端。修改 welcome.jsp 文件，使用表达式输出请求参数 custname 的值，即用户名。代码如下（完整代码请参见教学资料包中的教材实例源代码文件“javaweb\chapter07\WebRoot\welcome.jsp”）：

```
欢迎您!<%=request.getParameter("custname")%><br>
```

其中 request 是 JSP 中的请求内置对象，是 HttpServletRequest 类型的对象，所以可以直接使用 HttpServletRequest 接口中的所有方法。输入正确的用户名和密码，跳转到 welcome.jsp 后，效果如图 7-1 所示。

图 7-1 welcome.jsp 效果

通过上面的运行效果可见，用户名并没有被正确显示，显示为 null，意味着 welcome.jsp 的请求中并没有名字为 custname 的请求参数。下面让我们分析一下，在 index.jsp 中输入用户名后，经历了什么样的传输过程。请求参数 custname 在 index.jsp 中被输入，单击“Login”按钮后，custname 被封装到 LoginServlet 的请求对象中，而 LoginServlet 中进行了响应重定向：response.sendRedirect(“welcome.jsp”)。响应重定向的本质是客户端浏览器重新请求重定向的资源，相当于客户端浏览器直接访问 welcome.jsp。简言之，重定向到 welcome.jsp，等同于在浏览器输入 welcome.jsp 的路径，直接访问 welcome.jsp。显而易见，响应重定向到另一个资源后，以前的请求信息并不会继续传递到重定向的组件中，因此请求参数 custname 并不存在于 welcome.jsp 的请求对象中，所以显示值为 null。

如果希望请求中的信息能够继续传递到下一个资源，可以通过使用请求转发器的请求转发方法实现。请求转发器的接口是 RequestDispatcher，接口中定义了请求转发方法，如下所示：

```
forward(ServletRequest request, ServletResponse response)
```

使用 forward 方法进行请求转发，就可以将当前的请求转发到下一个资源。然而，要使用 forward 方法，必须先获得 RequestDispatcher 对象才可以。获得 RequestDispatcher 对象有多种方法，其中较常使用的是通过请求对象获得。ServletRequest 接口中定义了如下方法获得 RequestDispatcher 对象：

```
public RequestDispatcher getRequestDispatcher(String path)
```

其中参数 path 是请求即将被转发到的资源路径，例如，要把请求转发到 welcome.jsp，那么 path 的值即为 welcome.jsp。

为了能够在 welcome.jsp 中显示登录成功的用户名，就需要将 LoginServlet 中的请求转发给 welcome.jsp，这样请求中的请求参数 custname 就可以在 welcome.jsp 中取出并显示。修改 LoginServlet 中的跳转方式，代码如下：

```
//跳转到不同页面
if(flag){
  request.getRequestDispatcher("welcome.jsp").forward(request, response);
        }else{
              response.sendRedirect("index.jsp");
        }
```

My JSP 'welcome.jsp' starting page

欢迎您!wangxh

查看个人信息。

查看所有用户信息。

图 7-2　welcome.jsp 显示效果

上述代码中，使用 RequestDispatcher 的 forward 方法将请求转发给 welcome.jsp。再次访问 index.jsp，输入正确的用户名和密码，welcome.jsp 显示效果如图 7-2 所示。

可见，通过请求转发到 welcome.jsp，index.jsp 中的请求参数已经被成功转发到 welcome.jsp 页面，并进行了显示。

控制器跳转到视图，有哪些方式？控制器跳转到视图，主要有两种方式：响应重定向和请求转发。响应重定向通过 HttpServletResponse 中的 sendRedirect 方法实现。请求转发通过 RequestDispatcher 中的 forward 方法实现。其中请求转发能够将请求对象转发到下一个资源，而响应重定向将生成新的请求。请求转发方式是较常使用的跳转方式。

7.4 请求属性

请求属性是 Web 应用开发中常用的概念，本节将继续完善"案例"，详细介绍请求属性的使用。继续完善"案例"，用户登录成功后，可以通过 welcome.jsp 页面上的"查看所有用户信息"超链接跳转到 allcustomers.jsp 页面，使用表格形式显示所有用户的信息。

"查看所有用户信息"用例的业务逻辑已经在 CustomerService 类的 viewAll 方法中实现，返回一个 List 类型的集合对象。显示页面使用 allcustomers.jsp 文件实现，其中静态部分也已经完成。现在需要创建控制器 Servlet，将视图和业务逻辑连接起来。"查看所有用户信息"的控制器使用 Servlet 类 GetAllServlet 实现，代码如下（完整代码请参见教学资料包中的教材实例源代码文件"javaweb\chapter07\src\com\etc\servlet\GetAllServlet.java"）：

```
public void doGet(HttpServletRequest request, HttpServletResponse response)      throws
ServletException, IOException {
//调用业务逻辑
        CustomerService cs=new CustomerService();
        List<Customer> list=cs.viewAll();
//跳转
        request.getRequestDispatcher("allcustomers.jsp").forward(request, response);
  }}
```

上述 GetAllServlet 中已经通过调用业务逻辑成功地获取数据库中所有客户信息，并返回集合 list。然而，如何能将 list 传递到 allcustomers.jsp 中是关键问题。JSP 是 Web 组件，通过容器实例化并调用，容器总是调用其中的_jspService 方法，而该方法的参数是 request 和 response，并不能直接接收 List 类型的参数。

HttpServletRequest 接口中提供了一系列与请求属性有关的方法，能够通过把一个对象作为请求属性的方式，传递到下一个组件。所谓请求属性，即将一个需要传递的对象指定唯一的键值，存储到请求对象中。请求接口中与请求属性有关的方法如下。

（1）public void setAttribute(String name,Object o)：该方法用来存储属性。将对象 o 使用名字 name 存储到请求对象中，如果 name 已经在请求对象中存在，则覆盖以前的值。

（2）public Object getAttribute(String name)：该方法用来返回请求属性。通过属性的名字 name，获取属性的值，返回值类型为 Object，具体使用的时候常需要进行类型转换。

（3）public void removeAttribute(String name)：该方法用来删除属性。通过属性的名字 name，删除请求中对应的属性。

有了请求属性，上面的问题就可以迎刃而解。只要将用户信息的集合对象作为请求属性存储到请求对象中就可以解决。接下来修改 GetAllServlet 的 doGet 方法，将 list 存储为请求属性，代码如下：

```
//调用业务逻辑
CustomerService cs=new CustomerService();
List<Customer> list=cs.viewAll();
//将返回值作为请求属性存储
request.setAttribute("allcustomers", list);
//跳转
request.getRequestDispatcher("allcustomers.jsp").forward(request, response);
```

上述代码中将查询得到的集合 list 作为请求属性存储到请求中，属性名为 allcustomers。然后通过请求转发到 allcustomers.jsp 页面，那么 allcustomers.jsp 的请求对象中也将包含名字为 allcustomers 的属性。接下来修改 allcustomers.jsp，获取请求中的属性 allcustomers 并显示到表格中，代码如下（完整代码请参见教学资料包中的教材实例源代码文件“javaweb\chapter07\WebRoot\allcustomers.jsp”）：

```
<%List<Customer> list=(List<Customer>)request.getAttribute("allcustomers");%>
 All Customers:<br>
<table width="200" border="1">
<tbody>
  <tr>
  <td> 用户名</td>
  <td> 年龄</td>
  <td>地址 </td>
  </tr>
  <%for(Customer c:list){ %>
  <tr>
  <td><%=c.getCustname() %></td>
  <td><%=c.getAge() %></td>
  <td><%=c.getAddress() %></td>
  </tr>
  <%}%>
</tbody></table><br>
```

上述代码中使用 request.getAttribute 获取请求中的属性，并把返回值强制转换成 List<Customer>类型。然后使用增强 for 循环迭代返回的 List<Customer>集合，在表格中进行显示。

通过 index.jsp 登录成功后，单击 welcome.jsp 页面中的超链接，将显示数据库中所有客户信息，如图 7-3 所示。

用户名	年龄	地址
wangxh	32	beijing

图 7–3　allcustomer.jsp 效果

可见，通过使用请求属性，已经成功地把查询得到的用户列表传递到 JSP 页面中，并进行了显示。请求属性是非常重要

的概念，在开发 Web 应用中常被使用，用来在组件之间传递对象。

7.5 本章小结

本章主要介绍了 Servlet API 中请求和响应的常用方法。请求和响应是两个非常重要的对象，理解并熟练使用请求和响应，是快速掌握 Java EE Web 开发的关键。HttpServletRequest 封装了处理请求对象的方法，例如获取请求参数的方法 getParameter。HttpServletResponse 封装了处理响应对象的方法，如响应重定向方法 sendRedirect。除响应重定向外，Servlet 与 JSP 之间的跳转还可以通过 RequestDispatcher 中的 forward 方法实现，称为请求转发。请求转发能够将当前的请求对象转发到下一个资源的请求中，是使用较多的跳转方式。Servlet 与 JSP 之间传递对象时，常使用请求属性的方式进行传递，通过 setAttribute 方法将对象作为属性存储到请求中，通过 getAttribute 方法将属性从请求中取出。通过本章的介绍，读者可以深入理解请求与响应的概念并熟练使用。

7.6 思考与练习

1. 请求接口中的 getIntHeader 方法有什么作用?
2. 响应接口中的 addIntHeader 方法和 setIntHeader 方法有什么区别?
3. Web 组件（JSP/Servlet）之间的跳转方式主要有响应重定向和请求转发两种方式，请描述两者的区别。
4. 描述请求属性的含义和作用。
5. 完善案例，实现查看所有用户信息功能，通过单击用户列表的具体用户信息，可以继续查看该用户的个人详细信息。

第 8 章 Cookie 编程

Cookie 是保存在客户端的文本，能够在一定程度上提高用户体验。Servlet API 中提供了 Cookie 类，可以创建 cookie 对象，并通过响应中的 addCookie 方法，将 cookie 保存到客户端。本章将通过实际案例，介绍 cookie 的保存和获取。另外，本章将简单介绍 JSESSIONID cookie 的基本概念，为下一章介绍会话做好准备。

8.1 Cookie 的概念与使用

很多读者都有过这样的经历：登录某个网站后，使用同一台机器再次登录时，不需要输入用户名和密码，已经自动登录成功。这样的功能，往往就是使用 cookie 来实现的。Cookie 是存储在客户端的文本，文本内容往往都以键值对的形式存在。当浏览器访问使用 cookie 的站点后，cookie 的信息就保存到了客户端。由于 cookie 保存在客户端，再次访问服务器端资源时，cookie 会被自动传递到服务器端。值得注意的是，一些保密信息不应该存储到 cookie 中，如银行卡的密码等。

Java EE Web 开发也可以使用 cookie 进行编程，Servlet API 中提供了 Cookie 类，用来实例化 cookie 对象。Cookie 类的构造方法如下：

Cookie(String name, String value)：创建 cookie 对象时，需要指定 cookie 的名字和值。

Cookie 类中还提供了大量处理 cookie 对象的方法。

（1）public String getName()：该方法用来获得 cookie 对象的名字。

（2）public String getValue()：该方法用来获得 cookie 对象的值。

（3）public void setMaxAge(int expiry)：该方法用来设置 cookie 的有效时长，以秒为单位。需要指出的是，如果某 cookie 没有设置有效时长，那么该 cookie 是临时的，存储在浏览器的内存中，如果浏览器关闭，cookie 将被销毁。如果 cookie 使用了 setMaxAge 方法设置了有效时长，那么 cookie 对象信息将存储到客户端的硬盘上，并在有效时间内都可用，超过有效时间后将失效。也就是说，cookie 存储的位置有两种可能，一种是内存中，另一种是硬盘上，存在内存中的 cookie 只是临时有效，存在硬盘上的 cookie 在有效时间内可用。

创建 cookie 对象后，可以使用 HttpServletResponse 中的 addCookie 方法将 cookie 对象保存到客户端，代码如下：

```
public class AddCookieServlet extends HttpServlet {
```

```
public void doGet(HttpServletRequest request, HttpServletResponse response)throws
  ServletException, IOException {
        Cookie c1=new Cookie("username","etc");
        Cookie c2=new Cookie("password","123");
        c1.setMaxAge(3600);
        response.addCookie(c1);
        response.addCookie(c2);
  }
}
```

上述代码中创建了两个 cookie 对象 c1 和 c2，c1 用来保存用户名信息，c2 用来保存密码信息。不同的是，其中 c1 设置了有效时长，将被存储到客户端的硬盘上，3600 秒内有效，超过 3600 秒将不再可用；而 c2 没有设置有效时长，则被存储到运行该 Servlet 的浏览器的内存中，浏览器关闭后，c2 就失效。接下来，通过 Servlet 的 url-pattern 值访问该 Servlet，如图 8-1 所示。

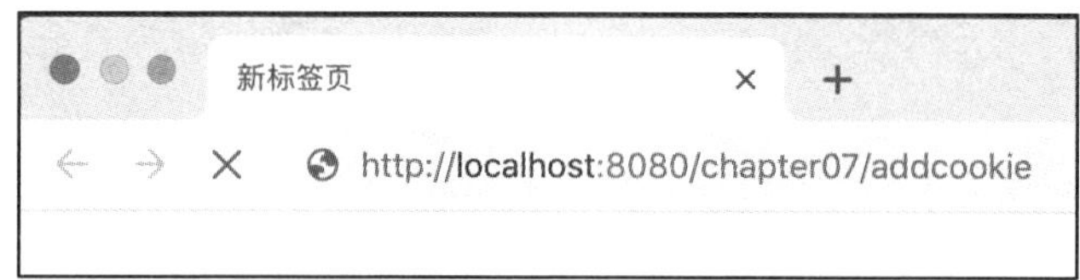

图 8-1　访问 AddCookieServlet

其中，URL http://localhost:8080/chapter07/addcookie 中的 http://localhost:8080/chapter07 部分被称为 cookie 的 Domain。再次访问相同 Domain 下的资源时，HTTP 协议将把该 cookie 的信息传递给被请求的资源，cookie 对象被封装到 HttpServletRequest 对象中。HttpServletRequest 中提供了获取 cookie 的方法，如下所示：

public Cookie[] getCookies()：获得当前 request 对象中的所有 cookie 对象，返回 Cookie 类型数组。

接下来，创建 GetCookieServlet，用来获取 AddCookieServlet 中存储的 cookie，并进行显示。代码如下：

```
public class GetCookieServlet extends HttpServlet {
  public void doGet(HttpServletRequest request, HttpServletResponse response)throws
  ServletException, IOException {
        Cookie[] cookies=request.getCookies();

        response.setContentType("text/html");
        PrintWriter out = response.getWriter();

        if(cookies==null){
              out.println("No Cookie");
        }else{
              for(Cookie c:cookies){
                    if(c.getName().equals("username")){
                          out.println("Username: "+c.getValue()+"<br>");}
                    if(c.getName().equals("password")){
                          out.println("Password: "+c.getValue()+"<br>");
```

```
            }}}
        out.close(); }}
```

上述代码中先通过请求对象的 getCookies 方法获得当前请求中的所有 cookie 对象，如果当前请求中不存在任何 cookie，则输出“No Cookie”，否则将名字为 username 和 password 的 cookie 值输出到客户端显示。可通过浏览器的 Internet 选项删除所有 cookie，保证当前浏览器中没有保存任何 cookie 信息。先访问 AddCookieServlet，保证向客户端存储了 username 及 password 这两个 cookie 对象。然后在同一个浏览器窗口中修改 URL，访问 GetCookieServlet，效果如图 8-2 所示。

访问 AddCookieServle 后，往客户端保存了两个 cookie 对象，其中 password 存在浏览器的内存中，username 存在客户端硬盘上并在 3600 秒内有效。由于在当前浏览器中访问 GetCookieServlet，所以不仅能获得硬盘上的 cookie，也能获取内存中的 cookie，图 8-2 中显示出两个 cookie 对象的值。

接下来关闭当前浏览器，重新打开浏览器窗口，访问 GetCookieServlet，结果如图 8-3 所示。

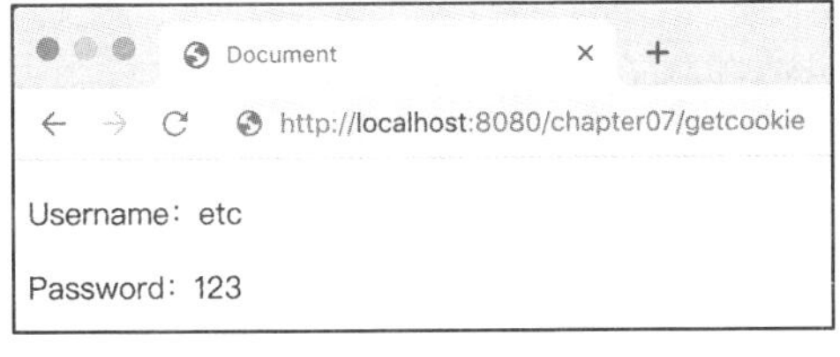

图 8-2　访问 GetCookieServlet（一）

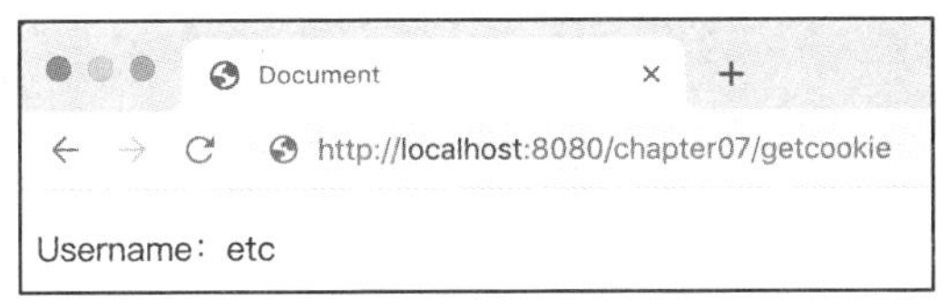

图 8-3　访问 GetCookieServlet（二）

可见，由于 password 没有设置有效时长，所以只是临时存储在浏览器的内存中，浏览器关闭后，该 cookie 即被销毁，所以重新打开的浏览器中只显示了 username 的 cookie 值。

接下来，修改系统时间，使时间处在当前时间的 3600 秒之后，再次访问 GetCookieServlet，效果如图 8-4 所示。

图 8-4　访问 GetCookieServlet（三）

可见，由于 username cookie 的有效时长是 3600 秒，所以 3600 秒后该 cookie 失效，请求中不再有任何 cookie 信息。

8.2 Cookie 开发实例

继续修改“案例”，增加新的功能：一个用户成功登录后，一个小时内，通过同一台机器访问首页，不需要重新登录，直接登录成功至 welcome.jsp 页面。

为了实现这一功能，可以使用 cookie 进行编程，将登录成功后的用户名和密码封装成 cookie 保存到客户端，并设置 cookie 有效时长为 3600 秒。修改 LoginServlet 类，代码如下（完整代码请参见教学资料包中的教材实例源代码文件“javaweb\chapter08\src\com\etc\servlet\LoginServlet.java”）：

```
	public void doPost(HttpServletRequest request, HttpServletResponse response)throws ServletException,
IOException {
	//获取请求参数
		String custname=request.getParameter("custname");

		String pwd=request.getParameter("pwd");
	//调用业务逻辑
		CustomerService cs=new CustomerService();
		boolean flag=cs.login(custname, pwd);
	//跳转到不同页面
		if(flag){
	//保持Cookie到客户端，并设置有效时长为3600秒
			Cookie c1=new Cookie("custname",custname);
			Cookie c2=new Cookie("pwd",pwd);
			c1.setMaxAge(3600);
			c2.setMaxAge(3600);
			response.addCookie(c1);
			response.addCookie(c2);
			request.getRequestDispatcher("welcome.jsp").forward(request, response);
		}else{
			response.sendRedirect("index.jsp");
		}}
```

上述代码中，只要登录成功，就将用户名和密码封装成 cookie 对象，通过响应输出到客户端，并设置 cookie 在一小时内有效。接下来需要修改 index.jsp 文件，判断当前请求中是否存在用户名及密码的 cookie 对象，如果存在，则直接进行登录，否则将显示 index.jsp 页面。在登录页面 index.jsp 中，加入如下代码（完整代码请参见教学资料包中的教材实例源代码文件“javaweb\chapter08\WebRoot\index.jsp”）：

```
	<%
		String custname=null;
		String pwd=null;
		Cookie[] cookies=request.getCookies();
		if(cookies!=null){
			for(Cookie c:cookies){
				if(c.getName().equals("custname")){
					custname=c.getValue();
				}
				if(c.getName().equals("pwd")){
					pwd=c.getValue();
				}}}
			if(custname!=null&&pwd!=null){
```

```
request.getRequestDispatcher("login?custname="+custname+"&pwd="+pwd).
forward(request,response);
        return;}%>
```

上述代码中，先获取 request 中所有 cookie 对象，如果 cookie 中存在名字为 custname 及 pwd 的 cookie，就将 cookie 的值传到 LoginServlet 进行登录验证。这样一来，只要曾经成功登录过，那么一小时之内就不需要重新登录。可见，cookie 能够把 Web 应用中的一些信息作为小文本保存到客户端，从而跟踪用户的一些信息及习惯等，提高用户体验。同时，作为 Web 应用开发者，也需要谨慎使用 cookie 编程，避免用户重要信息泄露或被篡改。

8.3 JSESSIONID cookie

为了在下一章中能更为深入地理解会话，本节介绍一个特殊的 cookie，即名字为 JSESSIONID 的 cookie。首先创建一个 testcookie.jsp 文件，代码如下（完整代码请参见教学资料包中的教材实例源代码文件“javaweb\chapter08\WebRoot\testcookie.jsp”）：

```
<% Cookie[] cookies=request.getCookies();
   if(cookies!=null){
  for(Cookie c:cookies){
      out.println("cookie.name: "+c.getName()+"    cookie.value: "+c.getValue()); }
        }else{
            out.println("No Cookies");
            }%>
```

上述代码中首先取出请求中所有的 cookie 对象，并在页面显示 cookie 的名字和值，如果没有 cookie，则显示“No Cookies”。关闭所有浏览器窗口，重新启动浏览器，在不访问任何页面的情况下，直接运行 testcookie.jsp，效果如图 8-5 所示。

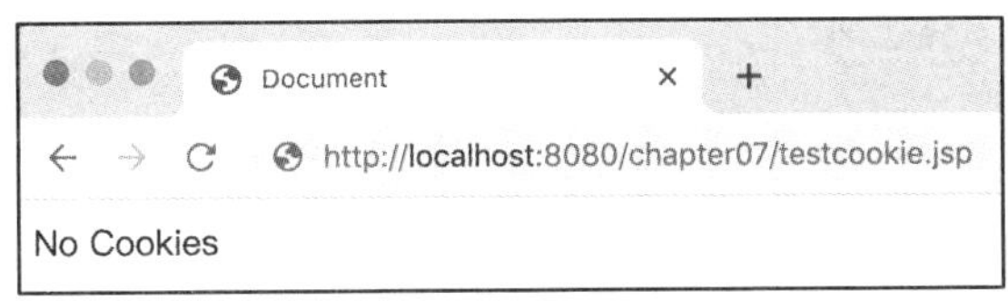

图 8-5　第一次访问 testcookie.jsp

接下来，不关闭浏览器窗口，再次刷新该页面，效果如图 8-6 所示。

图 8-6　刷新 testcookie.jsp

当第一次访问 JSP 文件时，没有获取到 cookie，然而在同一个窗口中第二次访问时，就获取了一个名字为 JSESSIONID 的 cookie，其值是一个十六进制的整数。说明在第一次访问

JSP 文件时，服务器创建了一个名为 JSESSIONID 的 cookie，并保存到了客户端。因此再次在同一个浏览器中访问 JSP 时，获取了名为 JSESSIONID 的 cookie。在同一浏览器中，不论访问多少次该页面，cookie 的值都不变。关闭所有浏览器窗口，重新打开浏览器，重新访问该 JSP，cookie 的值将改变，如图 8-7 所示。

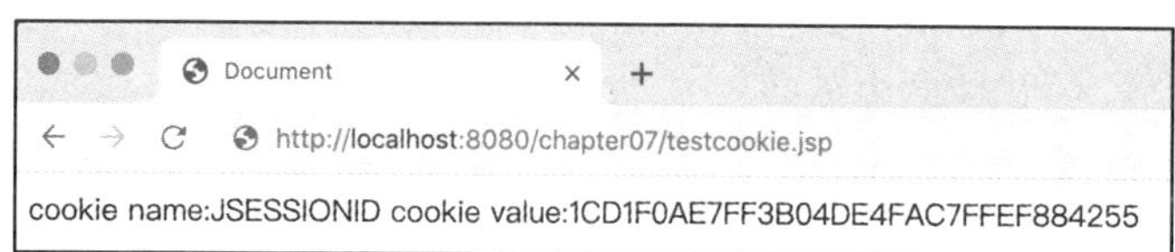

图 8-7　重新访问 testcookie.jsp

名字为 JSESSIONID 的 cookie，是用来实现会话机制的 cookie。本节需要先了解如下事实：缺省情况下，访问 JSP 时，服务器端将生成一个名为 JSESSIONID 的 cookie，值为随机的 16 进制整数，并保存到客户端。在后面章节介绍会话机制时，会深入介绍该 cookie 在会话机制中的作用。

8.4 本章小结

本章主要介绍了 cookie 的概念和使用。Cookie 是保存在客户端的文本文件，可以保存在浏览器的内存中，也可以保存在客户端的硬盘上。Servlet API 中提供了一个 Cookie 类用来封装 cookie 信息。HttpServletResponse 接口中定义了 addCookie 方法将 cookie 保存到客户端。HttpServletRequest 中定义了 getCookies 方法，获取请求中的所有 cookie 对象。本章通过修改“案例”，使用 cookie 实现了登录后一小时内不需要重新登录的功能，进一步熟悉了 cookie 的使用。最后，本章简单介绍了 JSESSIONID cookie，为下一章介绍会话做好准备。

8.5 思考与练习

1. Cookie 类中的 setMaxAge 方法有什么作用？
2. 请求接口中的哪个方法可以获得客户端的 cookie 对象？
3. 响应接口中的哪个方法可以把 cookie 对象保存到客户端？
4. 名字为 JSESSIONID 的 cookie 对象在什么情况下会被保存到客户端？
5. 完善案例，实现如下功能：用户登录时，可以选择十天或一个月内登录成功后，不再需要重新登录。

第 9 章 会话

会话是 Web 应用开发中常用的一种对象。本章将介绍 Servlet API 中会话接口 HttpSession 的用法，并通过实例介绍在实际应用中如何使用会话机制。会话是存在于服务器端的对象，因此会话超时是保证性能效率的必要手段，本章将介绍常用的几种会话失效的方法。大多数容器都使用 cookie 作为会话跟踪的实现基础，而 cookie 机制可能被客户端禁止。本章将介绍如何通过 URL 重写，保证 cookie 被禁止时会话机制依然有效。通过本章的介绍，读者将学习会话机制进行 Web 应用开发。

9.1 会话接口

客户端向服务器端发送请求，服务器端接收请求并生成响应返回给客户端，客户端对服务器端这样一次连续的调用过程被称为一次会话（session）。很多时候，我们需要在会话的范围内实现一些功能。在 Servlet API 中，提供了一个接口 HttpSession 用来表示会话对象，该接口定义了很多与会话对象有关的方法，其中主要的方法是与会话属性有关的方法。和请求对象一样，会话对象也可以用来存储属性，用来在会话范围内传递对象。HttpSession 中跟属性有关的方法名与 HttpServletRequest 接口中的相关方法完全相同，如下所述。

（1）public void setAttribute(String name, Object value)：该方法将对象作为属性存储到会话对象中。

（2）public Object getAttribute(String name)：该方法从会话对象中获取属性。

（3）public void removeAttribute(String name)：该方法从会话对象中删除属性。

要使用 HttpSession 对象，必须先获取会话对象。获取 HttpSession 对象的方法在 HttpServletRequest 接口中定义，主要有以下两个方法。

（1）public HttpSession getSession()：获取与当前请求相关的 session 对象，如果当前请求中不存在 session 对象，就创建一个新的 session 对象返回。

（2）public HttpSession setSession(boolean create)：如果参数 create 值为 true，与无参的 getSession 方法等同；如果参数 create 的值是 false，那么如果不存在与当前请求相关的 session 对象，则返回 null，如果存在则直接返回会话对象。

本节主要先熟悉 HttpSession 接口中常用的和属性有关的方法，以及如何通过请求获得会话对象，会话的具体使用将在后续章节介绍。

9.2 会话使用实例

本节将使用实例介绍会话的具体使用。让我们继续修改“案例”，完善以下功能：用户成功登录后，单击 welcome.jsp 页面的超链接，能查看注册的个人信息。

要能够显示个人信息，就需要通过用户名进行查询。用户名是通过 index.jsp 页面输入的，登录成功后，跳转到 welcome.jsp 页面。当通过 welcome.jsp 中的超链接查看个人信息时，需要将用户名传递到通过超链接调用的 Servlet 中，也就是说，需要在一次会话中保存用户名才能实现该功能。由于用户名是在 index.jsp 中输入的，超链接调用的 Servlet 已经是一个新的请求，所以只能在登录成功后，将用户名存到会话对象中，才能够传递到查询使用的 Servlet 中。首先修改 LoginServlet，保证登录成功后，在会话对象内存储用户名 custname，代码如下（完整代码请参见教学资料包中的教材实例源代码文件“javaweb\chapter09\src\com\etc\servlet\LoginServlet. java”）：

```
HttpSession session=request.getSession();
session.setAttribute("custname", custname);
```

上述代码首先通过请求对象获得会话对象，然后将用户名作为会话属性存储，属性名称为 custname。

接下来，创建新的 Servlet 类 GetPersonalServlet，作为控制器使用，用来调用查询用户信息的功能。因为已经在会话范围内存储了属性 custname，所以 GetPersonalServlet 可以从会话对象中获取 custname 属性，进而将 custname 作为参数调用业务逻辑进行查询，代码如下（完整代码请参见教学资料包中的教材实例源代码文件“javaweb\chapter09\src\com\etc\servlet\GetPersonalServlet.java”）：

```
public class GetPersonalServlet extends HttpServlet {
  public void doGet(HttpServletRequest request, HttpServletResponse response)throws
  ServletException, IOException {
  HttpSession session=request.getSession();
  String custname=(String)session.getAttribute("custname");
  CustomerService cs=new CustomerService();
  Customer cust=cs.viewPersonal(custname);
  request.setAttribute("cust", cust);
  request.getRequestDispatcher("personal.jsp").forward(request,response);
  }}
```

GetPersonalServlet 类将查询到的 Customer 对象作为请求属性存储，传递到 personal.jsp 中。接下来修改 personal.jsp 中代码，取出 request 中的属性 cust 进行显示即可，代码如下。

```
<body> <%Customer cust=(Customer)request.getAttribute("cust"); %>
 Your Personal Info:<br>
 Name:<%=cust.getCustname() %><br>
 Password:<%=cust.getPwd() %><br>
 Age:<%=cust.getAge() %><br>
 Address:<%=cust.getAddress() %><br></body>
```

登录成功后，在 welcome.jsp 页面单击“查看个人信息”超链接，将跳转到 personal.jsp 页面，显示登录用户的详细信息，如图 9-1 所示。

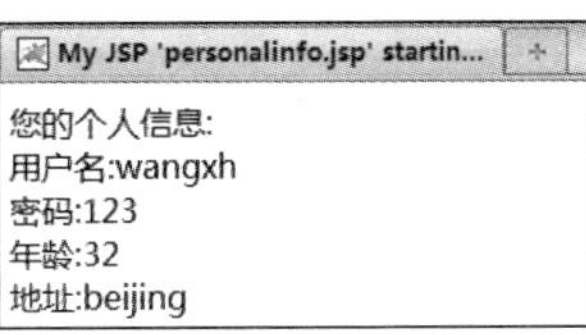

图 9-1　查看个人信息

通过本节的例子，已经能够使用会话对象实现应用中的功能。在应用开发中，通常把一些需要在会话范围有效的对象，通过属性的形式存储到会话对象中，需要的时候再通过会话对象取出该属性。例子中的 custname 就是通过会话属性进行传递的对象，从而保证在一次会话中都可以使用 custname。

请求和会话都可以存储属性，有什么区别呢？请求和会话都可以存储属性，但是请求对象的生命周期短，除请求转发可以将请求转发下去外，其他情况下请求对象都会被重新创建。而会话对象在一次会话过程中，都维护唯一的会话对象，生命周期长。因此，只有必须存储到会话对象中的属性才考虑使用会话对象传递。只要请求范围使用的属性，都应该使用请求对象传递，以保证性能和效率。

9.3 JSP 中的会话对象

通过前面章节的介绍，读者已经能够在 Servlet 中使用 HttpSession 对象，用来存储会话属性，在 Servlet 和 JSP 之间传递对象。在 Servlet 中要使用 HttpSession 对象，需要先通过请求对象获取会话对象，代码如下。

```
HttpSession session=request.getSession();
```

而如果在 JSP 文件中使用 HttpSession 对象，可以直接使用 session 内置对象即可。

```
<%
        session.setAttribute("obj","test");
        String obj=(String)session.getAttribute("obj");
%>
```

内置对象 session 是容器声明并创建的对象，所以在 JSP 文件中不需要声明，可以直接使用，但是名字必须为 session（注意名字的大小写敏感）。

9.4 会话的实现机制

HttpSession 对象是容器创建的对象，并存储在容器中。每个会话对象都与一个特定的客户端关联，那么容器是如何维护 HttpSession 对象与客户端一对一关系的呢？大多数的容器使用 cookie 机制来实现会话机制，例如 Tomcat 就是通过 cookie 机制实现会话跟踪。

当容器创建一个新的 HttpSession 对象后，即生成一个随机数，称为会话 ID，并将 ID 值封装成一个名字为 JSESSIONID 的 cookie，返回给客户端，存在内存中。当应用程序中通过

request.getSession 方法获得会话对象时，容器将先从当前的 request 对象中获取 JSESSIONID 值，根据 JSESSIONID 值查找对应的会话对象，如果存在，则返回使用，否则将创建新的对象返回。如果没有获取到 JSESSIONID 值，认为当前的请求没有相关联的会话对象。

至此，就能够比较容易理解 8.4 节的例子。由于 JSP 文件中总是缺省创建内置会话对象 session，所以只要访问一次 JSP 文件，容器就会创建一个 session 对象。创建 session 对象后，容器就会为该 session 生成一个随机数 ID，是一个十六进制的随机整数，并把这个 ID 保存为一个名字为 JSESSIONID 的 cookie。因此下次访问该 JSP 文件时，就能获得一个名字是 JSESSIONID 的 cookie，其值就是容器生成的会话 ID。通过这个例子，可以非常清楚地看到 Tomcat 使用 JSESSIONID cookie 来维护客户端和会话对象的关联。

9.5 URL 重写

大多数容器都使用 cookie 来实现会话机制，而客户端可以通过浏览器的设置，阻止 cookie。例如，将 http://localhost 加入受限站点，就可以阻止向该站点发送 cookie，如图 9-2 所示。

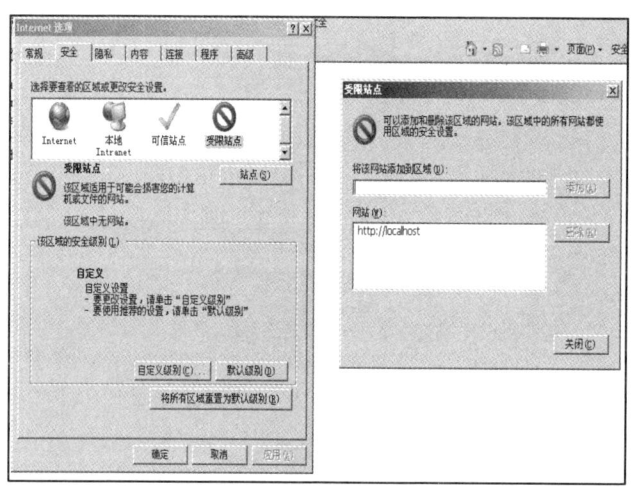

图 9-2　设置受限站点

将 http://localhost 设置为受限站点后，登录成功，单击 welcome.jsp 页面的超链接，效果如图 9-3 所示，发生了空指针异常。

```
java.lang.NullPointerException
        org.apache.jsp.personal_jsp._jspService(personal_jsp.java:89)
        org.apache.jasper.runtime.HttpJspBase.service(HttpJspBase.java:70)
        javax.servlet.http.HttpServlet.service(HttpServlet.java:803)
        org.apache.jasper.servlet.JspServletWrapper.service(JspServletWrapper.java:374)
        org.apache.jasper.servlet.JspServlet.serviceJspFile(JspServlet.java:337)
        org.apache.jasper.servlet.JspServlet.service(JspServlet.java:266)
        javax.servlet.http.HttpServlet.service(HttpServlet.java:803)
        com.etc.servlet.GetPersonalServlet.doGet(GetPersonalServlet.java:27)
        javax.servlet.http.HttpServlet.service(HttpServlet.java:690)
        javax.servlet.http.HttpServlet.service(HttpServlet.java:803)
```

图 9-3　空指针异常

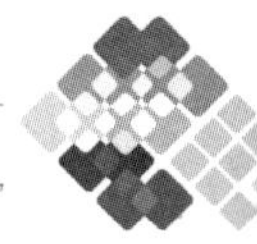

因为浏览器阻止了 cookie，所以将不会往 http://localhost 下的资源发送 cookie 值，会话 ID 的 JSESSIONID cookie 也将不会发送。而 GetPersonalServlet 中有如下代码：

```
HttpSession session=request.getSession();
String custname=(String)session.getAttribute("custname");
```

上述代码运行 request.getSession 时，在 request 中取不到 JSESSIONID，就重新创建了新的 session，而这个 session 对象与 LoginServlet 中的 session 对象已经不是同一个 session 对象，所以无法获得 custname 属性，custname 属性为 null，进而查询到的 cust 也是 null，因此跳转到 personal.jsp 中获取的 cust 也是 null，而对 null 显示用户名、密码等信息，就发生 NullPointerException。

显然，如果 cookie 被阻止了，基于 cookie 的会话机制就无法正常使用。要解决这个问题，可以通过 URL 重写方法实现。所谓 URL 重写，就是通过 HttpServletResponse 中的 encodeURL 方法，将 JSESSIONID 值强制追加到 URL 中，保证即使 cookie 被阻止后，JSESSIONID 依然能够传递到服务器端。修改 welcome.jsp 中的超链接地址：

```
a href="<%=response.encodeURL("getpersonal")%>">View my personal Info.</a><br>
```

上述代码中，使用 response.encodeURL 方法把 getpersonal 地址重新编码，将 JSESSIONID 的值强制加到 URL 中，传递到服务器端。重新运行应用，效果如图 9-4 所示。可见，通过将 URL 重写后不再出现空指针异常，问题已解决。而且，地址栏中的地址后面，被追加了 JSESSIONID 的值。

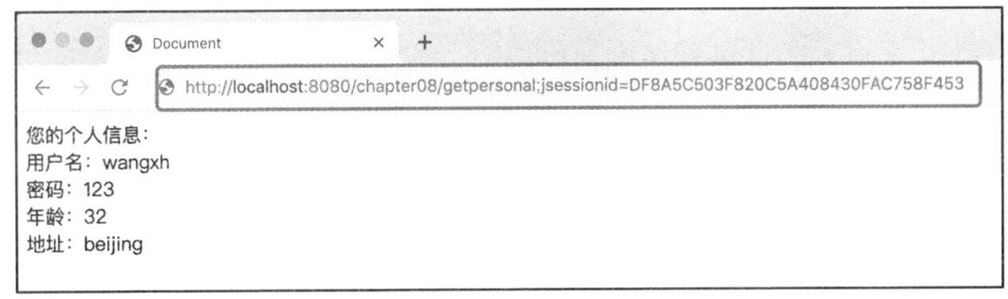

图 9-4　URL 重写

可见，JSESSIONID 被强制追加到 URL 中，传递给了 GetPersonalServlet，因此 Servlet 正确获得了 session 对象，显示了个人信息，不再出现空指针异常。

9.6 会话超时

HttpSession 对象创建后，都存储在服务器端的容器中。如果会话对象一段时间不被使用，容器可能会将其销毁，以保证内存的有效使用。大部分容器都有缺省的会话超时时间，Tomcat 的缺省时间是 30 分钟。如果一个会话对象在 30 分钟内没有使用，Tomcat 就将其销毁。除使用缺省时间外，还有以下 3 种方式，可以销毁会话对象。

（1）在 web.xml 中配置会话超时时间。

```
<session-config>
  <session-timeout>40</session-timeout>
```

```
    </session-config>
```

通过 web.xml 中的配置，可以修改缺省的超时时间，如上述配置将应用下的所有 session 对象超时时间设置为 40 分钟。

（2）public void setMaxInactiveInterval(int interval)。

对某一个具体的 session 对象，可以通过调用 setMaxInactiveInterval 方法设定最大不活动时间，超过这个时间会话没有被访问，即被容器销毁。

（3）public void invalidate()。

任何一个 session 对象，调用 invalidate 方法，都会立即被销毁，同时绑定到 session 上的属性也将被解除绑定，不能再使用。

9.7 本章小结

本章主要介绍了 Servlet 中的会话跟踪机制。Servlet API 中使用 HttpSession 接口来提供会话跟踪功能。HttpSession 中最常使用的方法是用来存储和获取会话属性的方法，即 setAttribute 和 getAttribute。获取会话对象可以通过请求对象中的 getSession 方法获得。本章通过修改“案例”，完善查看个人信息的功能，进一步理解会话的使用。大多数容器都使用 cookie 来实现会话机制，本章结合前面的内容，进一步理解基于 cookie 的会话机制实现原理，从而介绍如果 cookie 被阻止，如何通过 URL 重写保证会话跟踪正常使用。会话对象都存在于容器中，为了保证内存的有效使用、提高性能，会话对象不能一直驻留在容器内存中，需要在一定时间后销毁，即会话超时机制。使一个会话失效的方式有多种，可以通过 web.xml 中配置或调用 HttpSession 接口中的方法实现。学习本章后，读者可以深入理解并熟练使用会话机制。

9.8 思考与练习

1. 会话属性有什么作用？与请求属性有什么区别？
2. 请求接口中的 getSession()与 getSession(boolean)有什么区别？
3. 如何实现 URL 重写？能解决什么问题？
4. 在 JSP 文件中，如何使用会话对象？
5. 如何在 web.xml 中配置会话的失效时间？
6. 简述 HttpSession 接口中 setMaxInactiveInterval 方法的作用。
7. 简述 HttpSession 接口中 invalidate 方法的作用。

第 10 章

Servlet 上下文

在 Web 应用中，除可以使用请求、会话对象传递属性外，还可以使用上下文对象传递属性。本章将介绍上下文接口 ServletContext 中的常用方法，并通过实例介绍 ServletContext 在实际开发中的使用。请求、会话、上下文属性是 Web 应用中的 3 个范围的属性，本章将比较这 3 个范围的属性，帮助读者选择使用不同属性。

10.1 上下文接口

当容器启动时，会加载容器中的每一个应用，并且针对每一个应用创建一个对象，称为上下文(context)对象。每个应用都只有唯一的上下文对象，Servlet API 中提供了 ServletContext 接口来表示上下文对象。例如，Tomcat 下有一个应用 chapter10，那么启动 Tomcat 时，就会为应用 chapter10 初始化唯一的 ServletContext 对象，作为全局的信息存储空间。

ServletContext 接口中有很多方法，其中较常用的方法是用来存储、获取上下文属性的方法，方法名和含义与请求和会话中的相关方法类似，如下所示。

(1) public void setAttribute(String name, Object value)：该方法用来将对象作为属性存储到上下文对象中。

(2) public Object getAttribute(String name)：该方法可以从上下文对象中获取属性。

(3) public void removeAttribute(String name)：该方法可以从上下文对象中删除属性。

要使用 ServletContext 对象，就必须先获取该对象。HttpServlet 类中，有如下方法可以直接获取 ServletContext 对象：

public ServletContext getServletContext()：该方法直接返回当前应用的上下文对象。

由于自定义的 Servlet 类都继承了 HttpServlet，因此，在一个 Servlet 类中可以直接使用 this.getServletContext 来获取当前的 ServletContext 对象。

10.2 上下文的使用实例

本节将通过实例介绍上下文的具体使用。继续修改“案例”，增加新的功能：在 welcome.jsp

页面中，显示登录成功的人次。首先分析登录人次是什么范围的数据。显然，登录人次是一个全局范围的数据，不仅仅统计一次请求或一次会话的人次，而是需要累加从不同客户端登录的人次。因此需要将计数器存储到上下文对象中，才能实现多个客户端登录后，计数累加的效果。修改 LoginServlet，将登录人次存到上下文对象中，代码如下（完整代码请参见教学资料包中的教材实例源代码文件“javaweb\chapter10\src\com\etc\servlet \LoginServlet.java”）。

```
ServletContext ctxt=this.getServletContext();
Integer count=(Integer) ctxt.getAttribute("count");
if(count==null){
  count=0;
}
count++;
ctxt.setAttribute("count", count);
```

上述代码中，首先通过 this.getServletContext 获得上下文对象，然后查找上下文对象中的 count 属性，如果 count 属性不存在，则说明第一次访问该 Servlet，则变量 count 赋值为 0，表示第一次登录。然后对计数 count 加 1，并将新的 count 值存储到上下文中。

接下来需要在 welcome.jsp 中显示上下文属性 count 的值。在 JSP 文件中使用 ServletContext 对象，可以直接使用内置对象 application 即可，不需要声明创建。修改 welcome.jsp 文件，显示计数信息，代码如下。

```
欢迎您!<%=request.getParameter("custname")%>,
您是第 <%=application.getAttribute("count")%>位访问者!<br>
<a href="<%=response.encodeURL("getpersonal")%>">查看个人信息</a><br>
<a href="getall">查看所有用户信息</a><br>
```

多次登录成功后，welcome.jsp 页面的计数信息将不断累加，如图 10-1 所示。

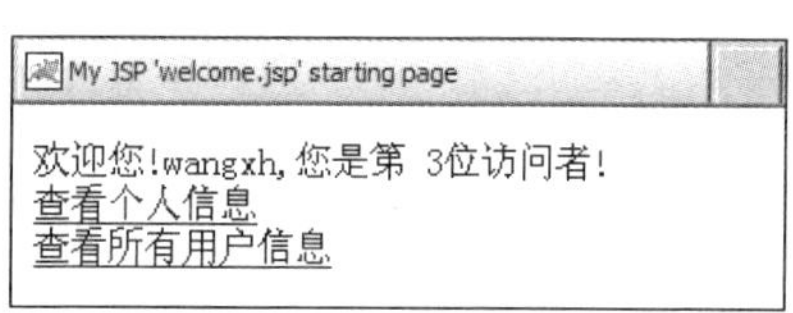

图 10-1　计数器

由于 count 作为上下文属性，存储在上下文对象中，所以只要上下文对象没有被销毁，不管从哪个客户端进行访问，count 就一直累加。然而，如果服务器重启，或者应用被重新加载，上下文对象将被销毁，那么计数器将被清零，如何解决这个问题请参见监听器章节。

10.3 上下文参数

在应用开发中，除使用上下文对象存储一些全局数据外，还会使用到上下文参数。如果某个变量的值在应用中的多个资源中都可能使用，而且希望该变量的值能通过配置文件进行管理，而不是硬编码在源文件中，可以通过在 web.xml 中配置上下文参数来实现。如下所示：

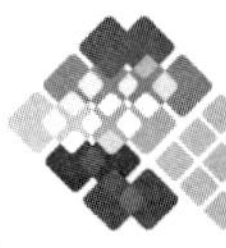

```
<context-param>
        <param-name>path</param-name>
        <param-value>/WEB-INF/props</param-value>
</context-param>
```

上述配置中定义了一个名字为 path 的上下文参数，参数值为/WEB-INF/props。上下文参数将被封装到 ServletContext 对象中，可以在整个应用中使用。ServletContext 接口提供了获取上下文参数的方法。

public String getInitParameter(String name)：该方法通过上下文参数的名字，获取上下文参数的值。

在 Servlet 类中，可以通过如下代码，获取名字为 path 的上下文参数。

```
ServletContext ctxt=this.getServletContext();
String path=ctxt.getInitParameter("path");
```

上下文参数被封装到上下文对象中，而上下文对象是全局的，一个应用只有唯一的上下文对象，所以，上下文参数可以被该应用下任何 Servlet 或 JSP 使用。在 JSP 中如果要使用上下文参数，直接使用 application.getInitParameter 获取即可。

ServletConfig 和 ServletContext 中都有一个 getInitParameter 方法，有什么区别？ServletConfig 中的 getInitParameter 方法，获取的是 Servlet 类的初始化参数，在 web.xml 的<servlet>标记中通过<init-param>设置。Servlet 初始化参数只能被该 Servlet 使用，其他 Servlet 无法使用。ServletContext 中的 getInitParameter 方法，获取的是应用的上下文参数，在 web.xml 中通过<context-param>设置，可以被该应用下任何一个资源使用。

10.4 请求、会话、上下文属性比较

Web 应用中常需要在各个组件间传递对象。组件是依赖容器调用的，组件间的对象传递都是使用属性进行的。在 Servlet API 中，有请求、会话、上下文这 3 种对象都可以传递属性，本节对这 3 种属性进行总结。

请求、会话、上下文接口中都定义了 3 个属性相关的方法，分别用来保存属性、返回属性及删除属性，如下所示。

（1）public void setAttribute(String name, Object value)：该方法用来将对象作为属性存储到相应范围中。

（2）public Object getAttribute(String name)：该方法用来从某范围中获取属性。

（3）public void removeAttribute(String name)：该方法用来从某范围中删除属性。

属性可以有 3 个范围，分别是请求属性、会话属性和上下文属性，下面分别进行介绍。

（1）请求属性。

HttpServletRequest 提供了上面提到的 3 个方法，可以将对象作为属性存储到请求中，可以通过名字获取请求对象中的属性，也可以通过名字删除相应的属性。请求对象的生命周期

较短，每个线程访问 Web 组件，都会创建一个新的请求，只有请求转发时才将请求转发到下一资源。所以，请求属性不会长期驻留在容器内存中，也不会带来并发访问的问题。能够使用请求属性完成相关功能时，尽量使用请求属性。

（2）会话属性。

HttpSession 接口中定义了上面提到的 3 个方法，可以将对象作为属性存储到会话中，可以通过名字获取会话对象中的属性，也可以通过名字删除相应的属性。会话对象在一次会话过程中是唯一的对象，生命周期比请求要长。建议在 Web 应用中，只有当某些对象必须在会话范围内共享，必须使用会话属性时，才考虑使用会话属性。

（3）上下文属性。

ServletContext 接口提供了上面提到的 3 个方法，可以将对象作为属性存储到上下文中，可以通过名字获取上下文对象中的属性，也可以通过名字删除相应的属性。上下文对象随着容器启动而创建，只有容器关闭时才销毁，所以生命周期很长。而且一个应用只有唯一的上下文对象，因此，不要轻易使用上下文属性。只有当确定某对象必须在上下文范围内共享时，才考虑使用上下文属性。

10.5 本章小结

本章介绍了 Servlet 上下文的概念。上下文是一个全局信息存储空间，Servlet API 中提供了接口 ServletContext 来表示上下文对象。容器中的每个应用，都拥有唯一的 ServletContext 对象。上下文对象可以用来传递属性，也可以用来封装上下文参数。另外，本章对请求、会话、上下文这 3 种属性进行了比较和总结，帮助读者能够正确选择使用合适的属性范围。

10.6 思考与练习

1. 在一个 Servlet 类中，如何获得一个 ServletContext 对象？
2. 在 web.xml 中如何配置上下文参数？
3. 在 Servlet 类中，如何获得上下文参数？
4. ServletConfig 接口与 ServletContext 接口中的 getInitParameter 方法有什么区别？
5. 简述上下文属性、会话属性、请求属性的区别。

第 11 章

监听器

Servlet API 中提供了 6 种事件类，描述不同的事件类型。每种事件类对应至少一种监听器接口，用来监听并处理事件。本章将通过实例监听上下文事件，介绍监听器的开发和使用步骤。

11.1 事件类与监听器接口

在 Servlet API 中存在 6 个类，名称都以 Event 结尾，如 ServletContextEvent、HttpSessionEvent 等，统称为事件类。某些操作总会触发一种事件发生，如启动或关闭容器、创建或销毁会话等。当发生了某种事件，容器将创建对应的事件类对象。本节首先逐一介绍 Servlet API 中的 6 种事件类。

（1）ServletContextEvent：该类表示上下文（ServletContext）事件，当应用上下文对象发生改变，例如创建或销毁上下文对象时，将触发上下文事件。

（2）ServletContextAttributeEvent：该类表示上下文（ServletContext）属性事件，当应用上下文的属性改变，例如增加、删除、覆盖上下文中的属性时，将触发上下文属性事件。

（3）ServletRequestEvent：该类表示请求（ServletRequest）事件，当请求对象发生改变，例如创建或销毁请求对象时，触发请求事件。

（4）ServletRequestAttributeEvent：该类表示请求（ServletRequest）属性事件，当请求中的属性改变，例如增加、删除、覆盖请求中的属性时，触发请求属性事件。

（5）HttpSessionEvent：该类表示会话（HttpSession）事件，当会话对象发生改变，例如创建或销毁会话对象，活化或钝化会话对象时，将触发会话事件。

（6）HttpSessionBindingEvent：该类表示会话（HttpSession）绑定事件，当会话中的属性发生变化时，例如增加、删除、覆盖会话中的属性时，将触发会话绑定事件。

Servlet API 中针对每种事件类型，都定义了至少一种接口来处理该事件，这些接口都以 Listener 结尾，称为监听器接口，共有如下 8 种接口。

（1）ServletContextListener：上下文监听器，监听 ServletContextEvent 事件。

（2）ServletContextAttributeListener：上下文属性监听器，用来监听 ServletContextAttribute 事件。

（3）ServletRequestListener：请求监听器，监听 ServletRequestEvent 事件。

（4）ServletRequestAttributeListener：请求属性监听器，用来监听 ServletRequestAttributeEvent 事件。

（5）HttpSessionListener：会话监听器，监听 HttpSessionEvent。

（6）HttpSessionActivationListener：会话活化监听器，监听 HttpSessionEvent 事件。

（7）HttpSessionAttributeListener：会话属性监听器，监听 HttpSessionBindingEvent 事件。

（8）HttpSessionBindingListener：会话绑定监听器，监听 HttpSessionBindingEvent 事件。

本节主要对 Servlet API 中的事件类及监听器接口进行介绍，讲解每种事件在什么情况下被触发，以及每种事件对应的监听器接口。

11.2 监听器使用实例

前面章节中曾经为“案例”实现了计数器功能，使用 ServletContext 对象存储计数器数值。然而，如果容器重新启动，则 ServletContext 对象将重新初始化，所以将重新开始计数。本节将修改计数器功能：容器关闭时，能将当前的计数器值存储到数据库中，重新启动容器时，从数据库中将计数器的值读出。容器的启动和关闭是不确定的，但是只要容器启动或关闭，上下文对象就会发生变化，启动容器时将创建上下文对象，关闭容器时将销毁上下文对象，都将触发 ServletContextEvent 事件发生。因此，可以使用 ServletContextListener 监听该事件，实现存储和读取计数器值的功能。

（1）创建关系表 counter，如图 11-1 所示。

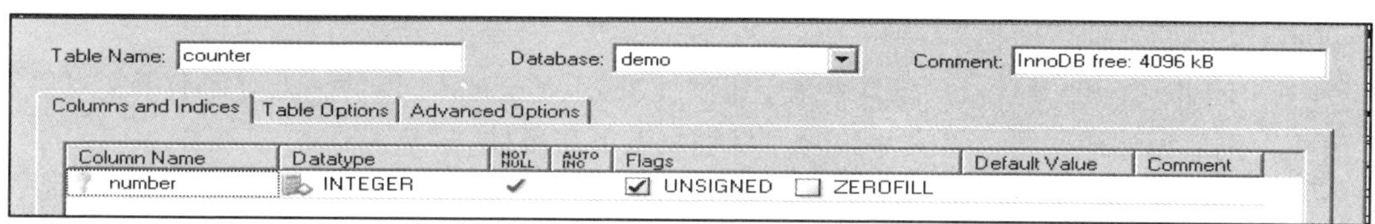

图 11-1　counter 表

为了能把计数器的值永久存储，首先创建关系表 counter，该表只有一个字段 number，而且初始化一行记录，number 值为 0。

（2）创建 CounterService 类，完成存储和读取计数器功能。

完整代码请参见教学资料包中的教材实例源代码文件“javaweb\chapter11\src\com\etc\service\CounterService.java”。

```
public class CounterService {
  public void save(int number){
        Connection conn=JDBCConnectionFactory.getConnection();
        String sql="update counter set number="+number;
        try {
              Statement stmt=conn.createStatement();
              stmt.executeUpdate(sql);
        } catch (SQLException e) {
              e.printStackTrace();
```

```
        }finally{
            if(conn!=null){
                try {
                    conn.close();
                } catch (SQLException e) {
                    e.printStackTrace();
                }
            }
        }
    }

    public Integer getNumber(){
        Connection conn=JDBCConnectionFactory.getConnection();
        String sql="select * from counter";
        Integer number=0;
        try {
            Statement stmt=conn.createStatement();
            ResultSet rs=stmt.executeQuery(sql);
            if(rs.next()){
                number=rs.getInt(1);
            }
        } catch (SQLException e) {
            e.printStackTrace();
        }finally{
            if(conn!=null){
                try {
                    conn.close();
                } catch (SQLException e) {
                    e.printStackTrace();
                }}}
        return number;
    }
```

上述代码中的 save 方法，能够将一个整数更新到 counter 表的唯一的记录中，其中的 getNumber 方法能够查询 counter 表的第一条记录，返回其 number 值。

（3）实现 ServletContextListener 接口，定义上下文监听器，监听上下文事件。

第二步中已经实现了保存计数器的值及获取计数器的值两个方法，接下来就需要创建监听器，来监听上下文事件。因为要监听上下文事件，所以使用 ServletContextListener 监听器接口。创建一个类 CounterListener 实现该接口。ServletContextListener 接口中有两个方法，其中 contextDestroyed 方法在上下文对象被销毁时调用，contextInitialized 方法在上下文对象被初始化时调用。CounterListener 类重写 contextDestroyed 方法，该方法将上下文中的计数器值取出，然后保存到数据库中；重写 contextInitialized 方法，该方法从该数据库中取出计数器值，然后保存到上下文对象中。代码如下。

```
public class CounterListener implements ServletContextListener {
//关闭容器，上下文对象销毁时，将调用下面的方法
  public void contextDestroyed(ServletContextEvent arg0) {
```

```
            ServletContext ctxt=arg0.getServletContext();
            Integer number=(Integer) ctxt.getAttribute("count");
            CounterService cs=new CounterService();
            cs.save(number);
    }
    //启动容器，上下文对象初始化，将调用下面的方法
    public void contextInitialized(ServletContextEvent arg0) {
            CounterService cs=new CounterService();
            Integer number=cs.getNumber();
            ServletContext ctxt=arg0.getServletContext();
            ctxt.setAttribute("count", number);}}
```

（4）在 web.xml 中配置监听器，使其生效。

创建完监听器后，必须在 web.xml 中使用<listener>注册监听器才能生效，代码如下（完整代码请参见教学资料包中的教材实例源代码文件“javaweb\chapter11\WebRoot\WEB-INF\web.xml”）:

```
<listener>
  <listener-class>com.etc.listener.CounterListener
  </listener-class>
</listener>
```

至此，已经实现了监听器，并在 web.xml 中进行了注册。当关闭容器时，容器销毁上下文对象，将触发 ServletContextEvent 事件。由于 web.xml 中注册了自定义的上下文监听器 CounterListener，所以容器会自动调用其中的 contextDestroyed 方法，将计数器的值保存到数据库中。当启动容器时，容器创建上下文对象，将触发 ServletContextEvent 事件，容器将自动调用 CounterListener 中的 contextInitialized 方法，从数据库中读取计数器的值，并存储到上下文对象中。这样一来，就能保证即使上下文对象重新初始化时，计数器的值也不会被清空。

（5）访问 index.jsp，进行多次登录，则 welcome.jsp 中将显示登录的总人次，如图 11-2 所示。

My JSP 'welcome.jsp' starting page

欢迎您！ wangxh, 您是第 3位访客！
查看个人信息
查看所有用户信息

图 11-2　显示计数器

现在，关闭容器，使上下文对象被销毁，查询关系表 counter 的 number 值，如图 11-3 所示。

可见表中的字段值已经更新为计数器的值，说明关闭容器时，容器自动调用了监听器的 contextDestroyed 方法，将上下文对象中的计数器值存储到数据库中。

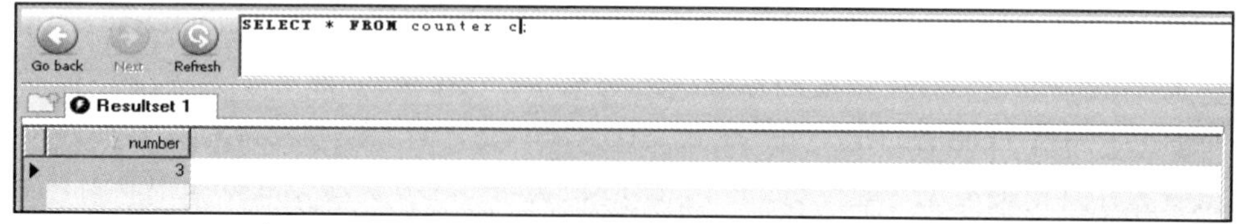

图 11-3　表 counter 的 number 值

（6）welcome.jsp 显示登录的总人数。重新启动容器，再次登录应用，计数器显示如图 11-4 所示。

可见，虽然容器重新启动，上下文对象已经重新初始化了一次，但是计数器的值并没有从 0 开始，而是从数据库中的值开始累加。说明启动容器时，容器自动调用了监听器 CounterListener 中的 contextInitialized 方法，从数据库中读取了计数器的值进行累加。

My JSP 'welcome.jsp' starting page

欢迎您！wangxh，您是第 4位访客！
查看个人信息
查看所有用户信息

图 11-4 重新启动容器后访问

11.3 监听器的开发步骤

通过上节中的实例，读者已经可以自己开发并配置监听器，本节将总结监听器开发配置的步骤。

（1）选择需要使用的监听器。

首先根据应用的实际情况，选择需要使用的监听器。如监听上下文对象创建或销毁的事件，则使用 ServletContextListener；监听会话对象创建或销毁的事件，则使用 HttpSessionListener。

（2）创建新的类，实现选择的监听器接口。

选择好需要使用的监听器后，需要创建新的类实现该接口，代码如下。

```
public class CounterListener implements ServletContextListener {
  public void contextDestroyed(ServletContextEvent arg0) {
  }
  public void contextInitialized(ServletContextEvent arg0) {
  }
}
```

（3）在监听器实现类中，覆盖适当的方法。

监听器接口中，往往有不止一种方法。根据实际需要，覆盖适当的方法。例如，处理上下文销毁时的事件，覆盖 contextDestroyed 方法；处理上下文创建时的事件，覆盖 contextInitialized 方法。

（4）在 web.xml 中配置监听器。

开发完监听器类后，必须在 web.xml 中进行配置，方能生效。

```
<listener>
<listener-class>com.etc.listener.CounterListener</listener-class>
</listener>
```

11.4 本章小结

本章主要介绍了 Servlet 监听器的使用。Servlet API 中提供了 6 种事件类，分别表示上下文事件、上下文属性事件、请求事件、请求属性事件、会话事件、会话绑定事件，事件类的名称为 XXXEvent。对每种事件，都提供了至少一个监听器接口对事件进行监听处理，其中会话事件和会话绑定事件分别对应两个监听器接口，其他事件类型均只对应一个监听器接口，

共有 8 种监听器接口，名称为 XXXListener。监听器接口中定义了处理对应事件类型的方法。使用监听器的步骤为：选择需要使用的监听器接口，创建监听器接口的实现类，覆盖接口中适当的方法，在 web.xml 中配置。通过本章的介绍，使读者能够理解监听器的作用并能够熟练使用监听器。

11.5 思考与练习

1. 简述 Servlet 中的六种事件，描述每种事件在什么情况下会被触发。
2. 如何在 web.xml 中配置监听器？
3. 简述监听器的开发步骤。
4. 完善案例，实现如下功能：Tomcat 关闭时，将当前计数器的数值保存到数据库中；Tomcat 启动时，从数据库中读取计数器的数值。

第 12 章

过滤器

Web 应用中的一些通用处理，可以使用过滤器实现。本章将介绍过滤器的基本概念，并介绍 Servlet API 中的 Filter、FilterConfig、FilterChain 接口的作用和使用。另外，将通过实例，展示在实际应用中如何开发并使用过滤器。

12.1 过滤器概述

在 Web 应用中，往往需要一些通用的处理，例如，访问某些资源前必须保证用户成功登录过；访问某些资源后必须在日志文件中记录日志；访问某些资源前必须验证用户的权限等。如果把这些通用的处理编写在每一个需要的资源文件中，代码就很冗余，不好管理。而且只要需要修改，就得修改所有文件中的相关代码，造成维护困难。

过滤器就是用来执行这些通用处理的程序。过滤器运行在服务器端，遵守一定的编码规范，必须实现 Servlet API 中的 Filter 接口。过滤器可以被设计成用来实现登录验证、权限验证、日志功能、数据压缩、图片格式转换、加密处理等功能，可以大大提高代码的重用性及可维护性。

12.2 过滤器有关的 API

要创建并使用过滤器，需要使用 Servlet API 中与过滤器相关的接口。本节将介绍 API 中 3 个与过滤器相关的接口。

（1）Filter 接口。

Filter 接口是过滤器类必须实现的接口，该接口中有 3 个方法。

init(FilterConfig filterConfig)：该方法是对 filter 对象进行初始化的方法，仅在容器实例化 filter 对象结束后被调用一次。参数 FilterConfig 可以获得 filter 的初始化参数。

doFilter(ServletRequest request, ServletResponse response, FilterChain chain)：该方法是 filter 进行过滤操作的方法，是最重要的方法。过滤器实现类必须实现该方法。方法体中可以对 request 和 response 进行预处理。其中 FilterChain 可以将处理后的 request 和 response 对象传递

到过滤链上的下一个资源，可能是下一个 filter，也可能是目标资源。

destroy()：该方法在容器销毁过滤器对象前被调用。

（2）FilterChain 接口。

该接口作为 Filter 接口中 doFilter 方法的参数使用。FilterChain 接口中有一个方法 doFilter(ServletRequest request,ServletResponse response)，该方法可以将当前的请求和响应传递到过滤链上的下一个资源，可能是下一个过滤器，也可能是目标资源。

（3）FilterConfig 接口。

该接口作为 Filter 接口中的 init 方法的参数使用，FilterConfig 接口中有一个常用方法 getInitParameter(String name)，该方法用来获得过滤器的初始化参数值。在 web.xml 中，可以为每一个 filter 配置需要的初始化参数，与 Servlet 的<init-param>类似。过滤器的初始化参数即可通过 FilterConfig 中的 getInitParameter 方法获取。初始化参数的配置文件如下（完整代码请参见教学资料包中的教材实例源代码文件“javaweb\chapter12\WebRoot\WEB-INF\web.xml”）。

```
<filter>
        <filter-name>LoginFilter</filter-name>
        <filter-class>com.etc.filter.LoginFilter</filter-class>

        <init-param>
            <param-name>start</param-name>
            <param-value>2</param-value>
        </init-param>
        <init-param>
            <param-name>end</param-name>
            <param-value>6</param-value>
        </init-param>
</filter>
```

上述配置中，为 LoginFilter 设置了两个初始化参数 start 和 end，值分别为 2 和 6。要在 filter 中使用初始化参数，就可以用 FilterConfig 接口的 getInitParameter 方法。

12.3 过滤器开发实例

通过前面章节的介绍，读者已经了解过滤器的概念及 Servlet API 中与过滤器相关的接口。本节将继续修改“案例”，增加如下功能：某些 JSP 页面不能直接访问，包括 welcome.jsp、personal.jsp、allcustomers.jsp 都不能直接访问，必须登录成功后才能访问；如果没有登录直接访问这些 JSP 页面，自动跳转到 index.jsp 页面。要实现这个功能，就需要使用过滤器，在过滤器中实现登录验证的功能。

（1）创建类 LoginFilter，实现 Filter 接口。

过滤器都需要实现 Filter 接口，首先创建类 LoginFilter 实现 Filter 接口，代码如下（完整代码请参见教学资料包中的教材实例源代码文件“javaweb\chapter12\src\com\etc\filter\LoginFilter.java”）。

```
public class LoginFilter implements Filter {
  public void destroy() {
  }

  public void doFilter(ServletRequest arg0, ServletResponse arg1,
           FilterChain arg2) throws IOException, ServletException {
  }

  public void init(FilterConfig arg0) throws ServletException {
  }}
```

（2）覆盖 doFilter 方法。

自定义的过滤器类实现 Filter 接口后，由于接口中的所有方法都是抽象的，所以必须重写 Filter 接口中的所有方法。如果需要在实例化后或销毁前有自定义操作，可以覆盖 init 和 destroy 方法。大多数情况下，过滤器实现类都只覆盖 Filter 接口的 doFilter 方法，对请求和响应进行预处理，而 init 和 destroy 方法的方法体多数为空。代码如下。

```
public void doFilter(ServletRequest arg0, ServletResponse arg1,
       FilterChain arg2) throws IOException, ServletException {
//将请求和响应转化成Http协议的请求和响应
       HttpServletRequest request=(HttpServletRequest)arg0;
       HttpServletResponse response=(HttpServletResponse)arg1;
       HttpSession session=request.getSession();
       String custname=(String) session.getAttribute("custname");
       if(custname==null){
            response.sendRedirect("/chapter11/index.jsp");
       }else{
//将请求和响应传递到过滤链上下一个资源
            arg2.doFilter(arg0, arg1);
       }}
```

上述代码中的 doFilter 方法，先将 doFilter 方法的 ServletRequest 请求和 ServletResponse 响应参数强制转换成 HTTP 协议的请求和响应，然后获得会话对象，取出会话中的 custname 属性。该会话属性是在 LoginServlet 中登录成功后存储到会话对象中的，因此，如果该属性为空，即表示没有成功登录，或者会话超时，则重定向到 index.jsp 页面。如果 custname 属性存在，说明已经成功登录，则调用 FilterChain 的 doFilter 方法，将请求和响应传递到下一个资源。下一个资源到底是另一个过滤器，还是需要访问的 JSP 页面，取决于配置文件中的配置信息。

（3）在 web.xml 中配置过滤器，使其生效。

过滤器必须在 web.xml 中进行配置才能生效，过滤器的配置与 Servlet 的配置非常类似，需要配置<filter>和<filter-mapping>两组标签。<filter>标签用来配置过滤器名字及类名，<filter-mapping>中定义了过滤器要过滤的路径。下面将 LoginFilter 配置给目录 admin 下的所有 JSP 文件：welcome.jsp、personal.jsp、allcustomers.jsp。

完整代码请参见教学资料包中的教材实例源代码文件“javaweb\chapter12\WebRoot\WEB-INF\web.xml”。

```
<filter>
<filter-name>LoginFilter</filter-name>
<filter-class>com.etc.filter.LoginFilter</filter-class>
</filter>
<filter-mapping>
        <filter-name>LoginFilter</filter-name>
        <url-pattern>/admin/*</url-pattern>
</filter-mapping>
```

至此，已经为/admin/*路径配置了过滤器 LoginFilter，只要访问/admin/*路径的资源，就将首先访问 LoginFilter 过滤器的 doFilter 方法，进行登录校验。如果事先没有登录，直接访问/admin 下的 JSP 文件，则跳转到 index.jsp 页面，效果如图 12-1 所示。

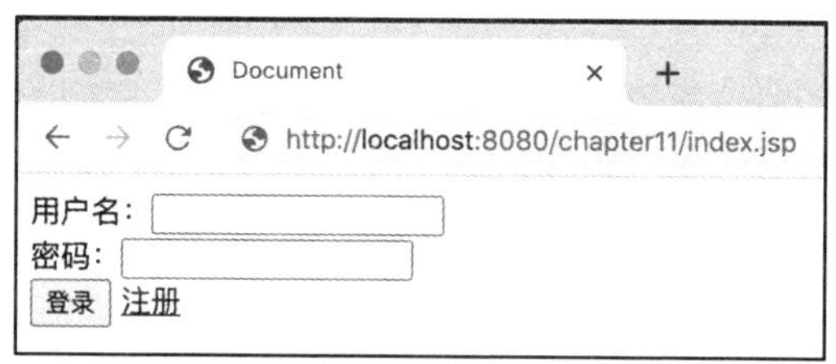

图 12-1　跳转到 index.jsp

在浏览器中直接访问 http://localhost:8080/chapter11/admin/welcome.jsp 页面，由于访问的 URL 与 /admin/*形式匹配，所以请求和响应首先被 LoginFilter 进行过滤。LoginFilter 在会话中没有获取到 custname 属性，所以认为没有登录过，则将跳转到 index.jsp 页面进行登录。

12.4 过滤器的执行过程

通过上节的介绍，已经能够开发过滤器并正确配置使用。本节将通过简单的例子，深入理解过滤器的执行过程。本节的例子不以实现功能为目的，仅仅用于辅助理解过滤器的执行过程。

首先创建过滤器 PrintURLFilter1，在调用 doFilter 方法前后分别进行打印输出，代码如下（完整代码请参见教学资料包中的教材实例源代码文件“javaweb\chapter12\src\com \etc\filter\PrintURLFilter1.java”）。

```
public class PrintURLFilter1 implements Filter {

  public void destroy() {
  }
  public void doFilter(ServletRequest request, ServletResponse response,FilterChain
  chain) throws IOException, ServletException {
        System.out.println("doFilter方法调用前：PrintURLFilter1");
        chain.doFilter(request, response);
        System.out.println("doFilter方法调用后：PrintURLFilter1");
  }
public void init(FilterConfig filterConfig) throws ServletException {
```

```
}}
```

接下来，创建过滤器 PrintURLFliter2，和 PrintURLFliter1 一样，在调用 doFitler 方法前后分别进行打印输出操作，代码如下（完整代码请参见教学资料包中的教材实例源代码文件"javaweb\chapter12\src\com\etc\filter\PrintURLFilter2.java"）。

```
public class PrintURLFilter2 implements Filter{
  public void destroy() {
  }
  public void doFilter(ServletRequest request, ServletResponse response,FilterChain
  chain) throws IOException, ServletException {
        System.out.println("doFilter方法调用前：PrintURLFilter2");
        chain.doFilter(request, response);
        System.out.println("doFilter方法调用后：PrintURLFilter2");
  }
public void init(FilterConfig filterConfig) throws ServletException {
  }
}
```

创建过滤器后，必须在 web.xml 文件中进行配置才能生效。下面将 PrintURLFilter1 和 PrintURLFilter2 进行配置，用来过滤 index.jsp 资源，代码如下。

```
<filter>
<filter-name>PrintURLFilter1</filter-name>
<filter-class>com.etc.filter.PrintURLFilter1</filter-class>
  </filter>
        <filter>
        <filter-name>PrintURLFilter2</filter-name>
  <filter-class>com.etc.filter.PrintURLFilter2</filter-class>
  </filter>
  <filter-mapping>
        <filter-name>PrintURLFilter1</filter-name>
        <url-pattern>/index.jsp</url-pattern>
  </filter-mapping>
  <filter-mapping>
        <filter-name>PrintURLFilter2</filter-name>
        <url-pattern>/index.jsp</url-pattern>
</filter-mapping>
```

为了能更清楚地了解整个调用过程，在 index.jsp 中添加如下代码。

```
<%System.out.println("调用index.jsp");%>
```

至此，PrintURLFilter1、PrintURLFilter2、index.jsp 即组成了一条过滤链。访问 index.jsp 时，先被 PrintURLFilter1 过滤，然后被 PrintURLFilter2 过滤，最后调用 index.jsp 文件。输出结果如下。

```
doFilter方法调用前：PrintURLFilter1
doFilter方法调用前：PrintURLFilter2
```

```
调用index.jsp
doFilter方法调用后：PrintURLFilter2
doFilter方法调用后：PrintURLFilter1
```

根据执行结果，可以容易地看出过滤器的执行过程：根据 web.xml 中的配置顺序，依次执行每个过滤器中 FilterChain.doFilter 代码前的代码，如果过滤器中没有进行响应重定向或请求转发操作，则最终将调用到被过滤的资源，即 index.jsp。调用到目标资源后，接下来按照 web.xml 中配置的相反顺序，依次调用 FilterChain.doFilter 代码后的代码，直到调用到第一个过滤器为止。

12.5 过滤器的配置

通过前面章节的介绍，读者已经能够对过滤器进行基本配置，本节将介绍过滤器的其他配置选项。

（1）初始化参数。

在 web.xml 中，可以对某一个过滤器配置初始化参数。一个过滤器可以配置多个初始化参数，参数只能在该过滤器中使用，其他的过滤器无法使用。通过 FilterConfig 的 getInitParameter 方法可以获取初始化参数。代码如下。

```
<filter>
  <filter-name>LoginFilter</filter-name>
  <filter-class>com.etc.filter.LoginFilter</filter-class>
        <init-param>
              <param-name>start</param-name>
              <param-value>6</param-value>
        </init-param>
        <init-param>
              <param-name>end</param-name>
              <param-value>20</param-value>
        </init-param>
</filter>
```

上述代码中对 LoginFilter 配置了两个初始化参数，名字分别是 start 和 end，值分别为 6 和 20。如果需要获取初始化参数，可以在过滤器中重写 Filter 接口中的 init 方法，使用 init 方法参数 FilterConfig 的 getInitParameter 方法获取，代码如下。

```
public void init(FilterConfig arg0) throws ServletException {
  System.out.println(arg0.getInitParameter("start"));
  System.out.println(arg0.getInitParameter("end"));}
```

（2）<filter-mapping>中可以使用<servlet-name>。

配置<filter-mapping>时，不仅可以使用 url-pattern，还可以使用 servlet-name，对指定名字的 Servlet 进行过滤，代码如下。

```
<filter-mapping>
```

```
        <filter-name>LoginFilter</filter-name>
        <servlet-name>GetAllServlet</servlet-name>
</filter-mapping>
```

（3）dispatcher 配置。

修改 PrintURLFilter1 的 doFilter 方法，输出被过滤的资源的 URL，代码如下。

```
public void doFilter(ServletRequest request, ServletResponse response,
        FilterChain chain) throws IOException, ServletException {
        System.out.println("doFilter方法调用前：PrintURLFilter1"+ ((HttpServletRequest)
        request).getRequestURL());
        chain.doFilter(request, response);
        System.out.println("doFilter方法调用后：PrintURLFilter1");}
```

在 web.xml 中，将 PrintURLFilter1 配置给 admin/welcome.jsp 文件，代码如下。

```
<filter-mapping>
        <filter-name>PrintURLFilter1</filter-name>
        <url-pattern>/admin/welcome.jsp</url-pattern>
</filter-mapping>
```

接下来，通过 index.jsp 成功登录，那么 LoginServlet 将请求转发给 welcome.jsp 页面，访问 welcome.jsp 页面。根据 web.xml 中的过滤器配置，welcome.jsp 应该被 PrintURLFilter1 过滤，然后在控制台打印 welcome.jsp 的 URL。然而，Tomcat 的控制台中并没有打印出 welcome.jsp 的 URL，说明虽然将 PrintURLFilter1 配置给了 welcome.jsp，但是在这样的访问过程中并没有生效。原因是访问 welcome.jsp 的方式是请求转发方式，缺省情况下，过滤器只过滤请求方式的 URL。所谓请求方式指的是直接在地址栏中输入 URL、表单提交、超链接、响应重定向的方式。如果需要过滤器过滤其他访问方式的 URL，可以通过配置 dispatcher 选项实现。dispatcher 有四个值，下面逐一介绍。

REQUEST：请求方式，是一种缺省的方式。即不配置 dispatcher 选项时，缺省过滤 REQUEST 方式请求的 URL，包括在地址栏中输入 URL、表单提交、超链接、响应重定向，但是如果指定了其他 dispatcher 值，REQUEST 也必须显式指定才能生效。

FORWARD：转发方式，表示可以过滤请求转发方式访问的 URL。

INCLUDE：包含方式，表示可以过滤动态包含的 URL。

ERROR：错误方式，表示可以过滤错误页面。

下面修改 web.xml 中的配置，对 PrintURLFilter1 配置 dispatcher 选项，代码如下。

```
<filter-mapping>
        <filter-name>PrintURLFilter1</filter-name>
        <url-pattern>/admin/welcome.jsp</url-pattern>
        <dispatcher>REQUEST</dispatcher>
        <dispatcher>FORWARD</dispatcher>
        <dispatcher>INCLUDE</dispatcher>
        <dispatcher>ERROR</dispatcher>
</filter-mapping>
```

至此，不论通过哪种方式访问 welcome.jsp，均能被过滤，再次测试，控制台输出。

```
doFilter方法调用前：PrintURLFilter1http://localhost:8080/chapter11/admin/ welcome.jsp
doFilter方法调用后：PrintURLFilter1
```

可见，当为 PrintURLFilter1 配置了不同的 dispatcher 值后，通过请求转发方式访问 welcome.jsp，也依然能够被过滤器过滤。

12.6 本章小结

本章介绍了过滤器的使用。过滤器用来实现通用处理，如登录验证、权限控制、日志、数据压缩等。Servlet API 中提供了 3 个接口，用来开发过滤器类。过滤器类都必须实现接口 Filter，覆盖其中的 doFilter 方法，实现过滤逻辑。FilterChain 接口提供了传递请求和响应的方法 doFilter。FilterConfig 接口提供了获得过滤器初始化参数的方法 getInitParameter。实现过滤器类后，必须在 web.xml 中进行配置，将过滤器指定给需要过滤的 URL，访问相应的 URL 时，就会被过滤器过滤。本章通过修改“案例”，增加了登录校验的功能，直观地展示了过滤器在实际开发中的作用。一个 URL 可以配置多个过滤器，一个过滤器也可以同时过滤多个 URL。本章通过简单例子，详细展示了过滤器的执行过程。缺省情况下，过滤器只过滤通过 REQUEST 方式请求的 URL，可以通过配置 dispatcher 选项，指定 4 种方式，分别为 REQUEST、FORWARD、INCLUDE、ERROR。通过本章的学习，读者可以熟练开发并使用过滤器组件。

12.7 思考与练习

1. 简述过滤器的含义及作用。
2. 实现过滤器的相关接口有 3 个：Filter、FilterConfig、FilterChain。请分别描述这 3 个接口的作用。
3. web.xml 中<filter-mapping>可以配置<dispatcher></dispatcher>，有 4 个值可以配置，分别为 REQUEST、FORWARD、INCLUDE、ERROR。这 4 个值分别是什么含义？
4. 简述 FilterChain 接口中 doFilter 方法的作用。
5. 假设某资源配置了两个过滤器，分别为 FilterA 和 FilterB，请描述访问该资源时过滤器的执行过程。

第 13 章

Servlet 3.0 新特性

Servlet 3.0 作为 Java EE 6 规范体系中的一员，随同 Java EE 6 规范一起发布。该版本在 Servlet 2.5 版本的基础上提供了若干新特性，更好地简化了 Web 应用的开发和部署。特别是新增了若干注解支持、异步处理支持、可插性支持等新特性，让开发者更高效地完成项目开发，同时也获得了 Java 社区的一片赞誉之声。

13.1 概述

Servlet 3.0 项目的使用，需要用 MyEclipse10.0 及以上版本的开发工具来创建 Java EE 6.0 及之后版本的应用，并发布到 Tomcat 7.0 及以上版本。

Servlete 3.0 的主要新特性有如下几方面。

（1）新增的注解支持：该版本新增了若干注解，如使用@WebServlet、@WebFilter、@WebListener 这 3 个注解来替代 web.xml 文件中的 Servlet、过滤器（Filter）和监听器（Listener）的配置，Servlet、Filter、Listener 无须再在 web.xml 中进行配置，可以通过对应注解进行配置。

（2）异步处理支持：Servlet 线程不再需要一直阻塞，在以前的 Servlet 中，如果作为控制器的 Servlet 调用了一个较为耗时的业务方法，则 Servlet 必须等到业务处理完毕之后才能再输出响应，最后才结束该 Servlet 线程。使这次调用成了阻塞式调用，效率比较差。有了异步处理支持后，在接收到请求之后，Servlet 线程可以将耗时的操作委派给另一个线程来完成，自己在不生成响应的情况下返回至容器。针对业务处理较耗时的情况，这将大大减少服务器资源的占用，并且提高并发处理速度。

（3）可插性支持：开发者可以通过插件方便地扩充已有 Web 应用的功能，而不需要修改原有的应用。

（4）文件上传支持：不用再使用 commons-fileupload 等第三方的上传组件，使用 Servlet 3.0 的上传组件会更方便。

下面我们将逐一讲解这些新特性。

13.2 注解支持

Servlet 3.0 的部署描述文件 web.xml 的顶层标签中有一个 metadata-complete 属性，该属性指定当前的部署描述文件是否是完全的。如果设置为 true，则容器在部署时将只依赖部署描述文件，忽略所有的注解（同时也会跳过 web-fragment.xml 的扫描，亦即禁用可插性支持）；如果不配置该属性或设置为 false，则表示启用注解支持和可插性支持。

（1）@WebServlet。

用于将一个类声明为 Servlet，该注解会在部署时被容器处理，容器根据具体的属性配置将相应的类部署为 Servlet。该注解具有表 13-1 给出的一些常用属性。

表 13-1 @WebServlet 常用属性

属性名	类 型	描 述
name	String	指定 Servlet 的 name 属性。如果没有显式指定，则该 Servlet 的取值即为类的全限定名
urlPatterns	String[]	指定一组 Servlet 的 URL 匹配模式
value	String[]	该属性等价于 urlPatterns 属性，两个属性不能同时使用
loadOnStartup	int	指定 Servlet 的加载顺序
initParams	WebInitParam[]	指定一组 Servlet 初始化参数
asyncSupported	boolean	声明 Servlet 是否支持异步操作模式
description	String	该 Servlet 的描述信息
displayName	String	该 Servlet 的显示名，通常配合工具使用

以上所有属性均为可选属性，通常 vlaue 或 urlPatterns 是必需的，且两者不能共存，如果同时指定，通常是忽略 value 的值。使用示例代码如下。

```
@WebServlet(urlPatterns={"/hello"}, asyncSupported=true,
loadOnStartup=-1, name="HelloServlet", displayName="ss")
public class HelloServlet extends HttpServlet{... }
```

（2）@WebFilter。

将一个类声明为过滤器，注解会在部署时被容器处理，容器根据具体的属性配置将相应的类部署为过滤器。该注解具有表 13-2 给出的一些常用属性。

表 13-2 @WebFilter 常用属性

属性名	类 型	描 述
filterName	String	指定过滤器的 name 属性
urlPatterns	String[]	指定一组过滤器的 URL 匹配模式
Value	String[]	该属性等价于 urlPatterns 属性，但是两者不应同时使用
servletNames	String[]	指定过滤器将应用于哪些 Servlet。取值是@WebServlet 中的 name 属性的值，或者是 web.xml 中的值

续表

属 性 名	类　型	描　述
dispatcherTypes	DispatcherType	指定过滤器的转发模式。具体取值包括：ASYNC、ERROR、FORWARD、INCLUDE、REQUEST
initParams	WebInitParam[]	指定一组过滤器初始化参数
asyncSupported	boolean	声明过滤器是否支持异步操作模式
Description	String	该过滤器的描述信息
displayName	String	该过滤器的显示名，通常配合工具使用

以上所有属性均为可选属性，但 value、urlPatterns、servletNames 三者至少应包含一个，且 value 和 urlPatterns 不能共存，如果同时指定，通常忽略 value 的值。使用示例代码如下。

```
@WebFilter(servletNames = {"HelloServlet"},filterName="HelloFilter")
public class MoreThanTwoFilter implements Filter{...}
```

（3）@WebInitParam：与@WebServlet 或@WebFilter 注解连用，为它们配置参数。

该注解通常不单独使用，而是配合@WebServlet 或@WebFilter 使用。为 Servlet 或过滤器指定初始化参数。@WebInitParam 具有表 13-3 给出的一些常用属性。

表 13-3　@WebInitParam 常用属性

属 性 名	类　型	描　述
name	String	指定参数的名字
value	String	指定参数的值
description	String	关于参数的描述

使用示例代码如下。

```
@WebServlet(urlPatterns={"/hello"}, asyncSupported=true,
loadOnStartup=-1, name="HelloServlet", displayName="ss",
initParams = {@WebInitParam(name="username", value="wangxh")}
)
public class HelloServlet extends HttpServlet{... }
```

（4）@WebListener。

该注解将类声明为监听器，被@WebListener 标注的类必须实现以下至少一个接口。

- ServletContextListener
- ServletContextAttributeListener
- ServletRequestListener
- ServletRequestAttributeListener
- HttpSessionListener
- HttpSessionAttributeListener

@WebListener 的常用属性见表 13-4。

表 13-4　@WebListener 常用属性

属 性 名	类　型	描　述
Value	String	指定监听器的描述信息。

使用示例代码如下。

```
@WebListener("This is only a demo listener")
public class SimpleListener implements ServletContextListener{...}
```

（5）@MultipartConfig。

该注解主要是为了辅助 Servlet 3.0 中 HttpServletRequest 提供的对上传文件的支持。该注解标注在 Servlet 上面，以表示该 Servlet 希望处理的请求的 MIME 类型是 multipart/form-data。它提供了若干属性用于简化对上传文件的处理，具体的文件上传使用将在后续内容详细介绍。常用属性见表 13-5。

表 13-5 @MultipartConfig 常用属性

属性名	类型	描述
fileSizeThreshold	int	当数据量大于该值时，内容将被写入文件
location	String	存放生成的文件地址
maxFileSize	long	允许上传的文件最大值。缺省值为-1，表示没有限制
maxRequestSize	long	针对该 multipart/form-data 请求的最大数值，缺省值为-1，表示没有限制

使用示例代码如下。

```
@WebServlet(urlPatterns="/uploadServlet")
@MultipartConfig(maxFileSize=1024*1024)
public class UploaderServlet extends HttpServlet {...}
```

13.3 异步处理

Servlet 3.0 之前，一个普通 Servlet 的主要工作流程大致如下。

（1）Servlet 接收到请求之后，可能需要对请求携带的数据进行一些预处理。

（2）调用业务接口的某些方法完成业务处理。

（3）根据处理的结果提交响应，Servlet 线程结束。

其中第二步的业务处理通常是最耗时的，这主要体现在数据库操作或其他的跨网络调用等。在此过程中，Servlet 线程一直处于阻塞状态，直到业务方法执行完毕。在处理业务的过程中，Servlet 资源一直被占用而得不到释放，对于并发较大的应用，可能造成性能的瓶颈。

Servlet 3.0 针对这个问题做了开创性的工作，通过使用 Servlet 3.0 的异步处理支持，Servlet 处理流程可以调整为如下过程。

（1）Servlet 接收到请求之后，可能首先需要对请求携带的数据进行一些预处理。

（2）Servlet 线程将请求转交给一个异步线程来执行业务处理，线程本身返回至容器，此时 Servlet 还没有生成响应数据，异步线程处理完业务以后，可以直接生成响应数据（异步线程拥有 ServletRequest 和 ServletResponse 对象的引用），或者将请求继续转发给其他 Servlet。

如此一来，Servlet 线程不再是一直处于阻塞状态以等待业务逻辑的处理，而是启动异步线程之后可以立即返回。

异步处理特性可以应用于 Servlet 和过滤器两种组件，由于异步处理的工作模式和普通工

作模式在实现上有着本质的区别，因此缺省情况下，Servlet 和过滤器并没有开启异步处理特性，如果希望使用该特性，则必须按照如下方式启用。

（1）对于使用传统的部署描述文件（web.xml）配置 Servlet 和过滤器的情况，Servlet 3.0 为<servlet>和<filter>标签增加了<async-supported>子标签，标签的缺省值为 false，要启用异步处理支持，则将其设为 true 即可。以 Servlet 为例，其配置方式如下。

```
<servlet>
    <servlet-name>DemoServlet</servlet-name>
    <servlet-class>footmark.servlet.Demo Servlet</servlet-class>
    <async-supported>true</async-supported>
</servlet>
```

（2）对于使用 Servlet 3.0 提供的@WebServlet 和@WebFilter 进行 Servlet 或过滤器配置的情况，这两个注解都提供了 asyncSupported 属性，缺省属性值为 false，要启用异步处理支持，只需将该属性设置为 true 即可。以@WebFilter 为例，其配置方式如下。

```
@WebFilter(urlPatterns = "/demo",asyncSupported = true)
public class DemoFilter implements Filter{...}
```

除此之外，Servlet 3.0 还为异步处理提供了一个监听器，使用 AsyncListener 接口表示。它可以监控如下 4 种事件。

（1）异步线程开始时，调用 AsyncListener 的 onStartAsync(AsyncEvent event)方法。

（2）异步线程出错时，调用 AsyncListener 的 onError(AsyncEvent event)方法。

（3）异步线程执行超时，则调用 AsyncListener 的 onTimeout(AsyncEvent event)方法。

（4）异步执行完毕时，调用 AsyncListener 的 onComplete(AsyncEvent event)方法。

要注册一个 AsyncListener, 只需将准备好的 AsyncListener 对象传递给 AsyncContext 对象的 addListener()方法即可，其配置方式如下。

```
AsyncContext ctx = req.startAsync();
ctx.addListener(new AsyncListener() {
    public void onComplete(AsyncEvent asyncEvent) throws IOException {
        // 做一些清理工作或其他
    }
    ...
});
```

13.4 可插性支持

如果 Servlet 3.0 版本新增的注解支持是为了简化 Servlet/过滤器/监听器的声明，从而使 web.xml 变为可选配置，那么新增的可插性（pluggability）支持则将 Servlet 配置的灵活性提升到了新的高度。使用该特性，可以在不修改已有 Web 应用的前提下，只需按照一定格式将打包成的 JAR 包放到 WEB-INF/lib 目录下，即可实现新的功能的扩充，不需要额外的配置。

Servlet 3.0 引入了称之为“Web 模块部署描述符片段”的 web-fragment.xml 部署描述文

件，该文件必须存放在 JAR 文件的 META-INF 目录下，该部署描述文件可以包含一切可以在 web.xml 中定义的内容。web-fragment.xml 与 web.xml 除在头部声明的 XSD 引用不同之外，其主体配置与 web.xml 是完全一致的。

现在，为一个 Web 应用增加一个 Servlet 配置有如下 3 种方式（过滤器、监听器与 Servlet，三者的配置都是等价的，因此以 Servlet 配置为例进行讲述，过滤器和监听器使用类似）。

（1）编写一个类继承自 HttpServlet，将该类放在 classes 目录下的对应包结构中，修改 web.xml，在其中增加一个 Servlet 声明。这是最原始的方式。

（2）编写一个类继承自 HttpServlet，并且在该类上使用@WebServlet 注解将该类声明为 Servlet，将该类放在 classes 目录下的对应包结构中，无须修改 web.xml 文件。

（3）编写一个类继承自 HttpServlet，将该类打成 JAR 包，并且在 JAR 包的 META-INF 目录下放置一个 web-fragment.xml 文件，该文件中声明了相应的 Servlet 配置。web-fragment.xml 文件示例如下。

```
<?xml version="1.0" encoding="UTF-8"?>
<web-fragment
    xmlns=http://java.sun.com/xml/ns/Java EE
    xmlns:xsi="http://www.w3.org/2001/XMLSchema-instance" version="3.0"
    xsi:schemaLocation="http://java.sun.com/xml/ns/Java EE
    http://java.sun.com/xml/ns/Java EE/web-fragment_3_0.xsd"
    metadata-complete="true">
    <servlet>
        <servlet-name>fragment</servlet-name>
        <servlet-class>footmark.servlet.FragmentServlet</servlet-class>
    </servlet>
    <servlet-mapping>
        <servlet-name>fragment</servlet-name>
        <url-pattern>/fragment</url-pattern>
    </servlet-mapping>
```

由于一个 Web 应用中可以出现多个 web-fragment.xml 声明文件，加上一个 web.xml 文件，加载顺序就需要定义。web-fragment.xml 包含了两个可选的顶层标签<name>和<ordering>，如果希望为当前的文件指定明确的加载顺序，通常需要使用这两个标签，<name>主要用于标识当前的文件，而<ordering>则用于指定先后顺序。一个简单的示例如下。

```
<web-fragment...>
    <name>FragmentA</name>
    <ordering>
        <after>
            <name>FragmentB</name>
            <name>FragmentC</name>
        </after>
        <before>
            <others/>
        </before>
    </ordering>
    ...
</web-fragment>
```

13.5 改进的文件上传

之前因为 Servlet 本身没有对处理上传文件的操作提供直接的支持，需要使用第三方框架来实现，而且使用起来也不够简单。如今 Servlet 3.0 提供了文件上传的处理方案，只需要在 Servlet 上添加@MultipartConfig 注解即可，使用非常简单。

HttpServletRequest 提供了两个方法处理文件的上传，用于从请求中解析出上传的文件。

（1）Part getPart(String name)：根据名称获取文件上传域。

（2）Collection<Part> getParts()：获取所有文件上传域。

上传文件时一定要为表单域设置 enctype 属性，表示表单数据的编码方式，有如下 3 个值。

（1）application/x-www-form-urlencoded（缺省）：只处理表单里的 value 属性值，会将 value 值处理成 URL 编码方式。如果此时表单域里有上传文件的域（type="file"），则只会获取该文件在上传者电脑里的绝对路径串，该串没什么实际意义。

（2）multipart/form-data：编码方式以二制流的方式来处理表单数据，将文件内容也封装到请求参数里。

（3）text/plain：当表单的 action 属性为 mailto:URL 的形式时比较方便，主要适用于直接通过表单发送邮件的方式。

示例代码如下。

```
@WebServlet(name="uploadServlet",urlPatterns="/upload.do")
@MultipartConfig
public class UploaderServlet extends HttpServlet {

    public void service(HttpServletRequest request,
HttpServletResponse response) throws IOException, ServletException{
        //获得Part对象（每个Part对象对应一个文件域）
        Part part = request.getPart("file");
        long size = part.getSize(); //获取上传文件大小
        String info = part.getHeader("content-disposition");//获得包含原始文件名的字符串
        //获取原始文件名
        String fileName =
info.substring(info.indexOf("filename=\"")+10,info.length()-1);
        //将文件上传到某个位置
        part.write(getServletContext().getRealPath("/uploadFiles")+"/"+fileName);
    }
}
```

此外，还需注意以下两点。

（1）如果请求的 MIME 类型不是 multipart/form-data，则不能使用上面的两个方法，否则将抛异常。

（2）可以配合前面提到的@MultipartConfig 注解来对上传操作进行一些自定义的配置，例如限制上传文件的大小，以及保存文件的路径等。

13.6 本章小结

本章介绍了 Servlet 3.0 的新特性的使用。主要讲解了新增的注解支持、异步处理支持、可插性支持及改进的文件上传的支持。详细介绍了@WebServlet、@WebFilter、@WebInitParam、@WebListener、@MultipartConfig 等注解的属性，并通过示例展示了其使用方法。Servlet 3.0 的众多新特性使 Servlet 开发变得更加简单，注解提升了开发的便捷度，异步处理特性和可插性支持的出现，更是对现有的 MVC 框架产生深远影响。

13.7 思考与练习

1. 简述异步处理机制下 Servlet 的工作流程。
2. 列举@WebServlet 注解的常用属性并说明。
3. @WebListener 标注的类必须实现的接口可以有哪些？
4. 简述 web-fragment.xml 文件如何指定加载顺序。
5. 简述 HttpServletRequest 对文件上传的支持，并列举说明其中重要的方法。

第三部分

详解 JSP 组件开发

本部分将详细介绍 JSP 组件的开发。JSP 作为 MVC 模式中 View 部分的主要实现技术，表面上看是 HTML 代码和 Java 代码的组合，而本质上，JSP 是一个符合 Servlet 规范的 Java 类。有了第二部分 Servlet 组件开发的基础，介绍 JSP 相对比较容易。本部分首先介绍 JSP 的执行过程、JSP 内置对象、指令和标准动作、JavaBean 等基本知识点，继而介绍自定义标记、EL、JSTL 等 JSP 高级主题。介绍本部分后，能帮助读者掌握 JSP 组件开发的详细知识，胜任 Web 应用开发的工作。

第 14 章

脚本元素与内置对象

脚本元素和内置对象是 JSP 中常用的概念，本章将介绍 JSP 中常用的脚本元素和内置对象，为开发 JSP 组件打好基础。

14.1 JSP 中常用的脚本元素

在访问 JSP 页面时，容器将按照规范，将 JSP 翻译成符合 Servlet 规范的 Java 类。本节将介绍 JSP 文件中常用的脚本元素（Scriptlet）。

1. 脚本：<% %>

JSP 文件中，可以在<% %>片段中书写任何符合 Java 语法的 Java 代码。<% %>中的代码将直接插入到 JSP 生成的 Java 类的_jspService 方法体中。例如，index.jsp 中有如下脚本。

```
<%
        List<String> list=new ArrayList<String>();
        list.add("test0");
        list.add("test1");
        list.add("test2");
%>
```

运行 index.jsp 后，上述脚本将被翻译成下面这段 Java 代码，插入到_jspService 方法相应位置。

```
List<String> list=new ArrayList<String>();
list.add("test0");
list.add("test1");
list.add("test2");
```

可见，<%　%>中的代码，将"原封不动"地被翻译到_jspService 方法中。

2. 表达式：<%=%>

JSP 文件中，可以使用<%= %>在页面中进行输出操作，<%=　%>被称为表达式。=后的内容，将被输出到客户端的浏览器进行显示。例如，在 JSP 文件中有如下代码。

```
<%=request.getParameter("title")%><br>
```

在翻译生成的 Java 文件中的_jspService 方法中，生成如下代码。

```
out.print(request.getParameter("title"));
```

可见，<%=　%>中=后的内容，将被写到响应的输出流中，输出到客户端，显示在浏览器中。注意：<%=　%>中的表达式后不用加“;”，且只能有一个表达式。

3. 声明：<!>

JSP 文件中，可以使用<!>在 JSP 中进行声明。<!>中的内容将被直接翻译到 Java 类体中。<!>可以声明实例变量、类变量、方法、内部类、块等。例如，在 index.jsp 文件中有如下代码。

```
<%! int count=0;%>
```

访问 index.jsp 后，在翻译生成的 Java 类中，有如下代码。

```
public final class index_jsp extends org.apache.jasper.runtime.HttpJspBase
      implements org.apache.jasper.runtime.JspSourceDependent {
int count=0;
```

可见<!>中的代码，被直接翻译到 Java 类中，而不是在_jspService 方法中。然而，由于 JSP 和 Servlet 一样，也是单实例的，所以往往不建议在 JSP 中使用实例变量。而 JSP 作为视图的实现方式，也往往不会在 JSP 中声明方法或内部类等，因此，<!>在实际应用开发中使用较少。

4. 注释：<%--　--%>

JSP 文件中，可以使用<%--　--%>进行注释，该注释语句在翻译期即被容器忽略。也就是说，<%--　--%>中的内容只有在 JSP 源文件中可见。

除<%--　--%>可以注释 JSP 外，<%　%>中也可以使用 Java 语言的注释方式注释，如//、/* */。在 JSP 页面中，也可以使用 HTML 注释。

```
<!--HTML 注释 -->
```

HTML 注释的内容，将被写到响应的输出流中，输出到客户端，但是不会显示到浏览器中，只是在源代码中可见。在 JSP 翻译生成的 Java 类中翻译 HTML 注释如下。

```
out.write(" <!--HTML注释 -->\r\n");
```

14.2 内置对象

JSP 文件总是先被翻译成 Java 类，访问 JSP 时，容器将实例化 JSP 类，调用其中的_jspService 方法。不论 JSP 文件如何编写，_jspService 方法都将按如下模板声明。

```
public void _jspService(HttpServletRequest request, HttpServletResponse response) throws
java.io.IOException, ServletException {
      PageContext pageContext = null;
      HttpSession session = null;
```

```
        ServletContext application = null;
        ServletConfig config = null;
        JspWriter out = null;
        Object page = this;
        JspWriter _jspx_out = null;
        PageContext _jspx_page_context = null;
        try {
    response.setContentType("text/html;charset=gb2312");
    pageContext = _jspxFactory.getPageContext(this, request, response,
                        null, true, 8192, true);
          _jspx_page_context = pageContext;
          application = pageContext.getServletContext();
          config = pageContext.getServletConfig();
          session = pageContext.getSession();
          out = pageContext.getOut();
          _jspx_out = out;
```

可见，_jspService 方法首先定义了 pageContext、session、application 等变量，并进行了初始化。而 JSP 中的代码，大都被翻译到这些变量的初始化之后。因此在 JSP 中可以直接使用 session、application 这些变量，而无须声明。这些变量被称为内置对象，也称为预定义变量或隐含变量。JSP 中共有 9 个内置对象，下面逐一进行介绍。

1. request

request 是 HttpServletRequest 类型的对象，可以在 JSP 中直接通过 request 调用 HttpServletRequest 接口中的任何方法。JSP 代码如下（完整代码请参见教学资料包中的教材实例源代码文件“javaweb\chapter14\WebRoot\index.jsp”）。

```
<%=request.getParameter("title")%><br>
<%
    Cookie[] cookies=request.getCookies();
%>
```

上述代码中使用 request 调用了 getParameter 方法获得 title 请求参数的值，使用 getCookies 方法返回所有 Cookie 对象。

2. response

response 是 HttpServletResponse 类型的对象，可以在 JSP 中直接通过 response 调用 HttpServletResponse 接口中的任何方法。JSP 代码如下。

```
<%response.addCookie(new Cookie("hobby","reading"));%>
<%response.sendRedirect("index.jsp");%>
```

上述代码中使用 response 调用 addCookie 方法往响应中添加 cookie，使用 sendRedirect 方法进行响应重定向。

3. session

session 是 HttpSession 类型的对象，可以在 JSP 中通过 session 调用 HttpSession 接口中的任何方法。

```
<%=session.getAttribute("count")%>
```

上述代码中使用会话的 getAttribute 方法返回 count 属性的值，显示到浏览器中。

4. application

application 是 ServletContext 类型的对象，可以在 JSP 中通过 application 调用 ServletContext 接口中的任何方法。

```
<%=application.getAttribute("count")%>
```

上述代码中使用上下文的 getAttribute 方法返回属性 count 的值，并显示到浏览器中。

5. out

out 是 JspWriter 类型的对象，可以在 JSP 中调用 JspWriter 的方法向客户端输出内容。然而，由于<%=%>可以更为便捷地进行输出，因此在 JSP 文件中往往不使用 out 对象进行输出。

6. config

JSP 的本质就是一个 Servlet，因此，JSP 也可以如 Servlet 一样，在 web.xml 中配置名字和路径，同时可以配置初始化参数。config 是 ServletConfig 类型的对象，在 JSP 中可以使用 config 来调用 ServletConfig 接口中的任何方法，例如获取初始化参数的值。假设在 web.xml 中配置 JSP，代码如下。

```
<servlet>
  <servlet-name>index</servlet-name>
  <jsp-file>/index.jsp</jsp-file>
  <init-param>
        <param-name>color</param-name>
        <param-value>red</param-value>
  </init-param>
</servlet>
<servlet-mapping>

  <servlet-name>index</servlet-name>
  <url-pattern>/door</url-pattern>
</servlet-mapping>
```

上述配置中为/index.jsp 配置了初始化参数 color，在 index.jsp 中可以通过 config 对象调用 getInitParameter 方法获得 color 的值，代码如下。

```
<font color="<%=config.getInitParameter("color")%>">
This is my JSP page.</font>
<br>
```

通过 web.xml 中配置的 url-pattern 访问 index.jsp，效果如图 14-1 所示，将文本显示为红色。

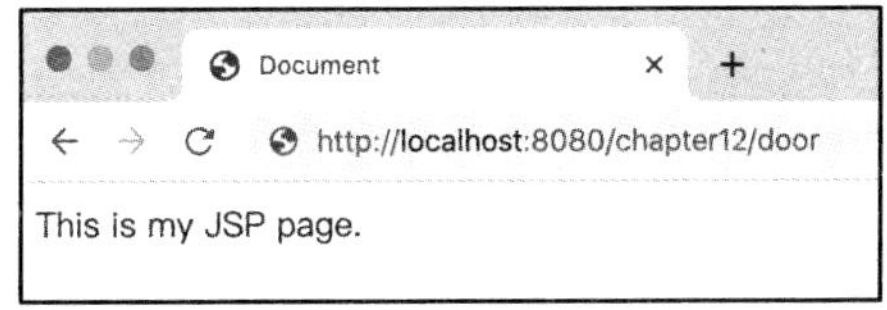

图 14-1　config 的使用

7. exception

exception 是一个 Throwable 类型的对象，缺省情

况下 JSP 不会生成这个内置对象，只有当 JSP 页面被指定为错误页面时，才会有 exception 这个内置对象。

8. page

page 指代当前类的对象，即 this。

9. pageContext

pageContext 是所有内置对象中最重要的内置对象，是 JSP 的上下文对象，很多内置对象都通过 pageContext 对象获取。JSP 的_jspService 方法中总是包含如下代码。

```
application = pageContext.getServletContext();
config = pageContext.getServletConfig();
session = pageContext.getSession();
out = pageContext.getOut();
```

可见，JSP 的 application、session、config、out 内置对象都是通过 pageContext 对象获得的。pageContext 是 javax.servlet.jsp.PageContext 类型的对象。所有的内置对象都自动地被添加到 pageContext 对象中。pageContext 也可以存储属性，具有 setAttribute、getAttribute、removeAttribute 方法，与请求、会话、上下文处理属性类似，可以对 pageContext 范围的属性进行处理。

14.3 本章小结

本章主要围绕 JSP 的运行原理介绍了 JSP 中的脚本元素及内置对象。JSP 中常见的脚本元素有<%%>、<%=%>、<!>、<%-- --%>。对于每个脚本元素中的代码翻译规则，都通过例子进行了解释。JSP 类的_jspService 方法，总是先定义并初始化了一些变量，因此 JSP 文件中可以直接使用这些变量，如 request、response、session、application 等。这些变量被称为内置对象，或者隐含变量。JSP 中共有 9 个内置对象，本章对 9 个内置对象进行了解释，并通过简单例子说明每个内置对象的用法，其中 pageContext 是 JSP 中非常重要的一个内置对象。

14.4 思考与练习

1. JSP 文件中有几种注释方式？有什么区别？
2. 描述 JSP 内置对象的含义，并列举至少 4 个内置对象。
3. 简述内置对象 pageContext 的作用和常用的方法。

第 15 章

JSP 指令与标准动作

JSP 中的指令能够影响 JSP 翻译生成的 Java 类的结构，如 page 指令、include 指令。另外，JSP 中还提供了一系列的标准动作，能够更便捷地完成一些动态功能，如 forward、include 等。本章将介绍常用的 JSP 指令和标准动作。

15.1 JSP 指令

前面章节介绍过，容器总是按照一定的规范将 JSP 翻译成 Java 文件。同时，JSP 可以通过指令元素影响容器翻译生成 Java 类的整体结构。指令的语法为：

```
<%@ directive {attr="value"}* %>
```

其中，directive 为指令名，attr 指该指令对应的属性名，一个指令可能有多个属性。JSP 中常用的指令有 3 个：page、include、taglib。本章主要介绍其中的两个指令：page 指令和 include 指令。taglib 指令将在 JSP 标签章节介绍。

（1）page 指令。

page 指令是最为复杂的一个指令，共有 13 个属性。page 指令作用于整个 JSP 页面，可以将指令放在 JSP 页面的任何一个位置。page 指令常用的属性有：

① import 属性：用来引入 JSP 文件需要使用的类。代码如下。

```
<%@page import="java.util.*,java.io.*"%>
<%@page import="com.etc.vo.*" %>
```

上述代码可以在 JSP 文件中使用，引入需要使用的类。可以使用逗号同时引入多个包，也可以在一个 JSP 文件中多次使用 import。值得注意的是，import 是 page 指令中唯一的可以在一个 JSP 文件中多次出现的属性，其他属性在一个 JSP 文件中只能出现一次，否则将出现编译错误。

② pageEncoding 属性：设置 JSP 文件的页面编码格式。代码如下。

```
<%@page pageEncoding="gb2312"%>
```

上述代码设置当前 JSP 的页面编码格式是 gb2312，可以显示中文。

③ session 属性：设置 JSP 页面是否生成 session 对象。该属性缺省值为 true，也就是说缺省情况下 JSP 文件总会生成 session 内置对象，可以设置成 false。代码如下。

```
<%@page session="false"%>
```

session 属性值设置为 false 后，该 JSP 翻译生成的类中将没有内置对象 session，该 JSP 不参与会话。

④ errorPage 属性：设置 JSP 页面的错误页面。当 JSP 中发生异常或错误却没有被处理时，容器将请求转发到错误页面。代码如下。

```
<%@page errorPage="error.jsp"%>
This is my JSP page. <br>
 <%=100/0%><br>
```

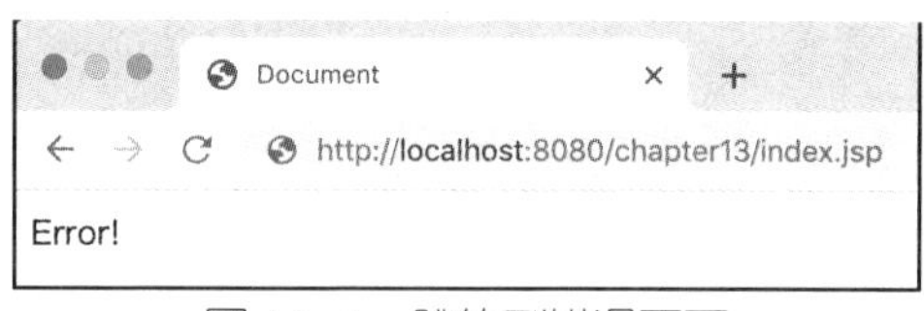

图 15-1　跳转到错误页面

显然，访问该页面将发生数学异常，而且并没有对异常进行处理，那么将跳转到错误页面，效果如图 15-1 所示。

⑤ isErrorPage 属性：该属性缺省值是 false，可以设置为 true。在 JSP 的错误页面中，将 isErrorPage 设置为 true，则该页面翻译生成的 Java 类中将生成 exception 内置对象。在 error.jsp 中加入如下代码。

```
<%@page isErrorPage="true"%>
```

上述代码将 error.jsp 页面设置为错误页面，所以，在 error.jsp 翻译生成的 Java 类中的 _jspService 方法中将生成 exception 内置对象，代码如下。

```
Throwable exception = org.apache.jasper.runtime.JspRuntimeLibrary. getThrowable(request);
if (exception != null) {response.setStatus(HttpServletResponse.SC_INTERNAL_ SERVER_
ERROR);}
```

在 error.jsp 中，可以使用 exception 内置对象，代码如下（完整代码请参见教学资料包中的教材实例源代码文件“javaweb\chapter15\WebRoot\error.jsp”）。

```
<%@page isErrorPage="true"%>
<%=exception.getMessage()%><br>
```

由于 error.jsp 被设置为错误页面，所以将翻译生成的内置对象 exception 使用在 error.jsp 中。

JSP 页面是不是只有设置了 isErrorPage=true 后，才能作为错误页面使用？答案是否定的，任何一个 JSP 页面都可以作为错误页面，只要通过 errorPage="" 指定即可。而指定 isErrorPage=true 后，该错误页面可以使用 exception 内置对象，否则不能使用 exception 内置对象。

（2）include 指令。

include 指令是 JSP 中的另一个常用指令，用来静态包含其他页面。如存在 copyright.jsp 文件，代码如下。

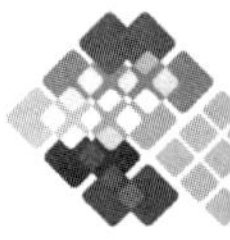

```
Copyright@ author: <%=request.getParameter("author") %><br>
2009-2012
```

如果在其他 JSP 页面中，也需要这样的代码片段，就可以使用 include 指令进行包含而不需要重新编写，从而提高重用性和可维护性。如果 index.jsp 要包含 copyright.jsp，只要在需要包含的位置加入下面的代码即可。

```
<%@include file="copyright.jsp"%>
```

使用 include 指令包含其他文件，是发生在翻译期的包含。也就是说，在 index.jsp 中使用 include 指令包含 copyright.jsp 文件，不会请求 copyright.jsp 页面，而是在翻译期将 copyright.jsp 页面翻译生成的 Java 代码与 index.jsp 页面的 Java 代码合并在一起，生成一个文件。访问 index.jsp 文件时，将在相应位置显示 copyright.jsp 的内容。

如果在 index.jsp 文件中，使用如下方式包含 copyright.jsp，将会发生错误。

```
<%@include file="copyright.jsp?author=etc"%>
```

因为容器并不会将 file 的值作为页面访问，而是将 include 指令的 file 属性值"copyright.jsp?author=etc"作为文件路径，容器将按照这个路径去查找文件，找到后进行翻译，插入到 index.jsp 相应的 Java 文件中。而这个文件路径根本不存在，因此将发生文件找不到错误。

15.2 JSP 标准动作

JSP 规范中定义了一系列的标准动作。Java EE Web 容器也按照这个标准实现，所以容器可以解析并执行标准动作。标准动作使用标准的 XML 语法：

```
<jsp:action_name attribute1="value1" attribute2="value2">
</jsp:action_name>
```

其中 action_name 表示标准动作的名字，attribute1 和 attribute2 是标准动作的若干个属性。本节将介绍常用的 3 种标准动作。

（1）forward 动作：在 JSP 页面中进行请求转发。代码如下。

```
<jsp:forward page="copyright.jsp">
</jsp:forward>
```

上述代码将把请求转发到 copyright.jsp 页面，类似在 Servlet 中调用 RequestDispatcher 的 forward 方法进行请求转发。

（2）include 动作：在 JSP 页面中，进行动态包含。代码如下。

```
<jsp:include page="copyright.jsp">
</jsp:include>
```

<jsp:include>是动态包含，即在运行期访问被包含的页面，并将响应结果同包含页面的响应结果合并，生成最终响应。类似在 Servlet 中调用 RequestDispatcher 的 include 方法进行包

含。因为是动态包含，所以可以在包含时传递请求参数。代码如下。

```
<jsp:include page="copyright.jsp?author=etc">
</jsp:include>
```

author 将作为请求参数，被传递给 copyright.jsp 页面。初学者往往会把 include 标准动作与指令混淆。include 标准动作与 include 指令都是实现包含其他页面的功能，但是 include 标准动作的属性是 page，实现动态包含，发生在运行期；而 include 指令的属性是 file，实现静态包含，发生在翻译期。

（3）param 动作：传递参数。param 动作往往作为子动作使用，为 forward 和 include 动作传递参数。代码如下。

```
<jsp:forward page="copyright.jsp">
    <jsp:param name="author" value="etc"/>
</jsp:forward>
<jsp:include page="copyright.jsp">
    <jsp:param name="author" value="etc"/>
</jsp:include>
```

上述代码使用 param 为 forward 和 include 动作传递参数，参数将被作为请求参数传递。除上面介绍的 3 个标准动作外，JSP 中还有很多其他标准动作，本章不一一介绍。使用标准动作时，一定要注意正确结束标准动作，如<jsp:include>是标准动作的开始，一定要对应结束标记，如</jsp:include>。如果标准动作没有动作体，就可以直接结束，如<jsp:include page="copyright.jsp"/>。

15.3 本章小结

本章主要介绍了 JSP 中的指令和标准动作。指令是影响 JSP 页面翻译期的信息，容器根据 JSP 中指令的属性，决定翻译期的代码结构。本章介绍了常用的两个指令：page 和 include。page 指令是比较复杂的指令，共有 13 个属性，本章介绍了 page 常用的几个属性，如 import、pageEncoding、session、errorPage、isErrorPage。include 指令用来静态包含其他代码片段，在翻译期将被包含文件翻译生成的 Java 代码与包含页面的 Java 代码合并。另外，JSP 规范中定义了一系列的标准动作，本章介绍了常用的三种标准动作，标准动作使用严格的 XML 语法。<jsp:forward>用来实现请求转发，<jsp:include>用来实现动态包含，<jsp:param>用来实现参数传递。介绍完本章，读者应该能够理解并熟练使用 JSP 常用指令和标准动作。

15.4 思考与练习

1. 列举 page 指令中至少 3 个属性，并进行说明。
2. 说明<%@include%>与<jsp:include>的区别。
3. 说明<jsp:param>动作的作用和用法。

第 16 章

JavaBean 编程

在 Web 应用中，JavaBean 被用来封装数据和业务逻辑，以实现业务逻辑和显示逻辑的分离。本章将介绍 JavaBean 的概念，并通过实例展示 JavaBean 在实际开发中的应用，以及 JSP 中支持 JavaBean 的标准动作等。

16.1 JavaBean 概述

JavaBean 是用 Java 语言描述的软件组件模型，实际上是一个 Java SE 的类。这些类遵循一定的编码规范：必须是 public 类；必须有一个无参的 public 构造方法；返回属性的方法为 getXXX()格式；设置属性的方法为 setXXX（形式参数）格式。

JavaBean 一般分为可视化组件和非可视化组件两种。可视化组件大多是 GUI 元素，如报表组件；非可视化组件没有 GUI 表现形式，用于封装业务逻辑、数据库操作等。JavaBean 传统应用于可视化编程，如 AWT/Swing 下的应用。JDK 中提供了 java.beans 包，设计了一系列的接口和类，支持基于 JavaBean 架构的组件开发。而在 Web 应用中，JavaBean 应用于非可视化领域，实现业务逻辑、控制逻辑和显示页面的分离。在一定时期内，JSP + JavaBean（Model1）和 JSP + JavaBean + Servlet（Model2）是 Web 应用的主流模式。

如下所示的 Customer 类就符合 JavaBean 的编码规范，可以被认为是一个 JavaBean，用来封装数据，实现业务逻辑与显示页面的分离。Customer 类封装了客户信息，并提供了 register 方法，实现注册功能，代码如下（完整代码请参见教学资料包中的教材实例源代码文件“javaweb\chapter16\src\com\etc\vo\Customer.java”）。

```
package com.etc.vo;
import com.etc.dao.CustomerDAO;
public class Customer {
    private String custname;
    private String pwd;

    private Integer age;
    private String address;
    public Customer() {
```

```
        super();
    }
    public Customer(String custname, String pwd) {
        super();
        this.custname = custname;
        this.pwd = pwd;
    }
    public Customer(String custname, String pwd, Integer age, String address) {
        super();
        this.custname = custname;
        this.pwd = pwd;
        this.age = age;
        this.address = address;
    }
    public String getCustname() {
        return custname;
    }
    public void setCustname(String custname) {
        this.custname = custname;
    }
//省略其他getters方法和setters方法
    public boolean register(){
        CustomerDAO dao=new CustomerDAO();
        if(dao.selectByName(custname)!=null){
            return false;
        }else{
            dao.insert(this);
            return true;}}}
```

上述代码中的 Customer 类声明了 4 个属性，同时声明了 public 无参构造方法及与属性对应的 getXXX 方法和 setXXX 方法，符合 JavaBean 的编码规范，能够用来封装数据，实现业务逻辑，达到业务逻辑与显示逻辑分离的目的。

说起 JavaBean，常让人联想到 EJB（Enterprise JavaBean），那么 JavaBean 和 EJB 之间存在扩展关系吗？答案是否定的。虽然 JavaBean 和 EJB 在名字上有些类似，然而二者在技术上是完全不同的概念，没有任何关系。JavaBean 是符合编程规范的 Java SE 类，而 EJB 是 Java EE 的核心组件，能够用来实现分布式应用。

16.2 JavaBean 的使用

在上节中，创建了 JavaBean 类 Customer，本节在 JSP 文件中使用该 JavaBean，实现注册功能，用实例介绍 JavaBean 的使用（该实例与“案例”没有关系）。

首先创建注册页面 register.jsp，提供注册表单，代码如下（完整代码请参见教学资料包中的教材实例源代码文件“javaweb\chapter16\WebRoot\register.jsp”）。

```
    <form action="dispose.jsp" method="post">
```

```
        Your username:<input type="text" name="custname" ><br>
        Your password:<input type="password" name="pwd" ><br>
        Your age:<input type="text" name="age" ><br>
        Your address:<input type="text" name="address"><br>
        <input type="submit" value="Register">
</form>
```

单击“Register”按钮后，表单将提交到 dispose.jsp 文件，进行注册操作。如果用户名存在，则注册失败，跳转到 register.jsp 页面；如果注册成功，则显示注册信息。dispose.jsp 文件的代码如下。

```
<body>
<%
Customer cust=(Customer)request.getAttribute("cust");
if(cust==null){
    cust=new Customer();
    request.setAttribute("cust",cust);
}
cust.setCustname(request.getParameter("custname"));
cust.setPwd(request.getParameter("pwd"));
cust.setAge(Integer.parseInt(request.getParameter("age")));
cust.setAddress(request.getParameter("address"));
boolean flag=cust.register();
%><br>
<%if(flag){%>
Welcome,your personal Info:<br>
Custname: <%=cust.getCustname() %><br>
Password: <%=cust.getPwd() %><br>
Age: <%=cust.getAge() %><br>
Address: <%=cust.getAddress() %><br>
Thanks for your registration!
<% }else{%>
        <jsp:forward page="register.jsp"></jsp:forward>
  <%} %>
</body>
```

上述代码中，首先将 register.jsp 中表单输入的请求参数封装到一个 Customer 对象中，即一个 JavaBean 对象。然后，调用 JavaBean 对象中的业务逻辑 register 方法，实现注册功能。下面通过浏览器访问 register.jsp 页面，输入注册信息，如图 16-1 所示。

图 16-1　输入注册信息

单击“Register”按钮后，请求提交给 dispose.jsp 页面，注册成功，显示注册信息，如图 16-2 所示。

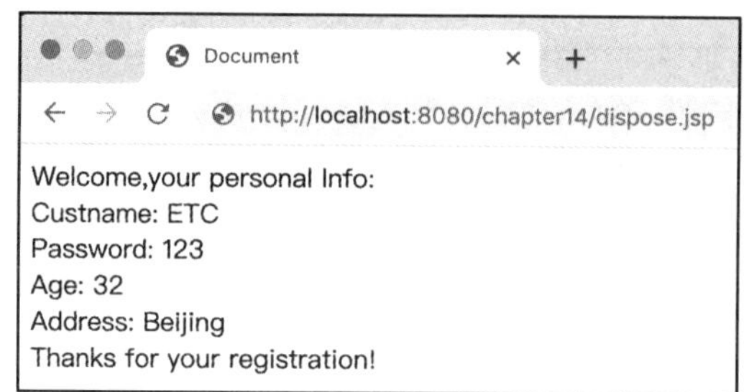

图 16-2　显示注册信息

如果再次输入用户名“ETC”，由于用户名重复，注册失败，则跳转到 register.jsp 页面。

在这个例子中，JavaBean 类 Customer 封装了数据和注册业务逻辑。register.jsp 和 dispose.jsp 负责生成视图，实现了业务逻辑和显示逻辑的分离。

16.3 JavaBean 的标准动作

在上一节中，使用 JavaBean 类 Customer 实现了注册功能，初步理解了 JavaBean 的概念和使用方法。上一节中对 Customer 的使用，完全是在 dispose.jsp 中通过<%%>完成，非常烦琐。JSP 规范为了简化对 JavaBean 的使用，提供了标准动作支持 JavaBean，主要有 3 个标准动作，本节将逐一进行介绍。

1. <jsp:useBean id="" class="" scope="">

useBean 标准动作用来使用 JavaBean 对象。前面章节介绍过，Web 应用中各个组件之间传递对象，往往都是使用属性的形式传递。JavaBean 对象本质上就是某一范围（用 scope 指定）的属性，JavaBean 对象名字用 id 指定，类型用 class 指定。如果对应范围没有该属性，则调用 class 属性指定类的无参构造方法，创建一个该类的对象，并将该对象存储为 scope 内的一个属性，属性名为 id。其中 scope 有 4 种：page、request、session、application，分别为 PageContext 范围、HttpServletRequest 范围、HttpSession 范围、ServletContext 范围。如果不指定 scope 的值，则缺省为 page 范围。

上一节中的 dispose.jsp 文件有如下代码，获得请求属性 cust，如果不存在该属性，则使用 Customer 类的无参构造方法创建一个对象，并存储到请求范围内。

完整代码请参见教学资料包中的教材实例源代码文件“javaweb\chapter16\WebRoot\dispose.jsp”。

```
Customer cust=(Customer)request.getAttribute("cust");
        if(cust==null){
              cust=new Customer();
              request.setAttribute("cust",cust);
        }
```

上述代码可以使用 useBean 标准动作进行简化，可以修改为：

```
<jsp:useBean id="cust" class="com.etc.vo.Customer" scope="request"> </jsp:useBean>
```

标准动作中的 id 属性定义了 JavaBean 对象的名字为 cust，cust 可以作为 dispose.jsp 文件的局部变量在该页面中使用，代码如下。

```
cust.setCustname(request.getParameter("custname"));
cust.setPwd(request.getParameter("pwd"));
cust.setAge(Integer.parseInt(request.getParameter("age")));
cust.setAddress(request.getParameter("address"));
boolean flag=cust.register();
```

可见，useBean 标准动作可以方便地使用 JavaBean 实例，并指定适当的范围。

2. <jsp:setProperty name="" property="" param|value=""/>

setProperty 标准动作可以用来对 JavaBean 对象的属性赋值，替代调用 setXXX 方法。setProperty 的 name 属性表示 JavaBean 对象的 id 值，property 表示需要调用的 setXXX 方法中的 XXX 部分，将首字母变小写。例如，需要调用 setCustname 方法，则 property 即为 Custname 首字母变小写，即 custname。如果 setXXX 方法的参数是某一个请求参数的值，则使用 param 属性指定请求参数名字即可；如果 setXXX 方法的参数是一个常量，则使用 value 属性指定即可。同时，setProperty 标准动作可以对一些常见数据类型直接转换，如字符串与 Integer 的转换就可以自动进行。

上一节中的 dispose.jsp 文件，使用 setXXX 方法对 JavaBean 对象的属性赋值，而且参数均是请求参数，代码如下。

```
cust.setCustname(request.getParameter("custname"));
cust.setPwd(request.getParameter("pwd"));
cust.setAge(Integer.parseInt(request.getParameter("age")));
cust.setAddress(request.getParameter("address"));
```

上述代码中对 cust 属性赋值的代码，可以修改使用 setProperty 标准动作实现，代码如下。

```
<jsp:setProperty name="cust" property="custname" param="custname"/>
<jsp:setProperty name="cust" property="pwd" param="pwd"/>
<jsp:setProperty name="cust" property="age" param="age"/>
<jsp:setProperty name="cust" property="address" param="address"/>
```

如果 param 的值与 property 的值相同，则可以省略 param 属性，上述代码可以简化为如下代码：

```
<jsp:setProperty name="cust" property="custname"/>
<jsp:setProperty name="cust" property="pwd"/>
<jsp:setProperty name="cust" property="age"/>
<jsp:setProperty name="cust" property="address"/>
```

如果某个 JavaBean 对象的所有 setXXX 方法都需要被调用，而且方法的参数都是请求参数，同时请求参数的名字都与 property 的值相同，则代码可以继续简化，上述代码可以简化为。

```
<jsp:setProperty name="cust" property="*"/>
```

3. <jsp:getProperty name="" property=""/>

getProperty 标准动作可以用来调用 JavaBean 对象的 getXXX 方法，将其返回值在当前位置输出。name 是 JavaBean 对象的 id 值，property 的值是 getXXX 方法中的 XXX 部分，首字母变小写。假设需要调用 getAddress 方法显示其返回值，那么 property 的值就是 Address 的首字母变小写，即 address。

上一节中的 dispose.jsp 文件使用表达式输出 JavaBean 对象的 getXXX 方法的返回值，代码如下。

```
Custname: <%=cust.getCustname() %><br>
Password: <%=cust.getPwd() %><br>
Age: <%=cust.getAge() %><br>
Address: <%=cust.getAddress() %><br>
```

上述代码可以修改使用 getProperty 标准动作，代码如下。

```
Custname:<jsp:getProperty   name="cust" property="custname"/><br>
Password: <jsp:getProperty   name="cust" property="pwd"/>><br>
Age: <jsp:getProperty   name="cust" property="age"/><br>
Address: <jsp:getProperty   name="cust" property="address"/><br>
```

至此，上一节中的 dispose.jsp 文件被修改为使用了 useBean、setProperty 及 getProperty 这 3 个标准动作，代码如下。

```
<body>
  <jsp:useBean id="cust" class="com.etc.vo.Customer" scope="request">
  </jsp:useBean>
  <jsp:setProperty name="cust" property="*"/>
     <%
       boolean flag=cust.register();

     %><br>
     <%if(flag){%>
       Welcome,your personal Info:<br>
       Custname:<jsp:getProperty   name="cust" property="custname"/><br>
       Password: <jsp:getProperty   name="cust" property="pwd"/>><br>
       Age: <jsp:getProperty   name="cust" property="age"/><br>
       Address: <jsp:getProperty   name="cust" property="address"/><br>
       Thanks for your registration!
     <% }else{%>
       <jsp:forward page="register.jsp"></jsp:forward>
     <%} %>
</body>
```

可见，使用 JSP 中支持 JavaBean 的标准动作，JSP 文件可以更为便捷地使用 JavaBean，大量减少脚本的使用，实现显示逻辑与业务逻辑的分离。

16.4 本章小结

本章介绍了 JavaBean 的概念和使用。JavaBean 传统上应用于可视化编程中，如 GUI 中的报表组件等。JDK 中提供了 java.beans 包，包含了使用 JavaBean 规范编程的 API。而本章主要介绍 JavaBean 在 Java EE Web 应用开发中的应用。在 Web 开发中，JavaBean 是遵守一定编程规范的 Java SE 类，常用来封装数据逻辑、业务逻辑，用来实现业务与视图的分离。本章中通过简单例子，展示了 JavaBean 类的编程规范：是 public 权限；有一个 public 无参构造方法；getXXX 方法有一个返回值，没有参数；setXXX 方法有一个参数，无返回值。为了简化 JavaBean 的使用，JSP 提供了 3 个标准动作支持 JavaBean，包括 useBean、setProperty、getProperty，使用这 3 个标准动作，能在一定程度上简化 JavaBean 的使用。

16.5 思考与练习

1. 说明 JavaBean 的含义及作用，并简述 JavaBean 与 EJB 的区别。
2. 描述 JavaBean 需要遵守的编码规范。
3. 说明<jsp:useBean id="" class="" scope="">中 id、class、scope 的含义。
4. 说明<jsp:setProperty name="" property="" param|value=""/>中 name、property、param、value 的含义。
5. 说明<jsp:getProperty name="" property=""/>中 name、property 的含义。

第 17 章

EL 语言

EL（Expression Language）是替代表达式的技术，能够更大限度地简化 JSP 文件。本章将介绍 EL 语言的基本语法和常用内置对象，如 pageContext、param、requestScope、sessionScope 等。EL 中不仅有大量内置对象，还支持常见的运算，包括算术运算、比较运算、逻辑运算等。通过本章的学习，读者将能够在 JSP 中熟练使用 EL，使 JSP 文件变得更为简单。

17.1 EL 语言概述

EL 称为表达式语言，即 Expression Language，是用来替代表达式<%=%>的技术，从而简化 JSP 文件。EL 的语法是以“${”开始，以“}”结束。例如，输出请求参数 name 的值，使用表达式的代码为：

```
<%=request.getParameter("name")%><br>
```

而使用 EL 的代码为：

```
${param.name}<br>
```

其中 param 是 EL 中的内置对象，用来输出请求参数的值。在 JSP 2.0 以前的版本中，EL 只能和 JSTL 一起使用。从 JSP 2.0 规范开始，JSP 文件中可以直接使用 EL。EL 的目的是简化 JSP 文件中的动态内容输出功能。

17.2 EL 的内置对象

EL 中共有 11 个内置对象，可以方便地输出相应信息。根据内置对象的作用和特征，可以分为四大类。本节将通过代码演示，介绍常用的内置对象的用法。

（1）与请求参数有关的内置对象。

param：param 用来输出请求参数的值，格式为${param.请求参数名字}，代码如下。

```
使用表达式：<%=request.getParameter("name")%><br>
使用EL：${param.name}<br>
```

上述代码将输出请求参数 name 的值。

paramValues：用来获取一对多的参数值，返回一个数组。例如某请求参数是通过 checkbox 传递的，名字为 hobbies，要输出所有 hobbies 值中的第一个值，可以使用如下两种方式。

使用表达式：<%=request.getParameterValues("hobbies")[0]%>

使用 EL：${paramValues.hobbies[0]}

（2）与属性有关的内置对象。

属性是 Web 应用开发中常用的概念，用来在组件之间传递对象，EL 中也提供了与属性有关的内置对象。

创建 TestELServlet，在请求、会话、上下文中存储了属性，代码如下。

```
public void doGet(HttpServletRequest request, HttpServletResponse response)
throws ServletException, IOException {
HttpSession session=request.getSession();
ServletContext application=this.getServletContext();

Customer cust2=new Customer("custname2","pwd2");
Customer cust3=new Customer("custname3","pwd3");
Customer cust4=new Customer("custname4","pwd4");
List<Customer> list=new ArrayList<Customer>();
list.add(cust2);
list.add(cust3);
list.add(cust4);

request.setAttribute("cust2",cust2);
session.setAttribute("cust3",cust3);
application.setAttribute("cust4",cust4);

request.setAttribute("list",list);
request.getRequestDispatcher("testEL.jsp").forward(request, response);}
```

上述代码在请求、会话、上下文中都存储了一个 Customer 类型对象，另外还在请求中存储了一个集合类型的对象。然后将请求转发到 testEL.jsp 页面，该 JSP 中有如下代码。

```
<%
Customer cust0=new Customer("custname0","pwd0");
Customer cust1=new Customer("custname1","pwd1");
pageContext.setAttribute("cust1",cust1);%><br>
```

上述代码在 testEL.jsp 的 pageContext 对象中设置了属性，并声明创建了一个局部变量 cust0。在 JSP 中，可以使用表达式获取 pageContext、request、session、application 范围内的属性，并进一步获得属性的 custname 值，代码如下。

```
<%=((Customer)pageContext.getAttribute("cust1")).getCustname()%><br>
<%=((Customer)request.getAttribute("cust2")).getCustname()%><br>
```

```
<%=((Customer)session.getAttribute("cust3")).getCustname()%><br>
<%=((Customer)application.getAttribute("cust4")).getCustname()%><br>
<%=((List<Customer>)request.getAttribute("list")).get(1).getCustname()%><br>
```

上述代码中使用表达式输出不同范围的属性，获得属性后都要进行强制类型转换，并进一步调用相应的 getXXX 方法才能输出属性值，代码相对比较烦琐。EL 中提供了 4 个与属性有关的内置对象，用来便捷地显示不同范围的属性。这 4 个内置对象是 pageScope、requestScope、sessionScope、applicationScope，分别用来返回页面范围、请求范围、会话范围及上下文范围的属性值。上面的表达式可以使用下面的 EL 替代。

```
${pageScope.cust1.custname}<br>
${requestScope.cust2.custname}<br>
${sessionScope.cust3.custname}<br>
${applicationScope.cust4.custname}<br>
${requestScope.list[1].custname}<br>
```

可见，比起表达式语言，使用 EL 获取属性的代码简化了很多。例如，EL 表达式 requestScope.cust2.custname 首先将获取请求范围内名字为 cust2 的属性，进一步调用 cust2 属性的 getCustname 方法，输出该方法的返回值。值得注意的是，属性的类中必须有符合编码规范的 getXXX 方法：get 后第一个字母大写，其他字母小写，没有参数，有返回值。如果类中没有符合 JavaBean 规范的 getXXX 方法，EL 表达式将出错。也就是说，如果 Customer 类中没有一个声明形式为 public String getCustname()的方法，那么表达式 requestScope.cust2.custname 将出错。

有时候，会使用如下简化的 EL 代码。

```
${cust1.custname}<br>
```

上述 EL 中没有指定 cust1 属性的范围，那么容器将从 page 开始，依次到 request、session、application 中去查找名为 cust1 的属性，直到找到为止。如果一直到 application 中依然没有找到，则认为 cust1 为 null，不显示任何内容，也不会报错。

然而，如果有如下的表达式：

```
<%=cust0.getCustname()%><br>
```

容器将认为 cust0 是 JSP 的局部变量，而不会将 cust0 作为属性处理。

（3）其他内置对象。

① cookie：用来获取 cookie 的值。代码如下。

```
${cookie.JSESSIONID.value}<br>
```

上述代码将输出名字为 JSESSIONID 的 cookie 的值。

② initParam：用来输出上下文参数的值。

在 web.xml 中配置上下文参数。

```
<context-param>
        <param-name>path</param-name>
        <param-value>/WEB-INF/props</param-value>
```

```
</context-param>
```

在 JSP 中使用 EL 输出 path 的值。

```
${initParam.path}<br>
```

③ header：输出某一个请求头的值。

```
${header.accept}
```

输出请求头 accept 的值。

```
image/gif, image/jpeg, image/pjpeg, image/pjpeg, application/x-shockwave- flash,
application/vnd.ms-excel, application/vnd.ms-powerpoint, application/ msword, */*
```

④ headerValues：如果某个请求头的值有多个，则使用 headerValues 返回一个数组。代码如下。

```
${headerValues.cookie[0]}
```

上述代码将返回请求头 cookie 中的第一个值。

```
JSESSIONID=A6A22CA4AEE8F9E1111422C889740B24
```

（4）pageContext 对象。

EL 中最后一个内置对象是 pageContext，是一个非常特殊的内置对象。上文中介绍的内置对象，与 JSP 中的内置对象不同。如 requestScope 对象，只能通过属性的名字输出请求属性，并不是真正的请求对象 request，无法调用 request 中的其他 getXXX 方法。例如，下面的 EL 代码。

```
${requestScope.remoteAddr}
```

容器将认为 remoteAddr 是请求范围的属性名，而不是去调用 request 中的 getRemoteAddr 方法。然而 EL 中的 pageContext 对象却可以调用 PageContext 类中所有符合规范的 getXXX 方法。例如，PageContext 类中有如下方法。

```
public abstract ServletRequest getRequest()
```

则可以通过如下 EL 调用该方法。

```
${pageContext.request}
```

该方法将输出请求对象，如下所示。

```
org.apache.catalina.core.ApplicationHttpRequest@1b98cbb
```

既然该 EL 返回的是真正的请求对象，那么就可以继续调用 HttpServletRequest 中的其他 getXXX 方法。

```
${pageContext.request.remoteAddr}
```

上述表达式将调用请求中的 getRemoteAddr 方法，输出其返回值。

```
127.0.0.1
```

内置对象是 EL 非常重要的组成部分，共有 11 个内置对象。值得注意的是，EL 中的内置对象和 JSP 中的内置对象不同，JSP 中的内置对象是真正的对象，有具体的类型，可以调用类型中的任意方法。而 EL 中的内置对象，除 pageContext 外，并不与 Servlet API 中的类型对应，只能使用固定的格式获取相应的内容进行输出。pageContext 是 EL 中一个特殊的内置对象，是一个真正的 PageContext 对象，可以调用符合规范的 getXXX 方法。

17.3 EL 中的运算符

EL 中可以使用运算符对变量进行运算，本节将介绍 EL 中的各种运算符。

（1）算术运算符。

EL 中支持五种算术运算符，包括：+，实现加法运算；-，实现减法运算；*，实现乘法运算；/或 div，实现除法运算；%或 mod，实现求模运算。代码如下。

```
${19+2} <br>
${19-2} <br>
${19*2} <br>
${19/2} <br>
${19%2} <br>
```

运行结果如下：

```
21
17
38
9.5
1
```

（2）比较运算符。

EL 中有 6 种比较运算符，可以对值进行比较，返回值为 true 或 fasle。

① == 或 eq：表示等于。

② != 或 ne：表示不等于。

③ < 或 lt：表示小于。

④ > 或 gt：表示大于。

⑤ <= 或 le：表示小于等于。

⑥ >= 或 ge：表示大于等于。

JSP 文件 testELOperator.jsp 中有如下代码。

```
${param.pwd1==param.pwd2}<br>
${param.pwd1!=param.pwd2}<br>
${param.pwd1<param.pwd2}<br>
${param.pwd1>param.pwd2}<br>
${param.pwd1<=param.pwd2}<br>
${param.pwd1>=param.pwd2}<br>
```

通过 URL http://localhost:8080/chapter15/testELOperator.jsp?pwd1=abc&pwd2=def 访问该 JSP，输出结果如下。

```
false
true
true
false
true
false
```

（3）逻辑运算符。

EL 中提供了 3 个逻辑运算符，可以对 boolean 类型的值进行运算，返回值为 true 或 false。

① &&或 and：表示交集，两个值都是 true 才返回 true。

② ||或 or：表示并集，两个值只要有一个是 true，即返回 true。

③ !或 not：表示非。

假设在 testELOperator.jsp 中有如下代码。

```
${param.month==7&&param.day==4}<br>
${param.month==7||param.day==4}<br>
${!(param.month==7)}<br>
```

使用 URL http://localhost:8080/chapter15/testELOperator.jsp?month=7&day=6 访问该 JSP，结果如下。

```
false
true
false
```

（4）其他运算符。

EL 中除有上面介绍的算术、比较、逻辑运算符外，还有其他 3 种运算符。

① empty 运算符：判断值是否为 null，如果是 null，返回 true，否则返回 false。

② 关系运算符?:：${A?B:C}，如果 A 为 true，则执行 B；如果 A 为 false，则执行 C。

③ ()运算符：通过()可改变优先级。

假设在 testELOperator.jsp 中有如下代码。

```
${empty param.day}<br>
${param.year==2010?param.month+1:param.day+1}<br>
    ${param.day}
```

通过 URL http://localhost:8080/chapter15/testELOperator.jsp?year=2009&month=7&day=6 访问该 JSP 文件，结果如下。

```
false
7
6
```

17.4 EL 的其他知识点

通过上面两节介绍，已经掌握了 EL 的内置对象及操作符，本节将对 EL 中其他的几个知识点进行总结。

（1）.与[]。

EL 中提供.和[]两种操作符来获得数据，下面的两行代码等同。

```
${requestScope.cust2.custname}<br>
${requestScope["cust2"]["custname"]}<br>
```

然而，在下面这些情况下，却只能使用[]。

① 数组或集合的索引，只能使用“[]”，不能用“.”。

```
${paramValues.hobbies[0]}<br>
${requestScope.list[1].custname}<br>
```

② 属性值中包括“-”或“.”等非字母或数字的字符，只能使用“[]”，不能用“.”。

不合法的 EL：${param.user_name}

合法的 EL：${param["user_name"]}

值得注意的是，常量可以使用""引用，也可以使用单引号' '引用。

③ 属性值不是常量，而是变量。例如，paramName 是变量，其具体值可能是 name，可能是 date 等。

不合法的 EL：${param.paramName}

合法的 EL：${param[paramName]}

（2）自动转变类型。

EL 除可以方便地获取数据外，还可以方便地进行数据类型转换，如下所示。

```
${param.count+10}<br>
```

param.count 获取的是请求参数的值，为 String 类型，可以直接与整数 10 进行数学运算，不需要类型转换，EL 自动对其进行了类型转换。

（3）对 null 的处理。

表达式中对 null 往往是直接显示，或者抛出空指针异常，代码如下。

```
<%=request.getParameter("name")%><br>
```

如果不存在 name 请求参数，则在页面中显示 null。而如果使用 EL 获得 name 值，代码如下。

```
${param.name}<br>
```

如果不存在 name 请求参数，页面中则什么也不显示，也不会报错。

又如，通过表达式显示请求属性的属性值。

```
<%=((Customer)request.getAttribute("cust2")).getCustname()%><br>
```

如果请求中不存在 cust2 属性，则抛出空指针异常。而如果使用 EL：

```
${requestScope.cust2.custname}<br>
```

如果请求中不存在 cust2 属性，则页面中什么也不显示，也不会报错。

17.5 EL 的使用实例

本节将通过实例演示 EL 的作用。下面继续修改“案例”，完成注册功能：在 register.jsp 页面输入注册信息，如果用户名已经存在，则跳转到 register.jsp 页面，并显示已经填写的信息；如果注册成功，就跳转到欢迎页面。首先创建控制器 RegisterServlet.java，代码如下（完整代码请参见教学资料包中的教材实例源代码文件“javaweb\chapter17\src\com\etc\servlet\RegisterServlet.java”）。

```
    public void doPost(HttpServletRequest request, HttpServletResponse response)throws ServletException,
IOException {
    String custname=request.getParameter("custname");
    String pwd=request.getParameter("pwd");
    Integer age=Integer.parseInt(request.getParameter("age"));
    String address=request.getParameter("address");
    Customer cust=new Customer(custname,pwd,age,address);
    CustomerService cs=new CustomerService();
    boolean flag=cs.register(cust);
    if(flag){
      request.getRequestDispatcher("index.jsp").forward(request, response);
    }else{
      request.getRequestDispatcher("register.jsp").forward(request, response);
      }
    }
```

为了实现跳转到 register.jsp 后依然能够显示已经填写过的信息的效果，修改 register.jsp 文件，使用 EL 重新显示表单中的信息，代码如下（完整代码请参见教学资料包中的教材实例源代码文件“javaweb\chapter17\WebRoot\register.jsp”）。

```
<form action="register" method="post">
        Your username:<input type="text"name="custname" value=${param. custname}> <br>
        Your password:<input type="password" name="pwd"><br>
        Your age:<input type="text" name="age" value=${param.age}><br>
        Your address:<input type="text" name="address" value=${param. address}><br>
        <input type="submit" value="Register"></form>
```

上述代码中，表单元素的 value 都使用 EL 进行赋值，都使用 param 内置对象返回请求参数值对 value 赋值，如果请求参数不存在，则什么也不显示。访问 register.jsp 文件，填写用户名为 ETC，该用户名已经在数据库中存在，所以将跳转到 register.jsp，并显示已经填写过的信息，如图 17-1 所示。

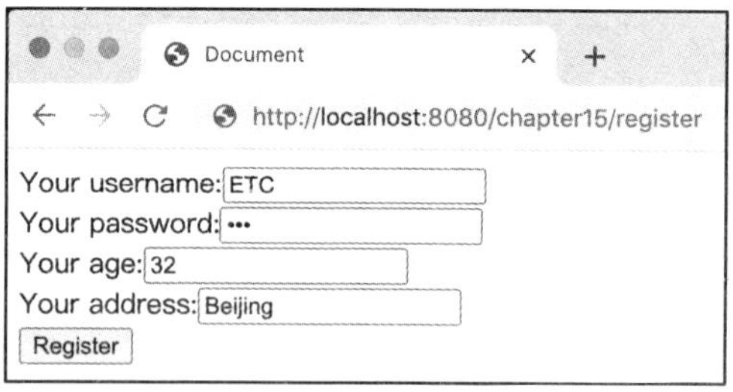

图 17-1　回显注册信息

提交请求后，由于用户名已经存在，则跳转到 register.jsp 页面，且回显填写的注册信息。

“案例”中显示个人信息的 JSP 文件是 personal.jsp，其中显示个人信息的代码如下。

```
<%Customer cust=(Customer)request.getAttribute("cust"); %>
 您的个人信息:<br>
 用户名:<%=cust.getCustname() %><br>
密码:<%=cust.getPwd() %><br>
 年龄:<%=cust.getAge() %><br>
地址:<%=cust.getAddress() %><br>
```

修改上述 JSP 文件，使用 EL 替代表达式，显示个人信息，代码如下。

```
您的个人信息:<br>
用户名:${cust.custname}<br>
密码:${cust.pwd}<br>
年龄:${cust.age}<br>
地址:${cust.address}<br>
```

“案例”的 welcome.jsp 文件中，使用如下表达式代码，显示登录成功欢迎信息。

```
欢迎您!<%=request.getParameter("custname")%>,
您是第<%=application.getAttribute("count")%>位访客！<br>
```

修改上面代码，使用 EL 代替表达式显示登录成功欢迎信息，代码如下。

```
欢迎您!${param.custname},
您是第${applicationScope.count}位访客!<br>
```

至此，“案例”的 register.jsp、welcome.jsp、personal.jsp 3 个 JSP 文件，都使用了 EL 替代表达式，很大程度上简化了 JSP 文件。

17.6 本章小结

本章主要介绍表达式语言 EL（Expression Language）的使用。EL 最初只能与 JSTL 结合使用，JSP 2.0 规范后，支持在 JSP 文件中直接使用 EL。EL 中共有 11 个内置对象，可以方便地输出数据。常用的内置对象有 param、paramValues、pageScope、requestScope、sessionScope、applicationScope。EL 中还提供算术、比较、逻辑等运算符，可以对表达式进行运算。另外，本章还介绍了 EL 中的自动类型转换、对 null 的处理等其他知识点。最后，通过修改“案例”，

将 JSP 中的表达式都修改为 EL 实现，帮助读者进一步理解 EL 在实际应用中的使用。

17.7 思考与练习

1. 将表达式<%=request.getParameter("name")%>修改为使用 EL 实现。
2. 将表达式<%=((Customer)request.getAttribute("cust2")).getCustname()%>
修改为使用 EL 实现。
3. 请列举 EL 中 4 个与属性有关的内置对象。
4. 请说明 EL 的内置对象与 JSP 的内置对象有哪些不同。
5. EL 中提供“.”和“[]”两种操作符来获得数据，请说明二者的区别。
6. 完善案例：修改 register.jsp、welcome.jsp、personal.jsp 3 个 JSP 文件，使用 EL 替代表达式。

第 18 章

JSP 自定义标记

为了能够重用 Java 代码，提高 JSP 文件的可维护性，JSP1.2 规范开始支持在 JSP 文件中使用自定义标记。本章将通过实际案例，介绍如何开发并使用 JSP 自定义标记。

18.1 自定义标记的概念

JSP 文件中的动态功能，通常都使用脚本元素封装 Java 代码实现，代码如下。

```
<form action="register" method="post">
  <%
    String custname=request.getParameter("custname");
    if(custname==null){
          custname="";
    }
   %>
    Your username:<input type="text" name="custname" value=<%=custname %>><br>
    Your password:<input type="password" name="pwd"><br>
  <%
    String age=request.getParameter("age");
    if(custname==null){
          age="";
    }
   %>
    Your age:<input type="text" name="age" value=<%=age%>><br>
   <%
    String address=request.getParameter("address");
    if(address==null){
          address="";
    }

   %>
    Your address:<input type="text" name="address" value=<%=address%>><br>
    <input type="submit" value="Register">
  </form>
```

上述代码中的 Java 代码主要实现的功能是：将请求参数的值取出，显示在表单域中，如果请求参数不存在，则显示空格。

上述 JSP 文件中的多处 Java 代码功能类似，区别在于请求参数的名字不同。而为了实现该功能，JSP 文件中反复编写类似代码，使代码大量冗余，可读性和可维护性都较差。从 JSP1.2 版本开始，JSP 规范中支持自定义标记，可以将 JSP 文件中需要使用的 Java 功能定义成标记，在 JSP 文件中多次调用，使 JSP 文件结构简练，可读性强，可维护性也增强，提高复用性。

JSP 的自定义标记和 HTML 中的标记类似，也是由标记名、标记属性等元素组成的，如 HTML 代码<form action=""method=""></form>，其中 form 是标记名，action 和 method 是标记的属性，<form>是标记开始标志，</form>是标记结束标志。<form>和</form>之间的代码称为标记体。

下面章节将详细介绍如何开发自定义标记，以及如何使用自定义标记。

18.2 如何开发自定义标记

本节将通过简单例子，介绍如何开发自定义标记。本节将开发一个自定义标记，实现上一节的动态功能：将一个请求参数的值取出并输出，如果该请求参数不存在，则显示其他指定值，如空格等。开发自定义标记，主要需要开发 tld 文件和标记处理器类两部分内容，下面逐一进行介绍。

1. tld 文件

tld 文件是 xml 文件，定义了标记的基本信息，如标记名称、实现标记功能的 Java 类、标记的属性等。tld 文件放置在 WEB-INF 目录下即可。编写 taglib.tld 文件，代码如下（完整代码请参见教学资料包中的教材实例源代码文件“javaweb\chapter18\WebRoot\WEB-INF\taglib.tld”）。

```
<?xml version="1.0" encoding="ISO-8859-1" ?>
<!DOCTYPE taglib

        PUBLIC "-//Sun Microsystems, Inc.//DTD JSP Tag Library 1.2//EN"
"http://java.sun.com/j2ee/dtds/web-jsptaglibrary_1_2.dtd">
<taglib>
  <tlib-version>1.2</tlib-version>
  <jsp-version>1.2</jsp-version>
  <short-name>etc</short-name>
  <uri>http://www.5retc.com/taglib</uri>

  <tag>
 <name>printParam</name>
 <tag-class>com.etc.taglib.PrintParamHandler</tag-class>
 <body-content>empty</body-content>
      <attribute>
           <name>param</name>
           <required>true</required>
           <rtexprvalue>true</rtexprvalue>
```

```
    </attribute>

    <attribute>
        <name>defValue</name>
        <required>false</required>
        <rtexprvalue>true</rtexprvalue>
    </attribute>
  </tag>
</taglib>
```

上述代码中的<uri>http://www.5retc.com/taglib</uri>定义了该 tld 文件的唯一标记，在使用标记时需要通过 uri 指定 tld 文件；<name> printParam </name>定义了标记的名字；<tag-class> com.etc.taglib.PrintParamHandler </tag-class>定义了实现该标记功能的 Java 类，称为标记处理器类；<body-content>empty</body-content>定义了标记体的内容，empty 表示该标记没有标记体，如果是 JSP 内容的标记体则使用<body-content>JSP</body-content>定义；<attribute>定义了标记的属性，代码如下。

```
<attribute>
  <name>param</name>
  <required>true</required>
  <rtexprvalue>true</rtexprvalue>
</attribute>
```

上述属性定义信息中，指定了属性名为 param；通过“<required> true ”指定了该属性是使用标记时必须传入的属性；通过“<rtexprvalue> true”指定了该属性的值可以使用运行期表达式指定。一个 tld 文件中可以有多个<tag>标记，描述多个标记的信息。在 tld 文件中描述了标记的信息后，关键的工作就是开发标记处理器类，实现标记的功能。

2. 标记处理器类

标记处理器类是符合一定规范的 Java 类，需要继承或实现 javax.servlet.jsp.tagext 包中某些特定的接口或类。可以用来实现标记处理器类的接口和类有三个：SimpleTag 接口，BodyTagSupport 类，TagSupport 类。本节中使用 TagSupport 类来实现标记处理器类 com.etc.taglib.PrintParamHandler。

首先创建一个类 PrintParamHandler，继承 TagSupport 类，代码如下。

```
package com.etc.taglib;
import javax.servlet.jsp.tagext.TagSupport;
public class PrintParamHandler extends TagSupport {}
```

标记处理器类中必须声明与该标记属性对应的变量，并为其提供 setXXX 方法，如 printParam 标记在 tld 文件中定义了两个属性，即 param 和 defValue，那么在处理器类中就要声明两个与其对应的变量，并提供 setXXX 方法，代码如下（完整代码请参见教学资料包中的教材实例源代码文件“javaweb\chapter18\src\com\etc\taglib\PrintParamHandler.java”）。

```
public class PrintParamHandler extends TagSupport {
  private String param;
  private String defValue="";
  public void setParam(String param) {
```

```
            this.param = param;
        }
        public void setDefValue(String defValue) {
            this.defValue = defValue;
        }
    }
```

TagSupport 类中定义了 3 个方法，分别处理标记的标记开始、标记体结束、标记结束，如下所示。

（1）public int doStartTag()：标记开始的处理方法。

（2）public int doAfterBody()：标记体运行结束后的处理方法。

（3）public int doEndTag()：标记结束的处理方法。

这 3 个方法都需要返回 int 值来表示方法运行结束后的后续处理。TagSupport 类中定义了 5 个常量值，作为 3 个方法的返回值使用。

（1）SKIP_PAGE：doEndTag 方法可能会用到的返回值，表示跳出当前页面，标记结束之后的代码不再执行。

（2）EVAL_PAGE：doEndTag 方法可能会用到的返回值，表示继续执行当前页面剩下的代码。

（3）SKIP_BODY：doAfterBody 方法可能会用到的返回值，表示跳过标记体。

（4）EVAL_BODY_INCLUDE：doStartTag 方法可能会用到的返回值，表示执行标记体。

（5）EVAL_BODY_AGAIN：doAfterBody 方法可能会用到的返回值，表示再次执行标记体。

值得注意的是，TagSupport 类中有一个变量 pageContext，是 PageContext 类型对象，容器在调用标记处理器类时，将自动对 pageContext 进行赋值，所以可以在标记处理器类中直接使用该变量，获取 JSP 中的内置对象，如 request、response 等，也可以使用 pageContext 对象存取属性等。

在 tld 中定义标记 printParam 时，指定了该标记没有标记体，所以只覆盖 TagSupport 中的 doStartTag()方法即可。代码如下。

```
    @Override
    public int doStartTag() throws JspException {
        HttpServletRequest request=(HttpServletRequest) pageContext. getRequest();

            JspWriter out=pageContext.getOut();
            String value=request.getParameter(param);
            if(value==null){
                value=defValue;
            }
            try {
                out.println(value);
            } catch (IOException e) {
                e.printStackTrace();
            }

            return super.doStartTag();
    }
```

doStart 方法中首先通过 TagSupport 类中的 pageContext 对象获得请求对象及输出流对象，进一步获得 param 指定的请求参数值并输出，如果该请求参数不存在，则输出 defValue 的值。至此，标记 printParam 已经开发完成，可以在 JSP 页面中使用。下节将介绍如何使用自定义标记。

18.3 如何使用自定义标记

上节介绍了开发自定义标记的步骤，主要包括 tld 文件和标记处理器类的开发。本节通过使用上节开发的标记 printParam，介绍使用自定义标记的步骤。

（1）引入自定义标记库。

要使用已经定义好的标记库，首先需要将标记库的相关文件导入到当前工程中。标记库主要内容即 tld 文件和标记处理器类，往往作为 jar 文件存在，将 jar 文件导入工程即可使用，存放于 WEB-INF/lib 下。如果不是以 jar 文件存在，则将 tld 文件引入到 WEB-INF 目录下，类文件引入到 WEB-INF/classes 下。

（2）在 JSP 文件中使用 taglib 指令。

要使用标记库，需要在 JSP 文件中使用 taglib 指令，指定需要使用的标记库的 tld 文件的 uri，同时指定一个前缀字符串，以区分不同 tld 文件中的可能重名的标记。在 register.jsp 中加入如下指令：

```
<%@taglib uri="http://www.5retc.com/taglib" prefix="etc" %>
```

其中 uri 的值根据要使用的 tld 文件中的定义指定， taglib.tld 中有如下定义：

```
<uri>http://www.5retc.com/taglib</uri>
```

所以在使用 taglib.tld 中的标记时，就通过 uri=http://www.5retc.com/taglib 指定。prefix 的值是使用 tld 中标记时使用的前缀，可以是任意合法的非保留字。在一个 JSP 中如果引入多个 uri，每个 uri 的前缀不能重复。往往使用 tld 文件中的<short-name>值作为前缀，但不强制如此。taglib.tld 中有如下定义：

```
<short-name>etc</short-name>
```

所以当习惯性使用 taglib.tld 中的标记时，前缀就使用 etc，但是并不强制如此。

（3）在 JSP 中通过 taglib 中定义的前缀，调用 tld 中的标记。

在 register.jsp 中使用 printParam 标记，实现注册失败返回 register.jsp 重新显示填写注册信息的功能（完整代码请参见教学资料包中的教材实例源代码文件“javaweb\chapter18\ WebRoot \register.jsp”）。

```
<form action="register" method="post">
        Your username:<input type="text" name="custname" value="<etc: printParam
    param="custname" defValue=""/>"><br>
    Your password:<input type="password" name="pwd" value="<etc: printParam
    param="pwd" defValue=""/>"><br>
    Your age:<input type="text" name="age" value="<etc:printParam param= "age"
```

```
        defValue=""/>"><br>
        Your address:<input type="text" name="address" value="<etc: printParam
        param="address" defValue=""/>"><br>
        <input type="submit" value="Register"> </form>
```

在 register.jsp 中输入信息，用户名为数据库中已经存在的 wangxh，则跳回 register.jsp，且显示已经填写的注册信息，如图 18-1 和图 18-2 所示。

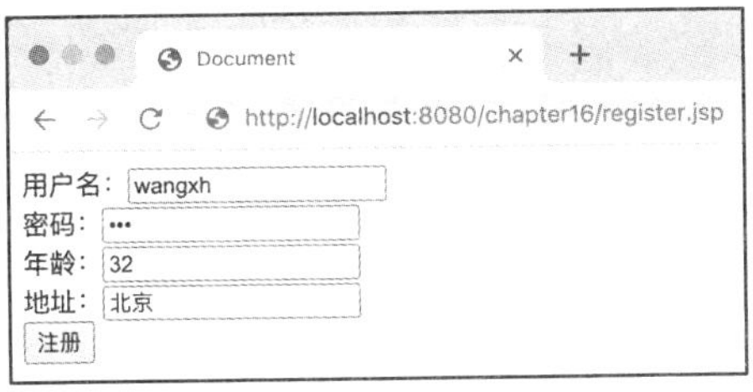

图 18-1　输入注册信息

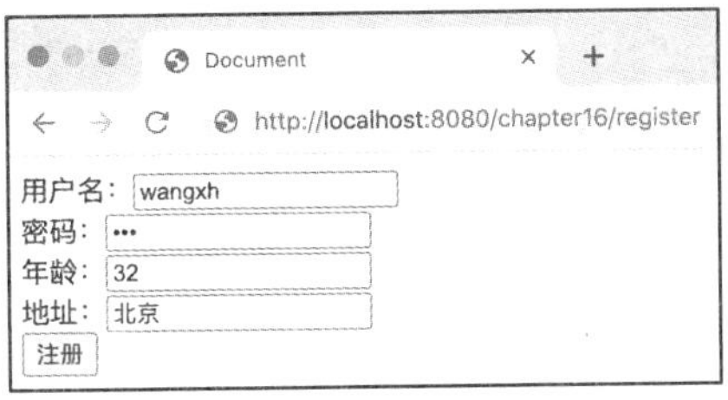

图 18-2　回显注册信息

到此为止，已经通过使用自定义的标记，实现了注册信息回显的功能。让我们回忆一下，在没有使用自定义标记前，JSP 中实现表单信息回显的代码，如下所示。

```
<form action="register" method="post">
    <%
      String custname=request.getParameter("custname");
      if(custname==null){
            custname="";
      }
    %>
      Your username:<input type="text" name="custname" value=<%=custname
      %>><br>
      Your password:<input type="password" name="pwd"><br>
    <%
      String age=request.getParameter("age");
      if(custname==null){
            age="";
      }
    %>
      Your age:<input type="text" name="age" value=<%=age%>><br>
            <input type="submit" value="Register">
</form>
```

通过比较可以发现，使用自定义标记可以实现 Java 代码重用，并简化 JSP 代码，使 JSP 文件的可读性、可维护性都有所增强。

18.4 开发与使用自定义标记实例

本节将结合“案例”，进一步深入介绍自定义标记的开发和使用。“案例”中的 allcustomers.jsp 使用了增强 for 循环脚本，对用户集合进行迭代输出，代码如下。

```
<%for(Customer c:list){ %>
  <tr>
  <td><%=c.getCustname() %></td>
  <td><%=c.getAge() %></td>
  <td><%=c.getAddress() %></td>
  </tr>
<%}%>
```

这段标记实现了迭代 list 集合，将集合元素的属性显示在表格中的功能。本节将自定义迭代标记，替代这段脚本。

（1）在 taglib.tld 文件中描述标记。

代码如下。

```
<tag>
<name>iterator</name>      <tag-class>com.etc.taglib.IteratorHandler</tag-class>
    <body-content>JSP</body-content>
    <attribute>
        <name>items</name>
        <required>true</required>
        <rtexprvalue>true</rtexprvalue>
    </attribute>
    <attribute>
        <name>var</name>
        <required>true</required>
        <rtexprvalue>true</rtexprvalue>
</attribute>
</tag>
```

上述 tld 文件中定义了标记名称为 iterator，有两个属性：items、var。items 代表需要迭代的集合对象，var 代表迭代过程中的临时变量，实现该标记的类是 IteratorHandler。

（2）开发标记处理器类 IteratorHandler。

创建类 IteratorHandler，继承 TagSupport 类，实现迭代功能。代码如下（完整代码请参见教学资料包中的教材实例源代码文件"javaweb\chapter18\src\com\etc\taglib\IteratorHandler.java"）。

```
public class IteratorHandler extends TagSupport{
  private List<Customer> items;
  private String var;
  private Iterator<Customer> iter;
  public void setItems(List<Customer> items) {
        this.items = items;
  }
  public void setVar(String var) {
        this.var = var;
  }
 @ Override
  public int doStartTag() throws JspException {
```

```
            iter=items.iterator();
            pageContext.setAttribute(var, iter.next());
            return EVAL_BODY_INCLUDE;
    }

    @Override

    public int doAfterBody() throws JspException {
            if(iter.hasNext()){
                    pageContext.setAttribute(var, iter.next());
                    return EVAL_BODY_AGAIN;
            }else{
                    return SKIP_BODY;
            }
    }

}
```

由于标记 iterator 是有标记体的，而且是循环逻辑，因此标记处理器类实现 doStartTag 和 doAfterBody 两个方法。doStartTag 方法将在标记开始时被执行，方法中取出集合 items 中的第一个对象，并存到 pageContext 对象中，返回 EAVL_BODY_INCLUDE，意味着继续运行标记体。doAfterBody 方法将在标记体运行后被执行。如果集合中存在元素，则取出当前的元素，并存到 pageContext 中，返回 EVAL_BODY_AGAIN，意味着重复执行标记体；如果集合中没有其他元素，则返回 SKIP_BODY，意味着跳出标记体。

（3）在 allcustomers.jsp 中使用 iterator 标记，替代本节开始处演示的脚本。

iterator 标记中将迭代出的临时变量存储在 pageContext 对象中，根据 iterator 标记定义，属性 var 表示每次迭代出的对象，存储在 pageContext 对象中。可以在 allcustomers.jsp 中使用 iterator 标记，代码如下。

```
<%@taglib uri="http://www.5retc.com/taglib" prefix="etc"%>
<etc:iterator items="<%=request.getAttribute("allcustomers")%>" var="c">
  <tr>
  <td><%=((Customer)pageContext.getAttribute("c")).getCustname()%></td>
  <td><%=((Customer)pageContext.getAttribute("c")).getAge()%></td>
  <td><%=((Customer)pageContext.getAttribute("c")).getAddress()%></td>
  </tr>
  </etc:iterator>
```

结合前面章节中 EL 的介绍，可以使用 EL 语言替代上述代码中的表达式，简化 iterator 标记的使用，代码如下（完整代码请参见教学资料包中的教材实例源代码文件“javaweb\chapter18\WebRoot\allcustomers.jsp”）。

```
<%@taglib uri="http://www.5retc.com/taglib" prefix="etc"%>
<etc:iterator items="${requestScope.allcustomers}" var="c">
<tr>
  <td>${c.custname}</td>
  <td>${c.age}</td>
```

```
        <td>${c.address}</td>
      </tr></etc:iterator>
```

到此为止，已经使用自定义的标记 iterator 替换了 allcustomers.jsp 中的脚本元素。在使用过程中可以发现，使用自定义标记时，往往需要借助 EL 才能更加有效，如果使用表达式，将非常烦琐。

18.5 本章小结

本章介绍了 JSP 自定义标记的开发和使用。JSP 自定义标记可以提高代码的重用性。将 JSP 中重复使用的动态功能定义成标记，从而可以在多个地方使用，如果需要修改，只要修改标记的处理器类即可，使代码的可维护性增强。自定义标记库主要由两部分组成：tld 文件和标记处理器类。其中 tld 文件是一个 XML 文件，描述了标记的相关信息，而每一个标记的具体功能都在标记处理器类中实现。标记处理器类是符合一定规范的 Java 类，必须继承或实现 javax.servlet.jsp.tagext 包中的某个接口或类。本教材中选择继承 TagSupport 类，实现标记处理器类。使用自定义标记，必须在 JSP 中通过 taglib 指令指定 tld 文件的 uri，以及标记的前缀。本章通过定义迭代标记，替代“案例”中 allcustomers.jsp 文件中的脚本，实现循环功能，进一步帮助读者掌握自定义标记的开发和使用过程。

18.6 思考与练习

1. 说明自定义标记能解决什么问题，有哪些优点。
2. tld 文件中的<tag></tag>标记主要配置哪些信息？
3. 说明<%@taglib uri="http://www.5retc.com/taglib" prefix="etc" %>的含义及作用。
4. 简述开发自定义标记库的步骤。
5. 完善案例：开发迭代标记，替代 allcustomers.jsp 中的迭代逻辑。

第 19 章

JSTL

JSTL 是原 SUN 公司提供的一套标准标签库，包括 c.tld、fmt.tld、x.tld、sql.tld 4 个主要标签库。本章将介绍 JSTL 中常用的标签，介绍标签的属性含义及具体使用。另外，通过在“案例”中使用 JSTL，演示 JSTL 在实际应用开发中的使用。

19.1 JSTL 概述

参见前面自定义的标签 iterator，标签处理器类中使用到了当前工程中的 com.etc.vo. Customer 类，因此该标签在其他工程中就很难复用。在实际的应用开发过程中，循环、分支等通用逻辑常被使用，如果每个应用都自行开发这些通用的标签，却又无法在其他应用中使用，那就大大降低了自定义标签的复用性。原 SUN 公司提供了一套标准标签库，JSP Standard Tag Library，简称为 JSTL，JSTL 提供了一些通用功能的实现，与应用逻辑无关。

JSTL 提供了实现 Web 应用中常见功能的标签，这些功能包括迭代和条件判断、数据管理格式化、XML 操作及数据库访问。在 JSP 文件中，使用 JSTL 能够大大简化 JSP 文件，提高复用性。

JSTL 中共有 4 个 tld 文件，下面逐一进行介绍。

（1）c.tld：c.tld 称为核心标签库，包含一些 Web 应用常用标签，如循环、分支、表达式赋值和基本输入/输出等，是最常使用的标签库。

（2）fmt.tld：fmt.tld 称为格式化/国际化标签库，包括用来解析数据的标签，如日期等。

（3）sql.tld：sql.tld 称为数据库标签库，包含访问数据库的标签。

（4）x.tld：x.tld 称为 XML 标签库，包含被用来访问 XML 元素的标签。

19.2 使用 JSTL

JSTL 与前面章节的自定义标签库概念相同，只不过 JSTL 是原 SUN 公司提供的可以直接使用的标签库，不需要自行开发，并且更为通用，与具体项目无关。使用 JSTL 的步骤与使用自定义标签库的步骤相同。本节将展示 JSTL 的使用步骤。

（1）导入 JSTL 包。

使用 MyEclipse 创建 Web 工程，如果选择 Java EE5.0 版本，将自动包含 JSTL 包，如图 19-1 所示。

如果选择 J2EE1.4 版本，则需要在创建工程时选择导入 JSTL 包，如图 19-2 所示。

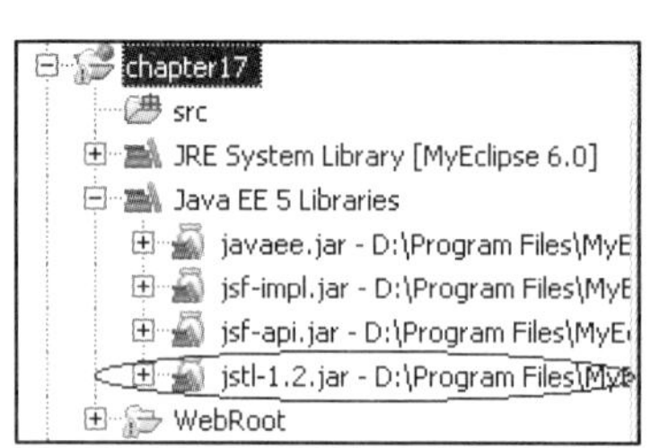

图 19–1　自动包含 JSTL 包

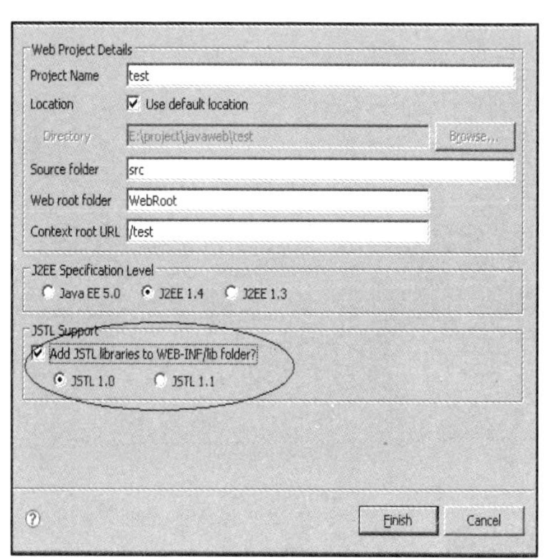

图 19–2　选择导入 JSTL

如果创建工程时没有选择添加 JSTL，而在开发过程中发现需要使用 JSTL，则可以使用 MyEclipse 工具导入 JSTL 包，如图 19-3 所示。

（2）查看 tld 文件的 uri。

要使用标签库，必须获得 tld 文件的 uri，才能在 JSP 中引用。JSTL 标签库的 tld 文件都存在于对应 jar 包的 META-INF 下，如图 19-4 所示。

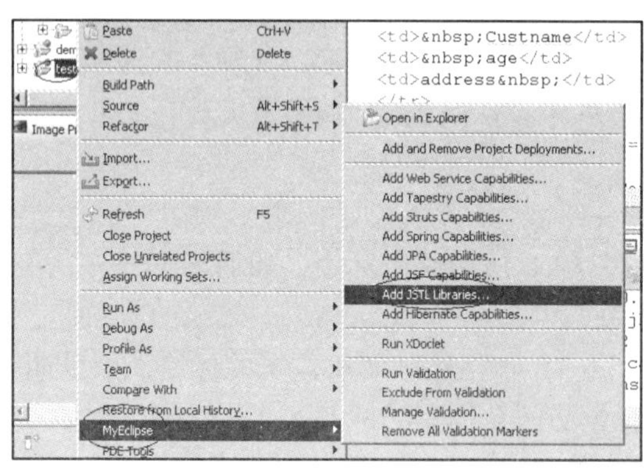

图 19–3　添加 JSTL 包

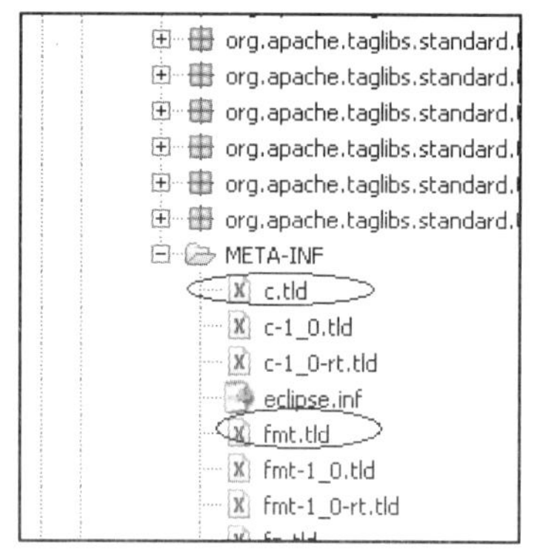

图 19–4　tld 文件所在目录

假设要使用 c.tld，则打开 c.tld，查看其 uri，代码如下。

```
<uri>http://java.sun.com/jsp/jstl/core</uri>
```

（3）在 JSP 中使用 taglib 指令，导入 tld 文件，代码如下。

```
<%@taglib uri="http://java.sun.com/jsp/jstl/core" prefix="c"%>
```

上述代码中通过 uri 指定要使用的 tld 文件，并指定前缀为 c。

（4）选择需要使用的标签，指定其属性即可，代码如下。

```
<c:out value="${param.title}"></c:out>
```

上述代码中使用了 out 标签，用来输出请求参数 title 的值。

JSTL 与 EL 是什么关系？EL 最初只能在 JSTL 中使用，不能直接在 JSP 文件中使用。JSP 2.0 规范开始支持在 JSP 文件中直接解析 EL。现实开发过程中，往往 EL 都是与 JSTL 结合使用，简化 JSP 的开发。如果没有 EL，JSTL 使用将很困难，需要大量复杂的表达式。

19.3 常用的 JSTL 标签

通过前面章节的介绍，已经理解 JSTL 的概念及基本使用步骤。本节将介绍常见的 JSTL 标签，帮助读者能够快速掌握常用 JSTL 标签，并结合 EL 简化 JSP 开发。

（1）c.tld 中的通常目的标签。

① <c:out value="${name}"/>：输出 value 的值，往往可以直接使用 EL 替代该标签。

② <c:set var="loggedIn" scope="session" value="${true}"/>：将 value 的值作为属性存储到 scope 中。

③ <c:remove var="loggedOut" scope="session"/>：从 scope 中删除名字为 var 的属性。

④ <c:catch var="e"><%=100/0 %></c:catch>：捕获异常，异常对象使用 e 封装。

（2）c.tld 中的条件标签。

① <c:if test="${user.login}">Welcome!</c:if>：如果 test 的值为 true，则运行<c:if></c:if>之间的代码。

② <c:choose>, <c:when>, <c:otherwise>：实现 if/else if/else 逻辑。代码如下。

```
<c:choose>
    <c:when test="${13>4}">
        hello!
    </c:when>
    <c:when test="${4<5}">
        hi!
    </c:when>
    <c:otherwise>
        how are u?
    </c:otherwise>
</c:choose>
```

（3）c.tld 中的循环标签。

① <c:forEach>标签：items 属性指定需要迭代的集合或数组，var 属性指定迭代的当前元素。代码如下。

```
<c:forEach items="${allcustomers}" var="cust">
</c:forEach>
```

迭代集合 allcustomers，每次迭代出的元素将存储到 pageContext 中，名字为 cust。

② <c:forToken>标签：items 属性指定需要迭代的字符串，delims 表示分隔符，var 表示使用分隔符分割 items 产生的字符串。代码如下。

```
<c:forTokens items="a:b:c:d" delims=":" var="token">
        <c:out value="${token}"/>
</c:forTokens>
```

（4）c.tld 与 url 有关的标签。

① <c:import>标签：用来包含一些文本信息。代码如下。

```
<c:import url="http://www.5retc.com/cnn.rss" />
```

② <c:redirect>标签：进行响应重定向。代码如下。

```
<c:redirect url="index.jsp">
        <c:param name="login" value="true"/>
</c:redirect>
```

19.4 JSTL 使用实例

本节将通过完善“案例”，在案例中的 JSP 文件中使用 JSTL 标签，进一步理解 JSTL 的使用。“案例”中的 allcustomers.jsp 中存在如下代码。

```
<%List<Customer> list=(List<Customer>)request.getAttribute("allcustomers");%>
 All Customers:<br>
<table width="200" border="1">

<tbody>
  <tr>
  <td>用户名 </td>
  <td>年龄 </td>
  <td>地址 </td>
  </tr>
  <%for(Customer c:list){ %>
  <tr>
  <td><%=c.getCustname() %></td>
  <td><%=c.getAge() %></td>
  <td><%=c.getAddress() %></td>
  </tr>
  <%}%>
</tbody></table><br>
```

上述代码中使用脚本元素迭代集合，并显示集合中对象的属性。下面使用 JSTL 中的

forEach 标签，实现循环逻辑，代码如下（完整代码请参见教学资料包中的教材实例源代码文件“javaweb\chapter19\WebRoot\allcustomers.jsp”）。

```
<%@taglib uri="http://java.sun.com/jsp/jstl/core" prefix="c"%>
 All Customers:<br>
<table width="200" border="1">
<tbody>
  <tr>
  <td> 用户名</td>
  <td> 年龄</td>
  <td>地址 </td>
  </tr>
  <c:forEach items="${allcustomers}" var="c">
  <tr>
  <td>${c.custname}</td>
  <td>${c.age}</td>
  <td>${c.address}</td>
  </tr>
  </c:forEach>
</tbody></table><br>
```

可见，使用 JSTL 和 EL 实现循环显示逻辑后，比起使用脚本和表达式，很大程度简化了 JSP 代码，并提高了代码的复用性。而且 JSTL 中的 forEach 标签可以在任何应用中使用，与当前应用 API 无关。

19.5 本章小结

本章主要介绍了 JSP 标准标签库（JSTL）的原理和使用。JSTL 是原 SUN 公司提供的一套标准标签库，与业务逻辑无关。JSTL 的 tld 文件主要包括四个：核心功能的 c.tld；格式化的 fmt.tld；XML 功能的 x.tld；数据库功能的 sql.tld。本章首先介绍使用 JSTL 的步骤，然后通过简单例子介绍常用的 JSTL 标签的用法。最终通过修改“案例”中的 allcustomers.jsp 文件，使用 JSTL 中的 forEach 标签替代了脚本，进一步理解 JSTL 的作用。JSTL 往往需要和 EL 一起使用，更为便捷有效。

19.6 思考与练习

1. 简述 JSTL 的含义及作用。
2. JSTL 中主要包括 4 个 tld 文件，请分别描述这 4 个标签库的主要作用。
3. 描述使用 JSTL 的步骤。
4. 请说明 JSTL 与 EL 之间的关系。
5. 完善案例：使用 JSTL 的标签修改 allcustomers.jsp 文件。

第 20 章

Web 应用中的异常处理

本章将介绍 Web 应用中与异常处理有关的知识点。结合“案例”中的注册功能，逐步介绍 Web 应用中的异常处理方法。

20.1 Model 层抛出异常

业务逻辑异常都是在 Model 中抛出或声明。修改“案例”中的注册功能，声明业务逻辑异常。

定义业务逻辑异常类 RegisterException.java，在注册用户名已经存在时抛出，代码如下。

```
public class RegisterException extends Exception {
  public RegisterException() {
        super();
  }
  public RegisterException(String message, Throwable rootCause) {
        super(message, rootCause);
  }
  public RegisterException(String message) {
        super(message);
  }
  public RegisterException(Throwable rootCause) {
        super(rootCause);
  }}
```

修改 CustomerService.java 类中的 register 方法，抛出业务逻辑异常，代码如下（完整代码请参见教学资料包中的教材实例源代码文件“javaweb\chapter20\src\com\etc\service\CustomerService.java”）。

```
public void register(Customer cust) throws RegisterException{
        Customer c=dao.selectByName(cust.getCustname());
        if(c==null){
              dao.insert(cust);
        }else{
```

```
                throw new RegisterException();
        }
    }
```

如果用户名不存在，则将当前用户插入到数据库中；如果用户名存在，则抛出 RegisterException 异常。

20.2 在 Servlet 中捕获异常

在以 MVC 模式构建的 Web 应用中，基本都使用 Controller 调用 Model 中的逻辑，所以往往在控制器 Controller 中处理异常。例如，在 RegisterServlet.java 的 doPost 方法中，使用 try/catch 捕获异常、处理异常，代码如下。

```
public void doPost(HttpServletRequest request, HttpServletResponse response) throws
ServletException, IOException {
String custname=request.getParameter("custname");
String pwd=request.getParameter("pwd");
Integer age=Integer.parseInt(request.getParameter("age"));
String address=request.getParameter("address");
Customer cust=new Customer(custname,pwd,age,address);
CustomerService cs=new CustomerService();
try {
  cs.register(cust);
  request.getRequestDispatcher("index.jsp").forward(request, response);
} catch (RegisterException e) {
e.printStackTrace();
request.getRequestDispatcher("register.jsp").forward(request, response);
        }}
```

上述代码中，如果输入的用户名已经存在，则抛出 RegisterException，运行 catch 块中代码，在 catch 块中将请求转发到 register.jsp 页面，即异常在 Servlet 中被捕获并处理。

20.3 声明<error-page>

除可以在 Servlet 中直接捕获异常、处理异常外，还可以在 Servlet 中抛出异常却不处理，进一步在 web.xml 中声明错误页面，指定发生异常时自动跳转到的错误页面。例如，RegisterServlet.java 中的 doPost 方法仅抛出异常，却并不处理，代码如下（完整代码请参见教学资料包中的教材实例源代码文件“javaweb\chapter20\src\com\etc\servlet\RegisterServlet. java”）。

```
public void doPost(HttpServletRequest request, HttpServletResponse response) throws
ServletException, IOException {
        String custname=request.getParameter("custname");
        String pwd=request.getParameter("pwd");
        Integer age=Integer.parseInt(request.getParameter("age"));
        String address=request.getParameter("address");
```

```
            Customer cust=new Customer(custname,pwd,age,address);
            CustomerService cs=new CustomerService();
            try {
                    cs.register(cust);
    request.getRequestDispatcher("index.jsp").forward(request, response);
            } catch (RegisterException e) {
                    e.printStackTrace();
                    throw new ServletException(e);
            }    }
```

上述代码的 doPost 方法中，捕获 RegisterException 异常后，在控制台打印异常踪迹后继续将其封装成 ServletException 抛出。

为什么不直接抛出 RegisterException，而是封装成 ServletException 抛出？因为 Servlet 类的 doPost 方法是覆盖父类 HttpServlet 中的方法，而 Java 语言要求子类覆盖父类中的方法时，不能抛出比父类更多类型的异常，所以不能直接抛出 RegisterException。而父类 HttpServlet 的 doPost 方法已经声明了 ServletException，所以将 RegisterException 封装成 ServletException 可以抛出。

在 web.xml 中，声明<error-page>，代码如下。

```
  <error-page>
<exception-type>com.etc.exception.RegisterException</exception-type>
      <location>/register.jsp</location>
  </error-page>
```

上述配置指定抛出了 RegisterException 异常又没有被捕获的情况下，容器将捕获该异常，并跳转到<location>指定的页面处理，即 register.jsp 页面。如果要对某些 HTTP 错误配置错误页面，那么可以将<exception-type>使用<error-code>替代，如<error-code>404</error-code>，表示发生 404 错误时的处理页面。

20.4 JSP 中使用错误页面

前面章节介绍了 Servlet 类中发生异常的处理方式，往往有两种：在 Servlet 中直接捕获；Servlet 抛出异常不捕获，在 web.xml 中配置错误页面。除 Servlet 类中可能需要处理异常，JSP 页面中也可能需要处理异常。如果 JSP 中有代码可能发生异常，可以使用 page 指令，声明错误页面。例如，在 testexception.jsp 中可以声明错误页面，代码如下。

```
<%@page errorPage="register.jsp"%>
<%CustomerService cs=new CustomerService(); %> <br>
<%cs.register(new Customer("wangxh","123",23,"Beijing"));%>
```

当用户访问该 testexception.jsp 时，代码试图往数据库中注册一个用户名为 wangxh 的用户，该用户已经存在，所以将抛出 RegisterException。而 JSP 中并没有对该异常进行捕获，所

以容器将捕获异常，并跳转到 errorPage 指定的 register.jsp 页面上。

使用 errorPage 指定错误页面，无法区分异常类型。也就是说，JSP 文件中抛出任何类型的异常，都将跳转到 errorPage 上。另外，值得一提的是，基于 MVC 的架构思想，不应该如上述代码中这样，在 JSP 文件中直接调用业务逻辑，而是应该在控制器中调用业务逻辑，以增强代码的可维护性。

20.5 JSP 中捕获异常

使用 page 指令指定 errorPage 后，JSP 页面并没有捕获异常，而仅仅是抛出异常。容器将捕获该异常，并跳转到 errorPage 进行处理。然而，JSP 文件的本质是一个 Java 类，也可以在 JSP 中使用 try/catch，直接捕获异常，代码如下。

```
<%CustomerService cs=new CustomerService(); %> <br>
    <%
     try{
     cs.register(new Customer("ETC","123",23,"Beijing"));
     }catch(RegisterException e){%>
         <jsp:forward page="register.jsp"></jsp:forward>
     <%}%>
```

然而，JSP 文件中这样的代码显得杂乱无章，可读性和可维护性都比较差，可以使用 JSTL 中的 catch 标签，改善 try/catch 代码，代码如下。

```
<%@taglib uri="http://java.sun.com/jsp/jstl/core" prefix="c"%>
     <%CustomerService cs=new CustomerService(); %> <br>
     <c:catch>
     <%cs.register(new Customer("ETC","123",23,"Beijing")); %>
     </c:catch>
```

20.6 本章小结

本章主要介绍了 Web 应用中异常处理的方式。在 Servlet 中，可以直接使用 try/catch 捕获异常，也可以不处理异常，将异常抛出交给容器处理，在 web.xml 中声明异常处理页面。在 JSP 中可以使用 errorPage 指定错误页面，也可以使用<catch>标记捕获异常。

20.7 思考与练习

1. 如何在 web.xml 中配置<error-page>？有什么作用？
2. 在 JSP 文件中如何声明错误页面？
3. JSTL 中的哪个标签能用来捕获异常？

第四部分

高 级 主 题

经过前面三部分的介绍，已经能够全面掌握使用 Servlet 及 JSP 组件开发 Web 应用的技术和技巧。本部分将展开几个经常使用的高级主题，提高读者的实战能力。本部分主要包括 3 个主题，即使用 Log4j 处理日志、使用 Ajax 编程及使用 JSF 框架编写 Web 应用。与前面三部分不同的是，本部分的 3 个主题之间互不关联，各自独立。

第 21 章 日志处理

日志是在应用中广泛使用的功能，能够辅助调试、审计、管理等过程。Log4j 是非常流行的日志组件，在企业应用中得到广泛使用，本章将介绍 Log4j 的使用。

21.1 Log4j 概述

Log4j 是 Apache 的一个开源项目，使用 Log4j 可以便捷地控制日志信息输出的目的地，包括控制台、文件、GUI 组件及 NT 事件记录器等。同时，Log4j 可以控制每一条日志信息的输出格式，也能够通过定义每一条日志信息的级别，更加细致地控制日志的生成过程。Log4j 主要由三部分组成，这三个组件协同工作，使开发人员能够根据消息类型和级别来记录消息，并且在程序运行期控制消息的输出格式及位置。Log4j 的 3 个组件如下所述。

（1）日志记录器（Logger）。Logger 是使用 Log4j 的起点，能够设置日志信息的级别，控制要启用或禁止的日志记录语句等。日志记录器可以使用下面的代码获得（完整代码请参见教学资料包中的教材实例源代码文件“javaweb\chapter21\src\com\etc\test\TestLogger.java”）。

```
Logger logger = Logger.getLogger(TestLog4j.class);
```

上述代码中使用 Logger 类的静态方法 getLogger，返回日志记录器。得到 Logger 对象后，就可以使用 Logger 类的方法记录不同的日志语句及进行其他操作。

（2）输出目的地（Appender）。Appender 用来指定日志信息输出的不同目的地，一个 Logger 可以同时指定多个输出目的地 Appender。可以使用 Logger.addAppender(Appender app)方法为 Logger 增加一个 Appender，也可以使用 Logger.removeAppender(Appender app)为 Logger 删除一个 Appender。Log4j 中定义了多种 Appender，分别对应不同的目的地，例如 FileAppender 将日志输出到文件，ConsoleAppender 将日志信息输出到控制台。代码如下（完整代码请参见教学资料包中的教材实例源代码文件“javaweb\chapter21\src\com\etc\test\TestAppender. java”）。

```
FileAppender appender = null;
try{
  appender = new FileAppender(layout,"TestLog4j.log",false);
  }catch(Exception e){
  e.printStackTrace();}
```

```
        logger.addAppender(appender);
```

上述代码中首先定义了 FileAppender 对象 appender，指定将日志输出到 TestLog4j.log 文件，然后使用 Logger 类的 addAppender 方法将 appender 设置给 Logger。如此以来，Logger 将把日志信息输出到文件 TestLog4j.log 中。

（3）日志格式化器（Layout）。使用 Layout 可以指定日志输出的格式，Layout 主要包括三种形式，分别是 HTMLLayout、SimpleLayout 及 PatternLayout。格式化器都在创建 Appender 的时候使用。代码如下。

```
        HTMLLayout    layout = new HTMLLayout();
        FileAppender appender = null;
        try
        {
            appender = new FileAppender(layout,"out.html",false);
            }catch(Exception e){

        }
        logger.addAppender(appender);
        logger.setLevel((Level)Level.DEBUG);
        logger.debug("Debug日志");
        logger.info("info");
        logger.warn("warn");
        logger.error("error");
        logger.fatal("fatal");
```

上述代码中首先创建了 HTMLLayout 类型 layout，然后在创建 FileAppender 时指定了使用格式化器 layout，日志信息输出到文件 out.html 中，并通过 Logger 的 addAppender 方法指定了日志记录器 logger 将使用 appender 对象所封装的目的地及格式化器。运行上述代码后，将把 logger 输出的信息以 HTML 的格式存储到 out.html 中，效果如图 21-1 所示。

Log4J Log Messages　　页面(P)　安全(S)　工具(O)

Log session start time Fri Jun 03 15:34:02 CST 2011

Time	Thread	Level	Category	Message
0	main	DEBUG	com.etc.chapter20.TestLog4j	Debug日志
0	main	INFO	com.etc.chapter20.TestLog4j	info
0	main	WARN	com.etc.chapter20.TestLog4j	warn
0	main	ERROR	com.etc.chapter20.TestLog4j	error
0	main	FATAL	com.etc.chapter20.TestLog4j	fatal

图 21-1　HTML 格式的日志信息

本节对 Log4j 中 3 个重要组件进行了概述性介绍，其中 Logger 是日志记录器，是 Log4j 的核心组件；一个 Logger 可以指定多个 Appender，Appender 用来指定日志信息的输出目的地，可以是文件、控制台或消息文件等；另一个 Appender 又可以指定一个 Layout，Layout 用来指定日志信息的格式，可以是 HTML、简单文本等。下面几节将对 3 个组件分别深入介绍。

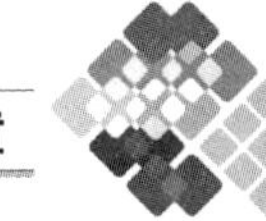

21.2 日志记录器 Logger

Logger 是 Log4j 的核心组件，在获得 Logger 实例时将指定 Logger 的类别（category），例如 Logger.getLogger("com.etc")中的 com.etc 即类别值。Logger 对象可以通过其类别进行分类，对象之间具有继承关系。Logger 的名字大小写敏感，遵循命名继承的规则：如果某类别的名称是另一个类别名称的前缀，那么它就是另一个类别的父类别。子类别能够继承到父类别的所有属性，包括日志级别、日志输出目的地等。例如，类别“com.etc”是类别“com.etc.chapter21”的父类别，类似地，“java”是“java.lang”的父类别，“java.lang”是“java.lang.String”的父类别。

Logger 类中定义了 3 个静态方法，可以返回 Logger 对象，下面逐一进行介绍。

（1）public static Logger getRootLogger()：该方法直接返回一个 Logger 实例，不需要任何参数。返回的 Logger 实例是 Logger 对象结构层次的根（root）对象，它一直存在，是所有 Logger 类别的父类别。

（2）public static Logger getLogger(String name)：该方法根据一个指定的类别名返回 Logger 实例，参数 name 可以是任意合法的字符串，往往使用包名或包含包名在内的完整类名作为参数，代码如下。

```
Logger logger1=Logger.getLogger("com.etc");
Logger logger2=Logger.getLogger("com.etc.Employee");
```

上述代码中获得了两个 Logger 实例 logger1 和 logger2，其中 logger1 的类别是 com.etc，logger2 的类别是 com.etc.Employee，所以 logger2 与 logger1 之间有继承关系，logger1 是 logger2 的父类别。logger2 实例如果没有设置日志级别、输出目的地等属性，将缺省使用 logger1 实例的日志级别、输出目的地等属性。

（3）public static Logger getLogger(Class clazz)：该方法通过类的 Class 实例返回 Logger 实例，代码如下。

```
Logger logger3=Logger.getLogger(com.etc.Employee.class);
```

上述代码通过 com.etc.Employee 类的 Class 实例返回 Logger 实例。

获得日志记录器 Logger 实例后，可以为 Logger 设置日志级别，以实现根据不同级别控制日志输出的目的。Log4j 中的日志级别都在 Level 类中使用静态常量定义，下面按照级别从低到高的顺序列出 Level 中的主要级别。

① ALL：ALL 是最低等级的级别，用于打开所有日志记录。

② TRACE：TRACE 级别是比 DEBUG 级别更为细粒度的信息事件。

③ DEBUG：DEBUG 级别是细粒度信息事件，对调试应用程序非常有用。

④ INFO：INFO 级别是粗粒度信息事件，强调应用程序的运行过程。

⑤ WARN：WARN 级别表示警告信息，强调潜在问题或错误。

⑥ ERROR：ERROR 级别表示错误事件，但是不影响系统继续运行。

⑦ FATAL：FATAL 级别表示严重的错误事件，将导致应用程序退出。

⑧ OFF：OFF 是最高等级的级别，用于关闭所有日志记录。

Log4j 建议只使用 4 个级别，优先级从高到低分别是 ERROR、WARN、INFO、DEBUG。Logger 类中定义了 setLevel 方法，可以为 Logger 实例定义级别，代码如下。

```
Logger logger1=Logger.getLogger("com.etc");
Logger logger2=Logger.getLogger("com.etc.Employee");
Logger logger3=Logger.getLogger(com.etc.Employee.class);

BasicConfigurator.configure();

logger1.setLevel(Level.ERROR);
logger2.setLevel(Level.WARN);
```

上述代码中，首先创建了 3 个 Logger 实例 logger1、logger2 及 logger3，其中 logger1 是最高级的类别，logger2 继承于 logger1，logger3 继承于 logger2。接下来使用 BasicConfigurator.configure 方法进行了缺省配置，将输出目的地设置为控制台。有关 Log4j 的配置问题在后面章节将详细介绍。最后，对 logger1 和 logger2 分别设置了日志级别，logger1 的级别是 ERROR，logger2 的级别是 WARN。通过对 Logger 实例定义级别，可以控制应用程序中相应级别日志信息的开关。例如，logger1 的级别是 ERROR，那么只有优先级高于或等于 ERROR 级别的日志将被输出，而低于 ERROR 级别的日志将被关闭；logger2 的级别是 WARN，那么只有高于或等于 WARN 级别的日志将被输出，而低于 WARN 级别的日志将被关闭。Logger3 没有使用 setLevel 方法设置级别，它将从最近的继承关系处继承得到级别，上述代码中离 logger3 最近的父类别是 logger2，所以 logger3 的级别也是 WARN。

设置了 Logger 实例的日志级别后，就可以使用 Logger 类中的方法发出记录日志的请求。每个日志级别都在 Logger 类中对应一个方法，Logger 类中常用的发出日志请求的方法有如下几个。

（1）error(Object message)：error 方法用来记录级别为 ERROR 的日志信息。

（2）warn(Object message)：warn 方法用来记录级别为 WARN 的日志信息

（3）info(Object message)：info 方法用来记录级别为 INFO 的日志信息。

（4）debug(Object message)：debug 方法用来记录级别为 DEBUG 的日志信息。

继续修改上述代码，调用 Logger 中的记录日志方法，使用不同的 Logger 实例记录不同级别的日志，代码如下。

```
logger1.error("logger1:error");
logger1.warn("logger1:warn");

logger2.error("logger2:error");
logger2.warn("logger2:warn");
logger2.info("logger2:info");

logger3.error("logger3:error");
logger3.warn("logger3:warn");
logger3.info("logger3:info");
```

上述代码中，使用 logger1 实例记录了 ERROR 和 WARN 两个级别的日志信息，使用

logger2 和 logger3 分别都记录了 ERROR、WARN、INFO 三个级别的日志信息。由于 logger1 的日志级别是 ERROR，只能输出高于或等于 ERROR 级别的日志信息，所以 WARN 级别的日志信息将不被输出；由于 logger2 和 logger3 的日志级别是 WARN，只能输出高于或等于 WARN 级别的日志信息，所以 INFO 级别的日志信息将不被输出。输出结果如下。

```
0 [main] ERROR com.etc    - logger1:error

0 [main] ERROR com.etc.Employee    - logger2:error
0 [main] WARN com.etc.Employee    - logger2:warn

0 [main] ERROR com.etc.Employee    - logger3:error
0 [main] WARN com.etc.Employee    - logger3:warn
```

通过运行结果可见，Log4j 能够按照级别控制日志输出，没有设置级别的 Logger 实例将从离得最近的父类别处继承得到级别信息。

Logger 类是 Log4j 的核心类，本节主要从以下 3 个方面介绍了 Logger 类的使用。

（1）获得 Logger 类实例。

有三种方法可以获得 Logger 类实例，分别是直接返回一个顶级的 Logger 实例；通过字符串类型的类别参数返回 Logger 实例；通过类的 Class 实例返回 Logger 实例。Logger 实例之间具有继承关系，如果某实例的类别是另一个实例类别的前缀，那么该实例就是另一个实例的父类别。

（2）设置 Logger 级别。

Log4j 提供了一系列的日志级别，通过对 Logger 实例设置日志级别，能够控制输出不同级别的日志信息。Log4j 常用的级别有 ERROR、WARN、INFO、DEBUG。

（3）记录日志信息。

与 Logger 的日志级别对应，Logger 类中定义了一系列的记录日志的方法，如 error 方法可以记录 ERROR 级别的日志，warn 方法可以记录 WARN 级别的日志。

21.3 输出目的地 Appender

Log4j 不仅能根据级别控制日志的输出，还能够将日志输出到不同的目的地，输出目的地使用 Appender 对象封装。使用 Logger 类中的 addAppender(Appender newAppender)方法可以为一个 Logger 实例添加一个 Appender 对象，每一个 Logger 实例都可以指定一或多个 Appender。常用的 Appender 类型有如下几种。

（1）org.apache.log4j.ConsoleAppender：将日志信息输出到控制台，如果 Logger 没有使用 addAppender 显式添加 Appender，缺省使用 ConsoleAppender。创建 ConsoleAppender 时需要指定 Layout 对象和目标字符串，目标字符串可以使用 System.out 或 System.err。

（2）org.apache.log4j.FileAppender：将日志信息输出到一个文件，创建 FileAppender 对象时必须指定一个 Layout 对象。

（3）org.apache.log4j.DailyRollingFileAppender：将日志信息输出到一个日志文件，并且根据指定的模式，可以按照一定日期时间段将日志信息输出到一个新的日志文件。创建

DailyRollingFileAppender 对象时必须指定一个 Layout 对象和一个日期模式字符串。

（4）org.apache.log4j.RollingFileAppender：将日志信息输出到一个日志文件，可以指定文件的尺寸，当文件大小达到指定尺寸时将自动将文件改名，同时产生一个新的文件。创建 RollingFileAppender 对象时必须指定一个 Layout 对象。

（5）org.apache.log4j.WriteAppender：将日志信息以流格式写到任意指定地方。创建 WriteAppender 对象时必须指定一个 Layout 对象。

（6）org.apache.log4j.jdbc.JDBCAppender：通过 JDBC 把日志信息输出到数据库中。

可见，大多数 Appender 对象创建时，必须指定格式化器 Layout 对象（关于格式化器 Layout 的内容将在下节介绍），本节演示实例中，用到 Layout 对象时，均使用 SimpleLayout 对象，SimpleLayout 定义的格式是“日志级别-日志信息”，如“DEBUG – x 被赋值为 101”。

下面通过实例演示 ConsoleAppender、FileAppender 及 DailyRollingFileAppender 的使用。

```
//获得类别为com.etc的Logger实例
Logger logger=Logger.getLogger("com.etc");
//创建SimpleLayout对象
SimpleLayout sLayout=new SimpleLayout();
//创建ConsoleAppender对象，使用SimpleLayout，目的地为System.out
        ConsoleAppender console=new ConsoleAppender(sLayout,"System.out");
         //创建FileAppender，使用SimpleLayout，文件名为TestAppender.log
        FileAppender fileApp=null;
        try {
                fileApp=new FileAppender(sLayout,"TestAppender.log");
        } catch (IOException e) {
                e.printStackTrace();
        }

         //创建DailyRollingFileAppender，使用SimpleLayout，日期格式为yyyy-mm-dd
        DailyRollingFileAppender drApp=null;
        try {
        drApp=new
ailyRollingFileAppender(sLayout,"TestAppender-daily.log","yyyy-MM-dd");
        } catch (IOException e) {
               e.printStackTrace();
        }

         //将上面3个Appender添加到logger实例中
        logger.addAppender(console);
        logger.addAppender(fileApp);
        logger.addAppender(drApp);

         //设置logger的日志级别为DEBUG
        logger.setLevel(Level.DEBUG);
        //使用logger记录DEBUG级别日志
logger.debug("TestAppender的Debug日志信息");
```

上述代码中首先获得类别为 com.etc 的 Logger 实例，创建了 SimpleLayout 对象，作为各

个 Appender 对象的格式化器。接下来，创建了 3 个 Appender 对象，其中使用 new ConsoleAppender(sLayout,"System.out")创建了一个输出到控制台的 Appender 对象，目标为 System.out；使用 new FileAppender(sLayout,"TestAppender.log")创建了日志信息输出到文件 TestAppender.log 的 Appender 对象；使用 new DailyRollingFileAppender(sLayout,"TestAppender-

daily.log","yyyy-MM-dd")创建了按日期存储日志信息的 Appender 对象，其中日期的格式是“yyyy-MM-dd”，即类似“2021-08-09”的格式。创建了 3 个 Appender 对象后，使用 Logger 的 addAppender 方法将 3 个 Appender 对象添加到 Logger 实例，并设置 Logger 级别为 DEBUG。最后，使用 Logger 中的 debug 方法记录了 DEBUG 级别的日志信息“TestAppender 的 Debug 日志信息”，该信息将被输出到 3 个目的地，第 1 个目的地是 ConsoleAppender 指定的控制台，如图 21-2 所示。

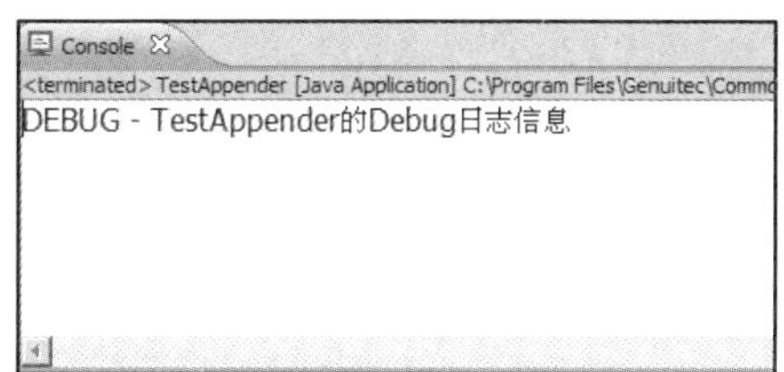

图 21-2　控制台输出日志信息

第 2 个目的地是 FileAppender 指定的 TestAppender.log 文件，如图 21-3 所示。

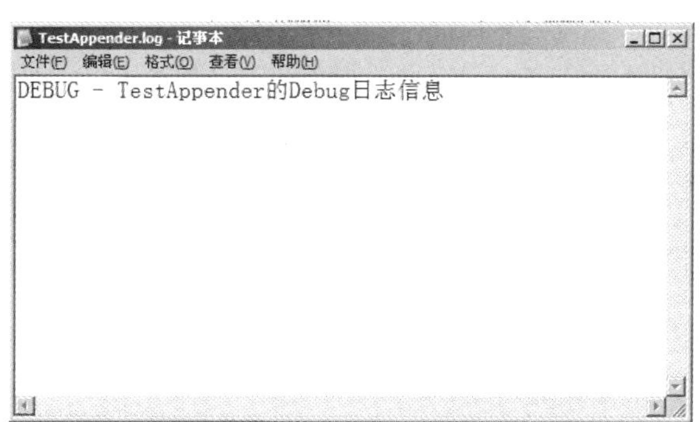

图 21-3　日志文件中输出日志信息

第 3 个目的地是 DailyRollingFileAppender 指定的文件 TestAppender-daily.log 中，如图 21-4 所示。

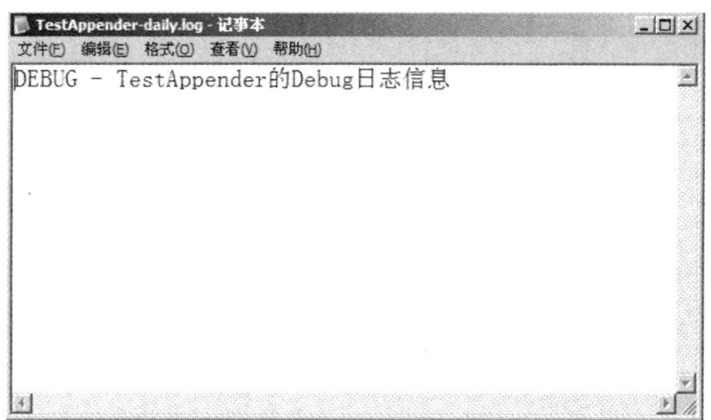

图 21-4　日志文件输出日志信息

DailyRollingFileAppender 将指定按照日期存储日志信息，即每天的日志记录到一个独立的文件中。每天的日志文件根据 DailyRollingFileAppender 指定的日期格式命名，例如“TestAppender-daily.log2021-08-09”。

21.4 格式化器 Layout

Log4j 不仅能够像上节所介绍的那样指定不同的输出目的地，还能够使用不同的格式化器设置日志信息的格式。Log4j 中的格式化器都直接或间接继承于 Layout 抽象类，格式化器都是在创建 Appender 的同时进行指定，主要有以下几种格式化器。

（1）SimpleLayout：SimpleLayout 是简单的格式化器，日志信息以“日志等级-日志信息”的形式记录，代码如下。

```
Logger logger=Logger.getLogger("com.etc");
logger.setLevel(Level.DEBUG);
SimpleLayout sLayout=new SimpleLayout();

        FileAppender fAppender=null;

        try {
          fAppender=new FileAppender(sLayout,"TestSimpleLayout.log");
  } catch (IOException e) {
          e.printStackTrace();
  }

  logger.addAppender(fAppender);
  logger.debug("使用SimpleLayout格式");
```

上述代码使用 SimpleLayout 构建了 FileAppender，日志信息将使用 SimpleLayout 格式写到日志文件 TestSimpleLayout.log 中，内容如下所示。

```
DEBUG - 使用SimpleLayout格式
```

（2）HTMLLayout：HTMLLayout 将日志信息使用 HTML 表格的形式进行显示，表格中主要显示日志级别、Logger 类别及日志信息等。代码如下。

```
Logger logger=Logger.getLogger("com.etc");
          logger.setLevel(Level.DEBUG);
          HTMLLayout hLayout=new HTMLLayout();

          FileAppender fAppender=null;
           try {

          fAppender=new FileAppender(hLayout,"TestHTMLLayout.html");
  } catch (IOException e) {
          e.printStackTrace();
  }
```

```
        logger.addAppender(fAppender);
        logger.debug("使用HTMLLayout格式");
```

上述代码使用 HTMLLayout 构建了 FileReader，日志信息将输出到 TestHTMLLayout.html 文件中。TestHTMLLayout.html 的效果如图 21-5 所示。

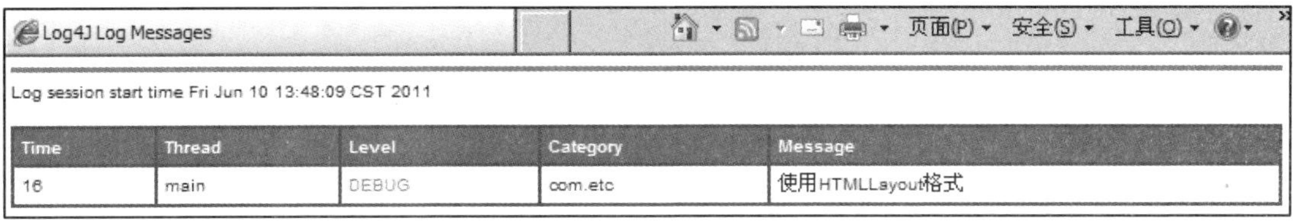

Log4J Log Messages

Log session start time Fri Jun 10 13:48:09 CST 2011

Time	Thread	Level	Category	Message
16	main	DEBUG	com.etc	使用HTMLLayout格式

图 21-5　HTML 格式的日志文件

上图中的 Level 列显示了 Logger 的级别，Category 列显示了 Logger 的类别，Message 列是当前日志文件中的日志信息。

（3）PatternLayout：PatternLayout 能够灵活地定义日志输出格式，非常类似 C 语言中的 printf 函数功能，可以根据自定义的格式转换文本。使用构造方法 PatternLayout(String pattern)可以创建 PatternLayout 对象，参数 pattern 是用户自定义的转换模式（conversion pattern）。转换模式是由若干个转换字符组成的，每个转换字符都以“%”开头。API 中定义的转换字符如表 21-1 所示。

表 21-1　转换字符

转 换 字 符	含　义
%c	显示 Logger 的类别值，可以使用{层数}形式指定精度，指定输出从内到外的层数。例如一个类别为“com.etc.chapter21”的 Logger，%c{2}的转换模式将输出 etc.chapter21
%C	显示 Logger 类的全称，包括包的名字，如 com.etc.chapter21.Test
%d	显示日志记录的日期，可以使用{日期格式}指定输出格式，如%d{yyyy-MM-dd}
%F	显示 Logger 类的源文件名字，不包括包名，如 TestPatternLayout.java
%l	显示日志事件的发生位置，包括类名、线程及在代码中的行数，如 com.etc.test.TestPatternLayout.main(TestPatternLayout.java:36)
%L	显示日志发生的代码行，如 129
%m	显示输出消息
%M	显示调用 logger 记录日志的方法名，如 main，表示在 main 方法中调用了记录日志的方法
%n	当前平台下的换行符
%p	显示该日志的优先级，如 DEBUG、INFO 等
%r	显示从程序启动时到记录该条日志时已经经过的毫秒数
%t	显示输出该日志事件的线程名，如 main
%x	按线程堆栈顺序输出日志
%X	按线程映射表输出日志。当存在多个客户端连接同一台服务器时，能够方便服务器区分客户端
%%	显示一个%号

使用表 21-1 中的转换字符可以编写需要的转换模式，从而将日志信息按照转换模式输出，代码如下。

```
        Logger logger=Logger.getLogger("com.etc.chapter21");
        logger.setLevel(Level.DEBUG);

        PatternLayout hLayout=new PatternLayout("类名-%C   线程名-%M   行数-%L
        日志信息-%m  日期-%d{yyyy-MM-dd hh:mm:ss} %n");


        FileAppender fAppender=null;

         try {
        fAppender=new FileAppender(hLayout,"TestPatternLayout.log");
    } catch (IOException e) {
        e.printStackTrace();
    }

    logger.addAppender(fAppender);
    logger.debug("使用PatternLayout格式");
```

上述代码中使用自定义的转换模式定义了 PatternLayout 格式化器，将日志信息输出到 TestPatternLayout.log 文件中。上述代码中的转换模式是"类名-%C　线程名-%M　行数-%L 日志信息-%m 日期-%d{yyyy-MM-dd hh:mm:ss} %n"，该模式中首先输出类名，然后输出记录日志的线程名及代码行数，最后输出具体时间日期，并使用%n 进行换行。日志文件的部分信息如下所示。

```
    类名-com.etc.test.TestPatternLayout   线程名-main   行数-36  日志信息-使用PatternLayout格式  日期
-2111-06-10 04:44:54
```

（4）XMLLayout：XMLLayout 能够以 XML 格式记录日志信息，代码如下。

```
        Logger logger=Logger.getLogger("com.etc");
        logger.setLevel(Level.DEBUG);
        XMLLayout xLayout=new XMLLayout();
        FileAppender fAppender=null;
         try {
         fAppender=new FileAppender(xLayout,"TestXMLLayout.xml");
    } catch (IOException e) {
         e.printStackTrace();
    }
    logger.addAppender(fAppender);
    logger.debug("使用XMLLayout格式");
```

上述代码中创建了 XMLLayout 格式化器，并使用该格式化器构建了 FileAppender，把日志信息输出到 TestXMLLayout.xml 文件中，文件内容如下所示。

```
    <log4j:event logger="com.etc" timestamp="1307696660687" level="DEBUG"
    thread="main">
    <log4j:message><![CDATA[使用XMLLayout格式]]></log4j:message>
    </log4j:event>
```

可见，使用 XMLLayout 格式化器输出日志信息时，主要包含了 logger 的类别、具体时间、日志级别、线程及日志信息。

21.5 Log4j 的配置

前面几节详细介绍了 Log4j 中的 3 个主要组件，即 Logger、Appender 及 Layout，组件之间的关系及属性都可以通过 API 中的类调用方法来完成。然而，这种使用代码来装配组件的方式非常不灵活，需要大量冗余的代码。Log4j 支持使用配置文件，可以在配置文件中详细配置 Log4j 的所有属性，构建 Log4j 的运行环境，从而提高应用的灵活性和可扩展性。Log4j 的配置文件有两种，分别是 properties 文件及 XML 文件，本节介绍使用 properties 文件配置 Log4j。

Log4j 的配置文件往往使用 log4j.properties 命名，配置文件中主要包括 3 部分内容，分别是根 Logger 的配置、Appender 的配置及 Layout 的配置，下面将分别介绍配置 3 个部分的基本语法。

Logger 是 Log4j 的核心类，使用 Log4j 都是从获得 Logger 实例开始，所有 Logger 实例都直接或间接继承于根 Logger。log4j.properties 中首先需要配置根 Logger，语法如下所示：

```
log4j.rootLogger = [ level ] , appenderName1, appenderName2, …
```

其中，level 表示日志记录级别，级别从高到低可以使用 ERROR、WARN、INFO、DEBUG。通过定义日志级别，可以控制应用程序中相应级别日志的开关。例如定义了 level 为 WARN 级别，那么应用程序中所有 INFO 和 DEBUG 级别的日志信息将不被打印出来。除定义级别外，还可以使用“appenderName1, appenderName2”指定日志信息输出目的地，可以同时指定多个输出目的地。例如：log4j.rootLogger=debug,appender1,appender2，指定了日志级别为 DEBUG，指定了两个输出目的地，名字分别为 appender1 和 appender2。有关 Appender 的具体信息可以进一步设置。

输出目的地 Appender 的配置语法如下所示：

```
log4j.appender.appenderName = fully.qualified.name.of.appender.class
log4j.appender.appenderName.option1 = value1
…
log4j.appender.appenderName.option = valueN
```

其中 appenderName 的值必须是某个 Appender 的完整名字，例如输出到控制台的 org.apache.log4j.ConsoleAppender，输出到文件的 org.apache.log4j.FileAppender 等。对于某一种特定的 Appender，可以继续指定该 Appender 的具体选项值，每种 Appender 的选项值有所区别，但是每个 Appender 都必须指定 layout 选项值，用来指定 Appender 的格式化器（格式化器内容请参考 21.4 节）。接下来列举 Log4j 中常用的几种 Appender，以及每种 Appender 的常用选项值。

（1）org.apache.log4j.ConsoleAppender：ConsoleAppender 能够控制日志输出到控制台，该 Appender 常用到 4 个配置选项包括 Threshold、ImmediateFlush、layout 及 Target。

其中，Threshold 用来指定日志输出的最低级别，用来修改根 Logger 中的级别，例如 log4j.appender.appender1.Threshold=INFO，指定只输出 INFO 及高于 INFO 级别的日志，其他

级别的日志信息不输出，其中 appender1 是通过 log4j.rootLogger 指定的 Appender 名字。ImmediateFlush 用来指定日志信息是否被立即输出，缺省值是 true，指所有的消息都会被立即输出。layout 用来指定格式化器，格式化器使用完整类名表示，如“log4j.appender.appender1.layout=org.apache.log4j.SimpleLayout”指定了 appender1 的格式化器是 SimpleLayout。Target 用来指定输出目的地，缺省值为 System.out，可以选择使用 System.err。

（2）org.apache.log4j.FileAppender：FileAppender 可以将日志信息输出到文件。FileAppender 除和 ConsoleAppender 一样常用 Threshold、ImmediateFlush、layout 3 个配置选项外，还经常使用 File、Append 配置选项。

其中 File 用来指定文件具体路径和名称，例如 log4j.appender.appender1.File=log.txt，指定 FileAppender 的目标文件是 log.txt。Append 选项用来指定消息是追加到原有消息上，还是覆盖原有消息，缺省值为 true，表示追加到原有消息。

（3）org.apache.log4j.DailyRollingFileAppender：DailyRollingFileAppender 可以将日志信息按一定日期间隔输出到一个日志文件中。该 Appender 除和 FileAppender 一样常用 Threshold、ImmediateFlush、File、Append、layout 5 个属性外，还需要使用 DatePattern 属性用来设置日志信息的滚动周期，例如，log4j.appender.appender1.DatePattern=yyyy-MM-dd 将设置为每天生成一个新文件。当然，还可以设置为每周、每月、每年等形式，如每周滚动一次文件，即每周产生一个新的文件。日期模式有以下常用的形式：yyyy-MM 表示每月，yyyy-ww 表示每周，yyyy-MM-dd 表示每天，yyyy-MM-dd-a 表示每天两次，yyyy-MM-dd-HH 表示每小时，yyyy-MM-dd-HH-mm 表示每分钟。

（4）org.apache.log4j.RollingFileAppender：RollingFileAppender 可以设置日志文件的大小，达到设定值后，将自动生成新的日志文件。RollingFileAppender 除使用 Threshold、ImmediateFlush、File、Append、layout 属性外，还使用 MaxFileSize 指定日志的大小，使用 MaxBackupIndex 指定可以产生的滚动文件的最大数。

根据前面介绍的各种 Appender 的配置方式，在 log4j.properties 中为一个 rootLogger 指定四种 Appender，格式化器都使用 SimpleLayout，如下所示。

```
#配置rootLogger，指定日志级别为WARN，有四个输出目的地，分别为appender1、
#appender2、appender3、appender4
log4j.rootLogger=debug,appender1,appender2,appender3,appender4
#appender1配置为ConsoleAppender
log4j.appender.appender1=org.apache.log4j.ConsoleAppender
log4j.appender.appender1.Threshold=error
log4j.appender.appender1.ImmediateFlush=true
log4j.appender.appender1.Target=System.out
log4j.appender.appender1.layout=org.apache.log4j.SimpleLayout

#appender2配置为FileAppender
log4j.appender.appender2=org.apache.log4j.FileAppender
log4j.appender.appender2.Threshold=warn
log4j.appender.appender2.ImmediateFlush=true
log4j.appender.appender2.File=log-FileAppender.txt
log4j.appender.appender2.Append=true
log4j.appender.appender2.layout=org.apache.log4j.SimpleLayout
```

```
#appender3配置为DailyRollingFileAppender
log4j.appender.appender3=org.apache.log4j.DailyRollingFileAppender
log4j.appender.appender3.Threshold=warn
log4j.appender.appender3.ImmediateFlush=true
log4j.appender.appender3.File=log-Daily.txt
log4j.appender.appender3.Append=true
log4j.appender.appender3.DatePattern=yyyy-MM-dd
log4j.appender.appender3.layout=org.apache.log4j.SimpleLayout

#appender4配置为RollingFileAppender
log4j.appender.appender4=org.apache.log4j.RollingFileAppender
log4j.appender.appender4.File=log-Rolling.txt
log4j.appender.appender4.Append=true
log4j.appender.appender4.MaxFileSize=100kb
log4j.appender.appender4.MaxBackupIndex=2
log4j.appender.appender4.layout=org.apache.log4j.SimpleLayout
```

上述 log4j.properties 文件中，对 rootLogger 指定了 4 个 Appender，分别使用 ConsoleAppender、FileAppender、DailyRollingFileAppender、RollingFileAppender 指定具体 Appender。每个 Appender 都指定了必须的选项值，上述配置中的格式化器均使用 SimpleLayout。格式化器都不单独配置，而是依赖于某个 Appender 存在。另外，不同的格式化器可以根据需要进一步指定选项值，语法格式如下所示。

```
log4j.appender.appenderName.layout =fully.qualified.name.of.layout.class
log4j.appender.appenderName.layout.option1 =value1
…
log4j.appender.appenderName.layout.option = valueN
```

每种 Layout 都有各自不同的选项值，其中 SimpleLayout 往往不指定其他选项值，HTMLLayout 常使用 LocationInfo 来指定是否输出 Java 文件名称和行号，缺省值为 false，表示不输出。另外可以使用 Title 指定 HTML 的 title 值，缺省值是 Log4J Log Messages。PatternLayout 格式化器可以使用 ConversionPattern 选项指定自定义的日志输出模式。XMLLayout 可以使用 LocationInfo 来指定是否输出 Java 文件名称和行号，缺省值为 false，表示不输出。

修改上面声明的 log4j.properties，为每个 Appender 指定不同的 Layout，代码如下。

```
#配置rootLogger，指定日志级别为WARN，有四个输出目的地，分别为appender1、
appender2、appender3、appender4
log4j.rootLogger=debug,appender1,appender2,appender3,appender4
#appender1配置为ConsoleAppender，使用SimpleLayout，输出不低于ERROR级别
日志
log4j.appender.appender1=org.apache.log4j.ConsoleAppender
log4j.appender.appender1.Threshold=error
log4j.appender.appender1.ImmediateFlush=true
log4j.appender.appender1.Target=System.out
log4j.appender.appender1.layout=org.apache.log4j.SimpleLayout
```

```
#appender2配置为FileAppender，使用HTMLLayout，输出不低于WARN级别日志
log4j.appender.appender2=org.apache.log4j.FileAppender
log4j.appender.appender2.Threshold=warn
log4j.appender.appender2.ImmediateFlush=true
log4j.appender.appender2.File=log-FileAppender.html
log4j.appender.appender2.Append=true
log4j.appender.appender2.layout=org.apache.log4j.HTMLLayout
log4j.appender.appender2.layout.LocationInfo=true
log4j.appender.appender2.layout.Title=Log Message

#appender3配置为DailyRollingFileAppender，使用PatternLayout，输出不低于INFO
级别日志
log4j.appender.appender3=org.apache.log4j.DailyRollingFileAppender
log4j.appender.appender3.Threshold=info
log4j.appender.appender3.ImmediateFlush=true
log4j.appender.appender3.File=log-Daily.txt
log4j.appender.appender3.Append=true
log4j.appender.appender3.DatePattern=yyyy-MM-dd
log4j.appender.appender3.layout=org.apache.log4j.PatternLayout
log4j.appender.appender3.layout.ConversionPattern=Message:%m Date:%d{yyyy-MM-dd
hh:mm:ss} %n

#appender4配置为RollingFileAppender，使用XMLLayout，输出不低于DEBUG级别
日志
log4j.appender.appender4=org.apache.log4j.RollingFileAppender
log4j.appender.appender3.Threshold=debug
log4j.appender.appender3.ImmediateFlush=true
log4j.appender.appender4.File=log-Rolling.txt
log4j.appender.appender4.Append=true
log4j.appender.appender4.MaxFileSize=100kb
log4j.appender.appender4.MaxBackupIndex=2
log4j.appender.appender4.layout=org.apache.log4j.xml.XMLLayout
log4j.appender.appender4.layout.LocationInfo=true
```

修改后的 log4j.properties 文件中，配置信息已经比较完整。为 rootLogger 指定了日志级别 DEBUG，并指定了 4 个 Appender，名字分别为 appender1、appender2、appender3 及 appender4，使用选项 layout 为每个 Appender 指定格式化器，并为每种 Layout 指定必要的选项值。

配置好 Log4j 属性文件后，就可以使用 Log4j 来输出日志信息，使用 Log4j 主要分 3 个步骤，下面进行总结。

（1）获得 Logger 实例。

Logger 实例可以使用 Logger 类中的静态方法返回，方法描述为：

public static Logger getLogger(String name)：参数 name 也被称为 Logger 实例的类别，类别之间具有继承关系。

代码如下。

```
Logger logger=Logger.getLogger("com.etc");
```

上述代码返回了类别为 com.etc 的 Logger 实例。

（2）读取配置文件。

获得 Logger 实例后，进一步需要读取配置文件，获得 Log4j 的具体配置，进而确定 Logger 实例的日志级别、输出目的地及格式化器等信息。读取配置文件有 3 种方式。

① BasicConfigurator.configure()：自动使用缺省的 Log4j 配置。

② PropertyConfigurator.configure(String configFilename)：读取使用属性文件编写的配置文件。

③ DOMConfigurator.configure(String filename)：读取 XML 形式的配置文件。

返回 Logger 实例后，使用 Logger 实例读取 log4j.properties 文件，代码如下。

```
Logger logger=Logger.getLogger("com.etc");
PropertyConfigurator.configure(ClassLoader.getSystemResource("log4j.properties"));
```

（3）记录日志信息。

获得 Logger 实例并读取了属性文件后，就可以使用 Logger 类的方法记录不同级别的日志，代码如下。

```
Logger logger=Logger.getLogger("com.etc");
PropertyConfigurator.configure(ClassLoader.getSystemResource("log4j.properties"));
logger.error("ERROR级别 信息");
logger.info("INFO级别 信息");
logger.warn("WARN级别信息");
logger.debug("DEBUG级别信息");
```

上述代码中，首先获得了 Logger 实例，接下来使用 PropertyConfigurator 的 configure 方法读取了 log4j.properties 文件，最后使用 Logger 实例的方法记录了不同级别的日志。运行上述测试代码后，将在 4 个目的地记录日志，第 1 个目的地是控制台，输出不低于 ERROR 级别的日志信息，如下所示。

```
ERROR - ERROR级别信息
```

第 2 个目的地是文件 log-FileAppender.html，使用 HTML 格式输出不低于 WARN 级别的日志信息，日志信息如图 21-6 所示。

Log session start time Thu Jun 09 15:43:38 CST 2011

Time	Thread	Level	Category	File:Line	Message
0	main	ERROR	com.etc	TestProperties.java:14	ERROR级别信息
16	main	WARN	com.etc	TestProperties.java:16	WARN级别信息

图 21-6 log-FileAppender.html 文件信息

第 3 个目的地是文件 log-Daily.txt，使用 PatternLayout 格式化器定义输出格式，输出级别不低于 INFO 的日志信息，文件内容如下所示。

```
Message:ERROR级别信息 Date:2111-06-09 03:52:47
Message:WARN级别信息 Date:2111-06-09 03:52:47
```

```
Message:INFO级别信息 Date:2111-06-09 03:52:47
```

第 4 个目的地是文件 log-Rolling.txt，使用 XMLLayout 格式化器输出 XML 格式的日志信息，输出级别不低于 DEBUG 的日志信息，文件内容如下所示。

```
<log4j:event logger="com.etc" timestamp="1307605801750" level="ERROR"
thread="main">
<log4j:message><![CDATA[ERROR级别信息]]></log4j:message>
<log4j:locationInfo class="com.etc.test.TestProperties" method="main"
file="TestProperties.java" line="14"/>
</log4j:event>
<log4j:event logger="com.etc" timestamp="1307605801750" level="INFO"
thread="main">
<log4j:message><![CDATA[INFO级别信息]]></log4j:message>
<log4j:locationInfo class="com.etc.test.TestProperties" method="main"
file="TestProperties.java" line="15"/>
</log4j:event>
<log4j:event logger="com.etc" timestamp="1307605801750" level="WARN"
thread="main">
<log4j:message><![CDATA[WARN级别信息]]></log4j:message>
<log4j:locationInfo class="com.etc.test.TestProperties" method="main"
file="TestProperties.java" line="16"/>
</log4j:event>
<log4j:event logger="com.etc" timestamp="1307605801750" level="DEBUG"
thread="main">
<log4j:message><![CDATA[DEBUG级别信息]]></log4j:message>
<log4j:locationInfo class="com.etc.test.TestProperties" method="main"
file="TestProperties.java" line="17"/>
</log4j:event>
```

至此，通过上面演示的 3 个步骤，已经能够在 Java 类中使用 Log4j 进行日志处理，Log4j 的所有配置信息都已经在 log4j.properties 属性文件中定义。如果需要在类中修改属性文件中的配置，可以使用 Log4j 的 API 在代码中重新设置。

21.6 在 Web 应用中使用 Log4j

在 Web 应用中使用 Log4j 与在 Java 应用中使用 Log4j 基本相同，也是首先在配置文件中配置 Log4j 属性，然后读取属性文件并输出日志信息。主要区别在于，由于 Web 应用依赖于容器环境，往往需要容器启动时就读取 Log4j 的属性文件，以保证在 Web 应用中可以在需要的地方随时使用 Log4j。

Web 应用中，常将 log4j.properties 文件放在 WEB-INF 目录下。为了保证在加载应用时就读取 log4j.properties 文件，可以在一个 Servlet 的 init 方法中编写读取属性文件的代码，该 Servlet 配置成加载应用时即初始化，并使用<init-param>配置属性文件的路径和名称，配置信息如下所示（完整代码请参见教学资料包中的教材实例源代码文件“javaweb\chapter21\WebRoot\WEB-INF\web.xml”）。

```
<servlet>
  <description>This is the description of my J2EE component</description>
<display-name>This is the display name of my J2EE component</display-name>
    <servlet-name>InitLog4jServlet</servlet-name>
    <servlet-class>com.etc.servlet.InitLog4jServlet</servlet-class>
    <init-param>
      <param-name>path</param-name>
      <param-value>WEB-INF/log4j.properties</param-value>
    </init-param>
<load-on-startup>1</load-on-startup>
</servlet>
```

上述配置中，将属性文件的路径使用 Servlet 的初始化参数 path 进行配置，并使用<load-on-startup>1</load-on-startup>指定该 Servlet 是在应用加载时就被初始化。Servlet 在应用加载时就被初始化，初始化后将调用 init()方法，那么可以在 Servlet 的 init()方法中读取属性文件，代码如下（完整代码请参见教学资料包中的教材实例源代码文件"javaweb\chapter21\src\com\etc\servlet\InitLog4jServlet.java"）。

```
public void init() throws ServletException {
        ServletContext ctxt=this.getServletContext();
        String path=this.getInitParameter("path");
        PropertyConfigurator.configure(ctxt.getRealPath(path));
        }
```

上述代码中首先使用 getServletContext 方法返回 ServletContext 对象，然后返回在 web.xml 文件中配置的参数 path 的值，即 log4j.properties 文件的路径。最后使用 configure 方法读取 log4j.properties 文件，加载 Log4j 的属性。

通过上面的配置和代码，在容器加载应用时，就会初始化相应的 Servlet，调用 Servlet 的 init 方法，成功加载 Log4j 属性，因此，可以随时在应用中需要记录日志的地方输出日志信息，代码如下（完整代码请参见教学资料包中的教材实例源代码文件"javaweb\chapter21\src\com\etc\servlet\TestLog4j.java"）。

```
public class TestLog4j extends HttpServlet {
Logger logger=Logger.getLogger("com.etc")
public void init() throws ServletException {
logger.info("Servlet初始化成功");
}
...
```

上述代码是应用中某个 Servlet 的 init 方法，该 Servlet 中首先使用 Logger.getLogger 返回 Logger 实例，然后在 init 方法中记录 INFO 基本的日志信息。

除可以将一个 Servlet 配置成加载应用时即初始化，在 init 方法中读取 Log4j 的属性文件外，还可以考虑使用上下文监听器读取属性文件。首先在 web.xml 中将 log4j.properties 文件的路径配置成名字为 path 的上下文参数，如下所示。

```
<context-param>
```

```
        <param-name>path</param-name>
            <param-value>WEB-INF/log4j.properties</param-value>
    </context-param>
```

创建一个上下文监听器类，实现 ServletContextListener 接口，在 contextInitialized 方法中读取属性文件，代码如下。

```
public class Log4jListener implements ServletContextListener {
public void contextInitialized(ServletContextEvent arg0) {
        ServletContext ctxt=arg0.getServletContext();
        String path=ctxt.getInitParameter("path");
        PropertyConfigurator.configure(ctxt.getRealPath(path));
  }
```

监听器必须在 web.xml 中进行配置才能生效，配置信息如下。

```
<listener>
  <listener-class>com.etc.Log4jListener</listener-class>
</listener>
```

当加载应用时，将触发 ServletContextEvent 事件发生，容器将调用 web.xml 中注册过的上下文监听器 Log4jListener 的 contextInitialized 方法，读取 log4j.properties 文件，加载 Log4j 的属性，从而可以在应用中随时使用 Log4j 输出日志信息。

21.7 本章小结

本章主要介绍了 Apache 的日志组件 Log4j 的使用和配置。Log4j 主要包括 3 个部分，分别是日志记录器 Logger、输出目的地 Appender 及格式化器 Layout。一个 Logger 可以指定多个 Appender，一个 Appender 可以指定一个 Layout。本章详细介绍了 3 个部分的含义及具体使用。如果通过代码设置 Log4j 各个组件的关系及属性，将会有大量的冗余代码，而且修改困难。本章介绍了如何在 properties 文件中配置 Log4j 属性的方法，并演示了如何在 Web 应用中使用 Log4j 进行日志处理。

21.8 思考与练习

1. Log4j 主要有 3 个组件，分别说明这 3 个组件的作用。
2. Logger 类中定义了 3 个静态方法可以返回 Logger 对象，分别描述这 3 个方法的作用和区别。
3. Log4j 中的日志级别在 Level 类中使用静态常量定义，请列举至少 4 个常用级别。
4. 每个 Logger 实例都可以指定一个或多个 Appender，请列举至少 4 个常用的 Appender 类型。
5. Log4j 主要有 4 种格式化器，请分别进行说明。

第 22 章

Ajax 编程

Ajax 是“Asynchronous JavaScript and XML”的简称，即异步的 JavaScript 和 XML。使用 Ajax 技术构建 Web 应用，能够实现异步提交请求，并可以避免刷新整个页面，提高用户体验。本章将介绍如何在 Web 应用中使用 Ajax 技术。

22.1 Ajax 概述

要了解 Ajax 的基本作用，还需要从长计议一番。目前常见的应用程序基本有两种形式：一种是桌面应用，另一种是 Web 应用。其中桌面应用的代码安装到用户的计算机上，可以从 CD 或互联网获得更新。而 Web 应用的运行代码运行在服务器上，需要使用 Web 浏览器访问。桌面应用一般不需要网络连接，所以能够很快响应，并且有漂亮丰富的用户界面。Web 应用虽然能够实现很多桌面应用无法实现的功能，如电子商务等，但是却需要等待网络连接，等待页面刷新等，而且浏览器中很难实现与桌面应用同样漂亮丰富的界面。随着 IT 技术的发展，用户越来越希望能够在浏览器中操作和桌面应用一样的界面，Ajax 就是在这种期望下应运而生的技术。

简单地说，Ajax 就是能够在 Web 浏览器中实现与桌面应用类似客户端的技术。例如，使用 Ajax 技术后，服务器端不会每次都返回一整个页面，而会只返回一部分文本，只刷新页面的一部分，不需要等待整个页面刷新；使用 Ajax 可以异步提交请求，不必等待服务器端响应后才能进行其他操作。Ajax 试图在 Web 应用中实现桌面应用的功能和交互性，并能够使用和桌面应用中类似的友好界面和漂亮控件。

Ajax 是一种客户端技术，不论使用哪种服务器端技术，都可以在客户端使用 Ajax。严格地说，Ajax 并不能算一个新的技术，而是几种成熟技术的使用技巧。Ajax 技术主要包含四个组件，即 JavaScript、CSS、DOM 及 XMLHttpRequest 对象。

（1）XMLHttpRequest。

XMLHttpRequest 是 Ajax 技术的核心对象，使用 Ajax 技术都是从 XMLHttpRequest 对象开始。在 Ajax 应用程序中，XMLHttpRequest 对象负责将用户信息以异步方式发送到服务器端，并接收服务器响应的信息和数据。

（2）JavaScript。

JavaScript 是 Ajax 非常重要的组成部分，JavaScript 可以用来创建 XMLHttpRequest 对象，使用该对象的属性和方法，也可以直接操作客户端，将 XMLHttpRequest 对象返回的内容更新到页面中，而不是刷新整个页面。JavaScript 在 Ajax 中起到了“胶水”般的黏合作用，处处都需要使用 JavaScript 来实现相关功能。

（3）CSS。

CSS 是 Cascading Style Sheets（层叠样式表单）的简称，可以定义文字的大小、间距，图片的阴影、位置等样式，提供了独立手段控制页面的表现，因此可以让 Ajax 开发人员更专注开发应用逻辑相关的代码，只要提供合理的文档结构，而不必关注表现层面的实现，这在一定程度上简化了 Ajax 的开发。CSS 还能够结合 JavaScript 等技术，在 Ajax 中实现一些特殊效果。

（4）DOM。

DOM 是 Document Object Model 的简称，即文档对象模型，是用于 HTML 和 XML 文档的 API。DOM 提供了文档的结构化表现，把网页和脚本或编程语言连接了起来，可以修改文档的内容和视觉表现。使用 Ajax 编程时，从服务器端返回的内容需要更新到客户端页面中，就可以使用 DOM 对象操作浏览器内容，进行局部刷新。

本章下面的内容将分别介绍 Ajax 中常用的技术。然而，需要声明的是，Ajax 中的任何一项技术都值得用一本专门的教材进行讲解，都是非常复杂并有价值的。而本教材毕竟不是一本 Ajax 教材，所以本章中并不会对 Ajax 用到的技术做过于详细的探讨。

22.2 JavaScript 语言

JavaScript 是 Internet 上最流行的脚本语言，可以用来在页面中改进设计、验证表单、检测浏览器等。在 Ajax 技术中，JavaScript 更是起着举足轻重的作用。

JavaScript 往往直接插入到 HTML 文件中，使用<script></script>将 JavaScript 代码包含在内，并使用 type 属性指定脚本语言类型，代码如下。

```
<html>
<body>
<script type="text/javascript">
document.write("欢迎来到中软国际ETC！");
</script>
</body>
</html>
```

上述代码中，在<script></script>标签内加入了 JavaScript 代码，其中 document 是文档对象；write 是 document 对象的方法，能够向文档中输出文本。运行后，将在页面中显示“欢迎来到中软国际 ETC！”。

JavaScript 可以使用 function 关键字定义函数，代码如下。

```
<script type="text/javascript">
function welcome()
{
```

```
alert("欢迎来到中软国际ETC！")
}
</script>
```

上述代码中，声明了函数 welcome，该函数调用了 alert 方法，弹出对话框，显示“欢迎来到中软国际 ETC!”的消息。然而，函数只有被调用时才能执行，在 JavaScript 中，函数往往被事件激活。事件是指能够被 JavaScript 监听到的行为，例如，单击对话框将产生 onClick 事件。事件都在 HTML 中定义，可以为事件指定监听函数。激活该事件时，将调用对应的函数进行响应。代码如下。

```
<script type="text/javascript">
function welcome()
{
alert("欢迎来到中软国际ETC！")
}
</script>
<input type="button"value="Test"onclick="welcome()"/>
```

上述代码中，指定了按钮元素的 onClick 事件的监听函数是 welcome，当用户单击按钮时，将激活 onClick 事件，并调用函数 welcome。JavaScript 能够用来创建动态页面，主要原因之一就是 JavaScript 支持这种事件驱动的模式。

网页中的每个元素都能产生某种事件，JavaScript 中常见的事件有如下几种。

（1）onload 和 onUnload 事件。

当用户加载一个页面时，触发 onload 事件；当用户关闭页面时就会触发 onUnload 事件。例如，onload 事件可以用来检测用户的浏览器类型和版本，然后根据这些信息载入特定版本的网页。

（2）onFocus、onBlur 和 onChange 事件。

onFocus、onBlur 和 onChange 事件通常相互配合用来验证表单。当元素获得焦点时，将触发 onFocus 事件；当元素失去焦点时，将触发 onBlur 事件；当元素失去焦点并且元素的内容发生改变时，将触发 onChange 事件。代码如下。

```
<form action="register" method="post">
用户名:<input type="text" name="custname"    onchange="validate();"><br>
```

上述代码中，为元素 custname 指定了 onChange 事件的监听函数是 validate，那么当输入用户名，继续输入其他选项时，将触发 onChange 事件，调用 validate 函数。

（3）onSubmit 事件。

onSubmit 事件在单击提交按钮提交表单时被触发，往往用来校验表单的输入。

（4）onClick 事件。

onClick 事件是鼠标单击时触发的事件，例如，单击按钮时将触发 onClick 事件。

JavaScript 中还有很多种其他事件，例如与鼠标相关的 onmouseover 事件、onmousemove 事件等。

通过上面的介绍，已经了解 JavaScript 常通过事件驱动的模式，使用函数监听事件，从而实现动态页面的效果。接下来介绍 JavaScript 中的变量、主要对象等相关语法。

在 JavaScript 中声明变量非常简单，只要使用 var 关键字声明即可，而不需要明确指定类型，代码如下。

```
<script type="text/javascript">
        var xmlHttp;
</script>
```

上述代码中声明了变量 xmlHttp，但是并未赋值，变量可以在<script></script>标签内的任何地方使用。也可以不声明变量，直接赋值，JavaScript 将根据变量的值自动为其指定类型。代码如下。

```
<script type="text/javascript">
        date="2011-01-1";
</script>
```

上述代码中的变量 date 并没有声明类型，也没有使用 var 关键字，但依然可以正常编译运行，因为 JavaScript 将根据 date 的值将其指定为字符串类型使用。

JavaScript 不仅能够声明自己的变量，还提供了几种常见的对象类型，主要有以下几种。

（1）字符串对象（String）。

JavaScript 中的字符串对象用来处理已有的字符块，对象中提供了大量处理字符串的方法和属性。例如，使用属性 length 可以返回 JavaScript 中的字符串长度，使用 toUpperCase 方法可以将字符串变为大写字母的形式等。代码如下。

```
var txt="How are you?"
document.write(txt.length)
document.write(txt.toUpperCase())
```

上述代码中的变量 txt 是一个字符串类型的变量，第二行代码使用字符串的 length 属性返回 txt 的长度，第三行代码使用 toUpperCase 方法将字符串变为大写。

（2）日期对象（Date）。

JavaScript 中的日期对象使用 Date 类型表示，可以使用 new 关键字创建日期对象，代码如下。

```
var now=new Date()
```

日期类型中提供了大量的方法处理 JavaScript 中的日期，如 setDate 方法用来设置当前日期，getDate 方法用来返回当前日期。代码如下。

```
var now=new Date()
now.setDate(now.getDate()+5)
```

上述代码中，首先创建了日期对象 now，然后通过 setDate 方法将日期设置为当前日期五天后的日期。

（3）数组对象（Array）。

JavaScript 中的数组对象可以用来存储一系列元素的集合，可以使用 new 关键字创建数组，并通过索引进行赋值。代码如下。

```
var array=new Array()
```

```
array [0]="BeiJing"
array [1]="ShangHai"
array [2]="TianJin"
```

上述代码中创建了一个数组 array，并通过索引值为数组中的前 3 个元素进行赋值。

（4）算数对象（Math）。

Math 中提供了大量进行数学运算的方法，可以直接使用 Math 类名调用，例如，round()用来返回近似值，random()用来返回 0 到 1 的随机数，max()返回两个给定的数中的较大的数，min()返回两个给定的数中的较小的数。

除上述的简单对象，JavaScript 中还定义了一系列的 HTML DOM 对象，有关 DOM 相关知识，请参见 22.4 节。JavaScript 中可以直接使用这些 HTML DOM 对象，并调用它们的属性和方法来操作 HTML 页面，下面介绍常用的 HTML DOM 对象 dcument 和 form。

（1）document：代表整个 HTML 文档，用来访问页面中的所有元素。

document 是 JavaScript 使用 HTML DOM 对象的入口，它代表整个 HTML 文档，可以用来访问页面中的所有元素。document 中定义了一系列的方法，如 write()方法可以向文档写 HTML 表达式或 JavaScript 代码；getElementsByName()方法可以返回指定名称的所有元素的集合。

（2）form：form 表示一个 HTML 表单。

只要 HTML 文档中有一个<form>元素，那么就会生成一个 form 对象。该对象有很多属性，如 action 属性可以返回或设置表单的动作，method 可以返回或设置表单的 HTTP 方法。同时，form 对象也定义了表单的方法，如 onsubmit()方法可以提交表单。

除 document 和 form 对象外，JavaScript 中还定义了很多其他的 HTML DOM 对象，可以与 HTML 文档中的内容一一对应，用来操纵 HTML 文档，实现动态功能。

22.3 XMLHttpRequest 对象

XMLHttpRequest 是 Ajax 技术的核心对象，使用 Ajax 往往都是从创建 XMLHttpRequest 对象开始的。本节将详细介绍 XMLHttpRequest 对象的创建方法及对象中常用的属性和方法。

XMLHttpRequest 对象是一个浏览器内部的对象，可以用来发送 HTTP 请求并接收 HTTP 响应。不同的浏览器对 XMLHttpRequest 对象的实现有所区别，在 IE 浏览器中，微软使用 ActiveX 对象实现 XMLHttpRequest，其他浏览器厂商也纷纷在他们的浏览器内实现了 XMLHttpRequest 对象，但不是作为 ActiveX 对象实现，而是作为一个本地 JavaScript 对象实现。为了能够在不同浏览器中都能使用，创建 XMLHttpRequest 对象时必须考虑到不同浏览器的兼容问题，往往使用如下 JavaScript 代码实现。

```
<script type="text/javascript">
        var xmlHttp;
        function createXMLHttpRequest() {
            if (window.ActiveXObject) {
                xmlHttp = new ActiveXObject("Microsoft.XMLHTTP");
            } else if (window.XMLHttpRequest) {
```

```
                xmlHttp = new XMLHttpRequest();}}
    </script>
```

上述代码中声明了一个 JavaScript 函数 createXMLHttpRequest，通过判断浏览器中使用 ActiveXObject 还是 XMLHttpRequest 对象，从而使用不同代码创建 XMLHttpRequest 对象，赋值给变量 xmlHttp。

XMLHttpRequest 对象中封装了一系列的属性和方法，下面介绍每一个属性的具体含义。

（1）readyState。

readyState 属性用来返回当前的请求状态，有五个可选值，分别是 0 到 4，每个值的含义如下。

- 0："未初始化"状态，表示已经创建一个 XMLHttpRequest 对象，但是还没有初始化请求对象。
- 1："打开"状态，表示已经调用了 XMLHttpRequest 对象的 open()方法，已经准备好向服务器端发送请求。
- 2："发送"状态，表示已经调用了 XMLHttpRequest 对象的 send()方法把一个请求发送到服务器端，但是还没有收到服务器的响应。
- 3："正在接收"状态，表示已经接收到 HTTP 响应头的信息，但是消息体部分还没有完全接收。
- 4："已加载"状态，表示响应已经被完全接收。

（2）status。

status 属性用来返回服务器的响应状态码，例如 200 表示 OK，一切正常；404 表示请求的文件没有找到；500 表示内部服务器发生错误等。代码如下。

```
    if (xmlHttp.readyState == 4) {
     if (xmlHttp.status == 200) {
    //处理代码
    }}
```

上述演示代码中，首先判断 readyState 的值，当值为 4 时，即表示响应内容已经加载完毕，然后进一步判断 status 的值，当 status 的值为 200 时，即表示响应状态为 OK，则进行进一步处理。

（3）statusText。

statusText 属性的含义与 status 属性非常类似，不过 statusText 用文本的形式表示服务器的响应状态，而 status 以状态码的形式表示。例如，statusText 值为 OK 时，表示一切正常，对应 status 为 200；statusText 值为 Not Found 表示文件没有找到，对应 status 为 404。

（4）onreadystatechange。

onreadystatechange 是一个事件触发器，其值往往是一个 JavaScript 的函数名。任何一个状态的变化，不管是 readyState 还是 status 的变化，都会触发该事件，并调用指定的 JavaScript 函数。代码如下。

```
    xmlHttp.onreadystatechange = callback;
```

上述代码中，指定了 XMLHttpRequest 的 onreadystatechange 值为 callback，所以不管

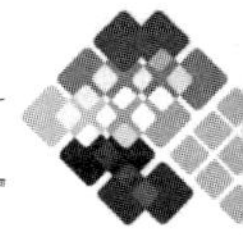

readyState 还是 status 发生变化，都会触发该事件，调用 callback 函数。

（5）responseText。

responseText 属性用来接收服务器端返回的文本内容，以一个字符串的形式存在。使用 responseText 属性可以直接将返回的内容赋值给某一个域的 innerHTML 值，显示到客户端。代码如下。

```
if(xmlHttp.readyState == 4) {
    if(xmlHttp.status == 200) {
        document.getElementById("message").innerHTML = xmlHttp.responseText;
    }
}
```

上述代码中，当判断得到响应信息加载结束并且响应状态码为 200 时，使用 responseText 属性将服务器端返回的内容直接赋值给客户端页面中 id 值为 message 的域，把返回内容直接显示到 message 域。

（6）responseXML。responseXML 用来接收服务器的响应，以 XML 的形式存在，这个对象可以解析为一个 DOM 对象，进一步使用 DOM 的 API 更新客户端页面。代码如下。

```
var message = xmlHttp.responseXML.getElementsByTagName("message")[0]. firstChild.data;
var passed = xmlHttp.responseXML.getElementsByTagName("passed")[0]. firstChild. data;
```

上述代码中，使用 XMLHttpRequest 对象的 responseXML 属性将服务器端返回内容封装为一个 DOM 对象，进一步调用 DOM 中的方法解析返回的内容，赋值给两个变量 message 和 passed。有关 DOM API 的详细内容在后面章节介绍。

除上面介绍的 6 个主要属性，XMLHttpRequest 中还提供了一系列的方法，下面逐一进行介绍。

（1）open(DOMString method,DOMString url,boolean async,DOMString username, DOMString password)方法。

open 方法能够用来初始化一个 XMLHttpRequest 对象，这个方法有五个参数。其中，method 参数用于指定用来发送请求的 HTTP 方法，如 GET、POST、PUT 等。url 参数用于指定 XMLHttpRequest 对象请求的具体 URL，可以是绝对 URL 也可以是相对 URL。async 参数指定该请求是否是异步的，缺省值为 true。对于要求认证的服务器，可以提供可选的用户名和密码参数。在调用 open()方法后，XMLHttpRequest 的 readyState 属性设置将为 1，并且把 responseText、responseXML、status 和 statusText 属性设置为初始值。代码如下。

```
var url = "validate?custname=" + escape(custname.value);
xmlHttp.open("GET", url, true);
```

上述代码中，使用 GET 方式异步请求 URL 为 validate 的服务器端资源，同时将请求参数 custname 追加到 URL 后传递给服务器端。使用 GET 方式请求资源，请求参数以明文形式传递，且长度有限。使用 POST 方式发送请求，不仅能够隐藏请求参数，同时长度也不受限制。代码如下。

```
var url = "validate";
xmlHttp.open("POST", url, true);
```

```
xmlHttp.setRequestHeader("Content-Type","application/x-www-form-urlencoded")
```

上述代码中，使用 POST 方式异步请求 URL 为 validate 的服务器端资源。值得注意的是，使用 POST 方式提交请求，必须使用 XMLHttpRequest 对象的 setRequestHeader 方法设置请求头 Content-Type 的值为 application/x-www-form-urlencoded，请求参数在接下来介绍的 send 方法中指定。

（2）send()方法。

调用 open 方法后，就已经准备好了一个 XMLHttpRequest 对象，接下来需要使用 send()方法把请求发送到服务器端。当 open 方法的 async 参数为 true 时，send()方法立即返回，从而允许其他客户端脚本可以继续使用，而不需要等待服务器的响应。send()方法可以使用一个可选的参数，常使用该参数在 POST 方式请求服务器资源时用来传递请求参数等信息。如果不需要传递信息，可以使用不带参数的 send()方法发送请求，也可以使用 send(null)的形式发送请求。代码如下。

```
xmlHttpRequest.open("POST","login",true);
xmlHttpRequest.setRequestHeader("Content-Type","application/x-www-form-urlencoded");
xmlHttp.send("username="+encodeURI(username));
```

上述代码中，使用 POST 方式请求 URL 为 login 的服务器端资源，然后设置了请求头 Content-Type 的值，最后使用 send 方法发送请求，并同时传递请求参数 username。如果不需要传递请求参数，则使用如下形式进行。

```
xmlHttpRequest.open("GET","list",true);
xmlHttp.send(null);
```

上述代码中，使用 GET 方法请求 URL 为 list 的服务器端资源，不需要传递请求参数，直接使用 send(null)方法发送请求。

（3）setRequestHeader(DOMString header，DOMString value)方法。

setRequestHeader 方法可以用来设置请求头信息，需要两个参数：一个是请求头名字，另一个是请求头的值。setReaquestHeader 方法必须在 open 方法之后调用，否则将发生异常。

（4）getResponseHeader(DOMString header)方法。

getResponseHeader 方法可以根据一个响应头的名字，返回对应的值，如果响应头信息没有返回到客户端，则返回 null 值。

（5）getAllResponseHeaders()方法。

getAllResponseHeaders 方法返回所有的响应头信息，使用键值对的形式表示响应头的名字和值。

（6）abort()方法。

abort()方法可以用来暂停与一个 XMLHttpRequest 对象相联系的 HTTP 请求，从而把该对象恢复到未初始化状态。

至此，本节介绍了 XMLHttpRequest 对象的创建方式及常用的属性和方法。使用 XMLHttpRequest 对象可以用 Get 或 Post 等方法向服务器端发送异步请求，并可以通过使用 responseText 或 responseXML 属性获得服务器端返回的内容，进一步将返回的内容更新到页面中。

22.4 文档对象模型 DOM

使用 XMLHttpRequest 对象的 open()及 send()方法可以向服务器端发送异步请求，服务器的响应内容可以通过 XMLHttpRequest 的属性获取，其中 responseText 用来获取文本或 HTML 格式的响应内容，responseXML 用来获取 XML 格式的响应内容。那么，客户端接下来的任务就是要把获取到的响应内容进行解析，更新到客户端页面中。Ajax 技术中，通常使用 DOM 模型操纵客户端页面。

DOM 是 Document Object Model 的简称，即文档对象模型，是 W3C 组织推荐的处理结构化文档标准编程接口。W3C 对 DOM 的定义可以表达为“与系统平台和编程语言无关的 API，程序和脚本可以通过这个接口动态地对文档的内容、结构和样式进行访问和修改”。DOM 总是把一个文档看成一棵树，也就是把文档解析成树状结构的对象集合，并提供了访问及修改树上节点的 API。DOM 可以分为三部分，分别是核心部分、HTML 部分及 XML 部分。其中核心部分是比较底层的对象接口，适用于任何格式的结构化文档。HTML 及 XML 部分定义了访问和操作 HTML 及 XML 文档的标准方法。

DOM 独立于编程语言，很多种语言都实现了 DOM API。在 Ajax 技术中，主要使用 JavaScript 语言使用 DOM 模型。Ajax 是客户端技术，在 Ajax 中既可能使用 HTML DOM 操纵 HTML 部分，也可能使用 XML DOM 对服务器端返回的 XML 文档进行解析。

22.4.1 HTML DOM

HTML DOM 是专门用来针对 HTML 文档编程的 API。使用 JavaScript 可以重构整个 HTML 文档，可以添加、删除、更新或重排页面上的任何元素。要改变页面，JavaScript 就需要一个入口以便能够访问 HTML 文档中的所有元素。HTML DOM 就定义了这样一个入口，并同时定义了对 HTML 元素进行添加、访问、改变或移除的方法和属性。

HTML DOM 将 HTML 文档看成一棵节点树，HTML 文档的每个部分都是树上的一个节点。整个文档是一个文档节点，每个 HTML 标签是一个元素节点，包含在 HTML 元素中的文本是文本节点，每一个 HTML 属性是一个属性节点，注释属于注释节点。例如下面的 HTML 文档。

```
<html>
  <head>
    <title>欢迎来到ETC</title>
  </head>
  <body>
    <h1>Ajax课程</h1>
    <p>本节介绍DOM</p>
  </body>
</html>
```

HTML DOM 将把上面的 HTML 文档解析成如图 22-1 所示的树状结构。

图 22-1 中的 html、head、body、title、h1 及 p 是元素节点（Element Node）；“欢迎来到 ETC”“Ajax 课程”及“本节介绍 DOM”是元素的文本部分，称为文本节点（Text Node）。节点与节点之间存在父子关系，如 html 有两个子节点（Child Node），即 head 及 body，html 是 head 和 body 的父节点（Parent Node）。在同一个层次的节点称为同辈节点（Sibling Node），如 head 与 body，以及 title、h1 与 p 都是同辈节点。

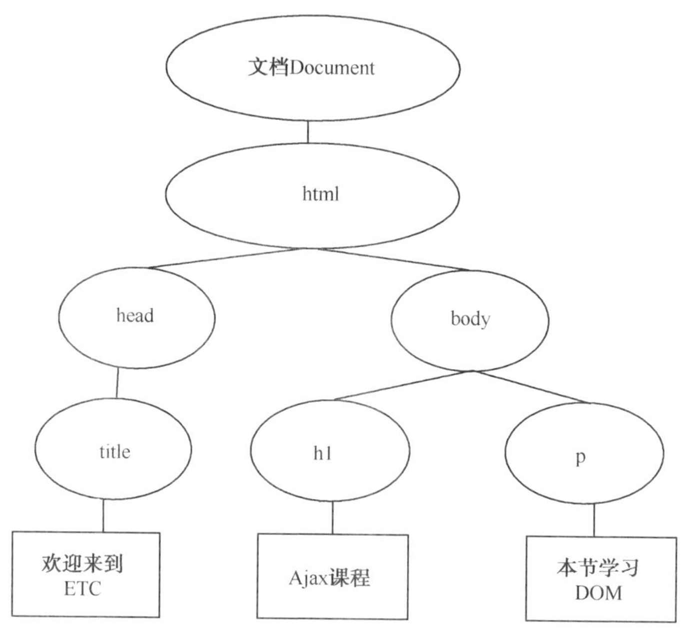

图 22-1　HTML DOM 节点树

HTML DOM 中定义了一系列的 HTML DOM 对象，用来表示 HTML 文档中的元素，包括 document、form、button 等。对象中都定义了属性、方法，用来对文档中对应的元素进行操作。任何一个 HTML 文档被浏览器加载后，都会成为一个 document 对象。在 JavaScript 脚本语言中，可以直接使用 document 对象访问 HTML 中的任何元素。下面是 HTML DOM 中常用的访问节点的方法和属性。

（1）getElementById()方法。

getElementById()方法能够根据 HTML 文档中元素的 id 值返回相关的元素。代码如下。

```
document.getElementById("message");
```

上述代码将返回当前文档中 id 属性值为 message 的元素。

（2）getElementsByTagName()方法。

getElementsByTagName()方法可以作用于 HTML 中任何元素，根据标签的名字返回所有相关元素。代码如下。

```
document.getElementsByTagName("h1");
document.getElementById('info').getElementsByTagName("h1");
```

上述代码中有两行代码：第一行代码返回文档中所有的名字为 h1 的元素；第二行代码返

回文档中 id 值为 info 的元素的名字为 h1 的所有子元素。

（3）parentNode、firstChild 及 lastChild 属性。

parentNode 属性可以返回某个节点的父节点，firstChild 属性返回某个节点的第一个子节点，lastChild 属性返回某个节点的最后一个子节点。

（4）nodeName、nodeValue 及 nodeType 属性。

nodeName、nodeValue 及 nodeType 属性可以用来返回节点的相关信息，nodeName 表示节点名称，nodeValue 表示节点值，nodeType 表示节点类型。代码如下。

```
var x=document. getElementById("message");;
var text=x.firstChild.nodeValue;
```

上述代码中，首先通过 getElementById 方法返回 id 值为 message 的标签赋值给变量 x，然后使用 firstChild 属性返回 x 的第一个子节点，进而使用 nodeValue 属性返回第一个子节点的文本值。

22.4.2 XML DOM

与 HTML DOM 类似，XML DOM 定义了所有 XML 元素的对象和属性，以及访问它们的方法。XML DOM 是用于获取、更改、添加或删除 XML 元素的标准。XML DOM 将 XML 文档看作一棵节点树，文档中的每一个元素都是一个节点，整个文档是一个文档节点，每个 XML 标签是一个元素节点，包含在 XML 元素中的文本是文本节点，每一个 XML 属性是一个属性节点，注释属于注释节点。例如，下面所示的 student.xml 文档，存储了学生的基本信息。

```
<?xml version="1.0" encoding="gb2312" ?>
<students>
  <student sex = "male">
        <name>张然</name>
        <email>zhr@etc.com</email>
  </student>
  <student sex = "male">
        <name>李进</name>
        <email>lj@etc.com</email>
  </student>
</students>
```

DOM 将把文档解析成树状结构，文档中的内容都被解析成节点，节点和节点之间存在着一定的关系，上述文档将被解析成如图 22-2 所示的树状结构。

DOM 解析文档后，将形成以根节点 students 为根的树状结构，这种树被称为节点树。其中 students、student、name、email 都是元素节点，节点之间有着父子关系，例如 student 节点是 name 和 email 节点的父节点。其中 sex 是属性节点，是 student 元素的属性，而 male、张然、zhr@etc.com 等被称为文本节点。

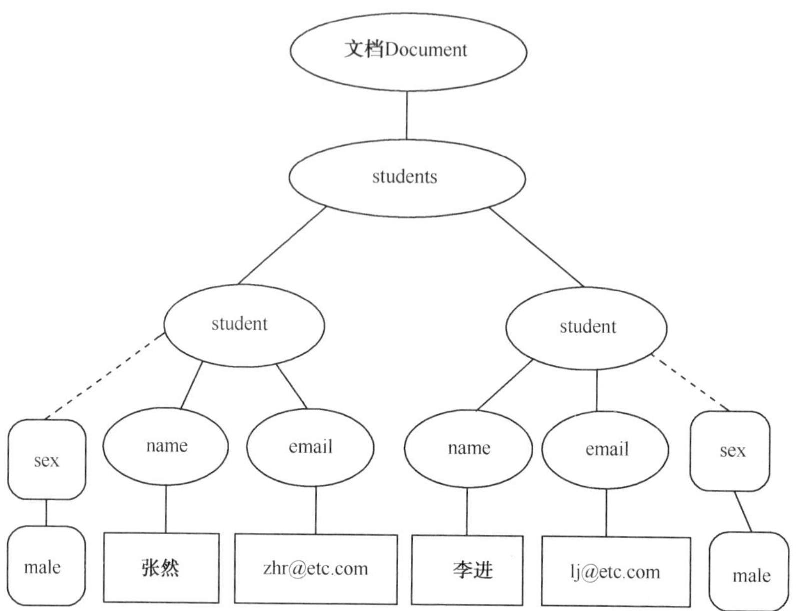

图 22-2 XML DOM 节点树

要使用 XML DOM 解析 XML，首先需要获得 XML 文档对象。不同的浏览器加载 XML 文档的方法不同，例如，微软 IE 浏览器加载 XML 文档的代码如下。

```
xmlDoc=new ActiveXObject("Microsoft.XMLDOM");
xmlDoc.load("students.xml");
```

上述代码中第一行创建微软 XML 加载对象，然后使用 load 方法加载 students.xml。然而，在 FireFox 或其他浏览器中，获得 XML 加载对象的代码却与 IE 不尽相同，代码如下。

```
xmlDoc=document.implementation.createDocument("","",null);
xmlDoc.load("students.xml");
```

上述代码中的第一行创建一个 XML 文档对象，第二行使用 load 方法加载 students.xml 文档。

得到 XML 文档对象后，就可以使用 XML DOM 中定义的属性和方法操作 XML 文档，下面介绍 XML DOM 中常用的属性和方法。

（1）getElementsByTagName(name)。

getElementsByTagName 方法用来获取某个节点的指定标签名称的所有元素的集合。代码如下。

```
titles=xmlDoc.getElementsByTagName("student");
```

上述代码返回一个 XML 文档中所有标签名字为 student 的元素。

（2）e.appendChild(node)。

appendChild(node)方法向节点 e 中插入子节点，代码如下。

```
age=xmlDoc.createElement("age");
xmlDoc.getElementsByTagName("student")[0].appendChild(age);
```

上述代码中首先创建了新节点 age，然后将 age 作为子节点加入文档中第一个 student 节点中。

（3）e. getAttribute(name)。

getAttribute 方法将获取节点 e 的指定名字的属性值，代码如下。

```
sex=xmlDoc.getElementsByTagName("student")[0].getAttribute("sex");
```

上述代码中将返回 XML 文档中第一个 student 元素的 sex 属性值。

（4）nodeName、nodeValue、parentNode、childNodes 及 attributes 属性。

nodeName 返回节点的名字，nodeValue 返回节点的值，parentNode 返回节点的父节点，childNodes 返回节点的子节点，attributes 返回节点的属性节点。

除可以使用上述的方法加载一个 XML 文档外，在 Ajax 技术中，可以直接使用 XMLHttpRequest 的 responseXML 属性封装服务器端返回的 XML 文档，进一步调用 XML DOM 的方法和属性解析 XML，而不需要创建 XML 文档对象。代码如下。

```
var message = xmlHttp.responseXML.getElementsByTagName("message")[0]. firstChild.data;
var passed = xmlHttp.responseXML.getElementsByTagName("passed")[0]. firstChild.data;
```

上述代码中的 xmlHttp 是一个 XMLHttpRequest 对象，直接使用该对象的 responseXML 属性即可以封装服务器端返回的 XML 文档为 XML DOM 对象，进一步调用 XML DOM 中的方法和属性就可以解析 XML。

值得注意的是，不管 HTML DOM 还是 XML DOM，都远远不止本节中讲述的这样简单，其中还定义了很多其他的对象，每个对象都有丰富的属性和方法。此处介绍 DOM 只为理解 Ajax 技术做必要的铺垫，所以不再一一赘述，感兴趣的读者可以参阅其他与 DOM 有关的书籍或资料。

22.5 使用 Ajax 进行异步校验

通过前面章节介绍，已经对 Ajax 有了初步的认识，同时对 Ajax 中常用的几种技术，包括 JavaScript 语言、XMLHttpRequest 对象、文档对象模型 DOM 都有了一定的理解。本节将修改“案例”中的注册功能，输入用户名后，能够使用 Ajax 技术将用户名提交到服务器端进行异步校验，并返回校验结果。

为了实现校验功能，先不考虑客户端如何修改，首先实现服务器端对用户名的校验功能。创建名字为 ValidateNameServlet 的 Servlet，url-pattern 为 validate，在 Servlet 的 doGet 方法中调用业务逻辑进行校验，并将校验结果使用 XML 的形式写到响应流中。Servlet 的 doGet 方法代码如下（完整代码请参见教学资料包中的教材实例源代码文件“javaweb\chapter22\src\com\etc\servlet\ValidateNameServlet.java”）。

```
public void doGet(HttpServletRequest request, HttpServletResponse response)
            throws ServletException, IOException {
//flag用来标记是否校验成功，true为成功，false为失败
boolean flag=true;
//message用来显示校验消息
```

```
            String message="";
            CustomerDAO dao=new CustomerDAO();
            Customer cust=dao.selectByName(request.getParameter("custname"));
            if(cust==null){
                message="用户名可以使用";
            }else{
                flag=false;
                message="用户名已经存在，请选择使用其他用户名";
            }
             //设置响应内容格式
             response.setContentType("text/xml;charset=gb2312");
             PrintWriter out = response.getWriter();
             response.setHeader("Cache-Control","no-cache");
             //将校验信息以XML的格式返回
            out.println("<?xml version='1.0' encoding='"+"gb2312"+"' ?>");
            out.println("<response>");
            out.println("<passed>" + Boolean.toString(flag) + "</passed>");
            out.println("<message>" + message + "</message>");

           out.println("</response>");
            out.close();

        }
```

上述代码首先调用业务逻辑验证用户名是否存在，如果用户名不存在，则校验成功，否则校验失败。如果校验成功，则返回如下格式的 XML 文档。

```
<?xml version='1.0' encoding="gb2312" ?>
 <response>
   <passed>true</passed>
   <message>用户名可以使用</message>
</response>
```

如果校验失败，则返回如下内容的 XML 文档。

```
<?xml version='1.0' encoding="gb2312" ?>
  <response>
   <passed>true</passed>
   <message>用户名已经存在，请选择使用其他用户名</message>
 </response>
```

服务器端的校验程序已经实现，接下来的问题是如何修改客户端代码，用户输入完用户名后，能够异步调用服务器端的 Servlet，并将返回结果进行解析，显示到页面中。在文本框中输入用户名，并失去焦点后，将触发 onchange 事件。因此，需要在 register.jsp 的 custname 文本框中指定 onchange 事件的监听函数，代码如下（完整代码请参见教学资料包中的教材实例源代码文件“javaweb\chapter22\WebRoot\register.jsp”）。

```
<form action="register" method="post">
    用户名:<input type="text" name="custname"   onchange="validate();"><br>
    <div id="validateMessage"></div>
    密码:<input type="password" name="pwd"><br>
```

```
    ...
```

上述代码中，为文本域 custname 定义了 onchange 事件，并指定事件的监听函数是 validate。当用户输入用户名，继续输入其他域时，将触发 onchange 事件，调用对应的 validate 函数。在文本域 custname 下面，定义了 id 值为 validateMesssage 的<div>域，用来显示校验信息。register.jsp 页面中需要定义大量的 JavaScript 脚本，负责向服务器端发送异步请求，解析返回结果并更新到页面中等动态功能。下面就细解 register.jsp 页面中的 JavaScript 部分。

使用 Ajax 技术，往往都从 XMLHttpRequest 对象开始，所以首先需要声明一个函数，用来创建不同版本的 XMLHttpRequest 对象，以便需要的时候调用。代码如下。

```
var xmlHttp;
function createXMLHttpRequest() {
        if (window.ActiveXObject) {
            xmlHttp = new ActiveXObject("Microsoft.XMLHTTP");
        }
        else if (window.XMLHttpRequest) {
            xmlHttp = new XMLHttpRequest();
        }
}
```

上述代码中，声明了名字为 createXMLHttpRequest 的 JavaScript 函数，根据不同的浏览器版本，创建 XMLHttpRequest 对象，并赋值给 xmlHttp 变量。

像上面提到的那样，当用户输入用户名，继续输入其他域的内容时，将触发 onChange 事件，调用 validate 函数。validate 函数主要负责将当前输入的用户名提交给服务器端的 Servlet 进行校验，代码如下。

```
function validate() {
        createXMLHttpRequest();
        var custname = document.getElementById("custname");
        var url = "validate?custname=" + escape(custname.value);
        xmlHttp.open("GET", url, true);
        xmlHttp.onreadystatechange = callback;
        xmlHttp.send(null);
    }
```

上述 validate 函数中，首先调用 createXMLHttpRequest 函数，为变量 xmlHttp 赋值，使其成为一个 XMLHttpRequest 对象。接下来使用 XMLHttpRequest 的 open 方法创建一个与 URL 为 validate 的 Servlet 的连接，同时将 xmlHttp 对象的 onreadystatechange 属性赋值为 callback，意思是当状态有改变时，将自动调用名字为 callback 的函数。最后使用 send 方法向服务器端发送异步请求。调用 validate 函数后，已经能够将用户输入的用户名作为请求参数提交给服务器端的 Servlet，Servlet 接收请求后，就可以进行校验处理，并根据校验结果返回不同的 XML 文档。

当 XMLHttRequest 对象的状态改变时，将自动调用 callback 函数，因此可以在 callback 函数中针对特定状态进行处理。代码如下。

```
function callback() {
if (xmlHttp.readyState == 4) {
```

```
if (xmlHttp.status == 200) {
var message = xmlHttp.responseXML.getElementsByTagName("message")[0].firstChild.data;
var passed = xmlHttp.responseXML.getElementsByTagName("passed")[0].firstChild.data;
setMessage(message, passed);
}}}
```

上述 callback 函数中，首先判断 XMLHttpRequest 的 readyState 属性和 status 属性，当 readyState 为 4 时表示“已加载”状态，也就是说客户端已经完全加载了服务器端的响应，status 为 200 时，表示服务器端的响应一切正常。接下来，callback 函数中使用 XMLHttpRequest 的 responseXML 属性获得服务器端返回的 XML 文档，进一步使用 XML DOM 中的方法和属性获得 XML 文档中 message 元素的值及 passed 的值，并将这两个值作为参数调用 setMessage 函数。setMessage 函数是一个辅助函数，负责把服务器端返回的消息显示到<div>块中。代码如下。

```
function setMessage(message, passed) {
  var validateMessage = document.getElementById("validateMessage");
  var fontColor = "red";
  if (passed == "true") {
      fontColor = "green";
  }


  validateMessage.innerHTML = "<font color=" + fontColor + ">" + message + "
  </font>";
  }
```

上述 setMessage 函数中，首先通过 HTML DOM 对象 document 调用 getElementById 方法返回用来显示校验信息的<div>域，然后使用 innerHTML 属性指定该域的 HTML 文本，HTML 文本使用 callback 函数中解析出的 message 变量值生成，并设置不同的颜色，校验成功为绿色，校验失败为红色。

访问该页面，输入数据库中不存在的用户名“ETC”后，继续输入密码，则显示校验成功的提示信息，如图 22-3 所示。

如果输入数据库中已经存在的用户名“wangxh”，继续输入密码时，则显示校验失败的提示信息，如图 22-4 所示。

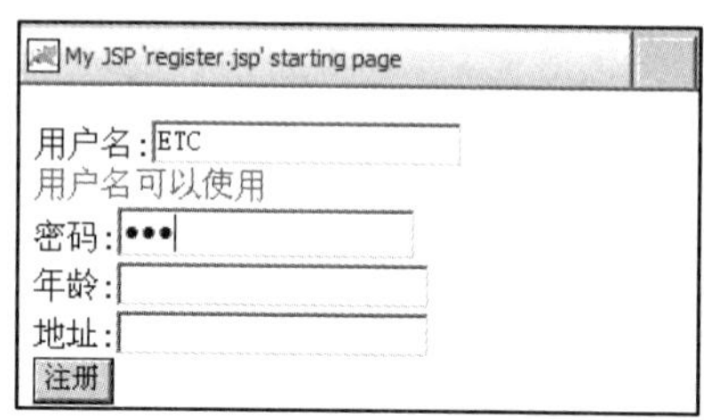

图 22-3　校验成功

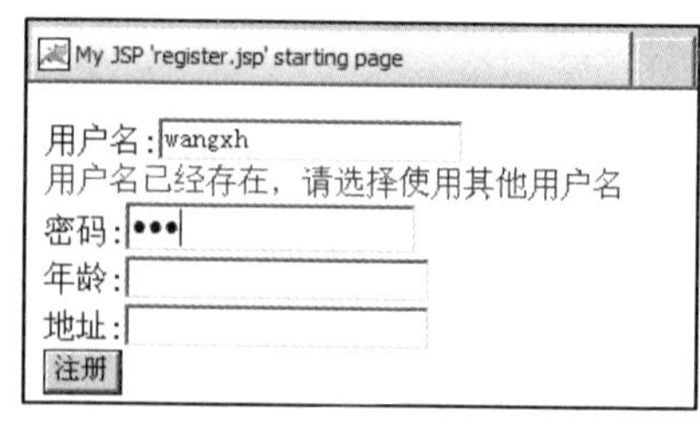

图 22-4　校验失败

至此，register.jsp 文件已经修改完毕，已经使用 Ajax 技术实现了异步校验的功能。下面总结使用 Ajax 技术的简单步骤。

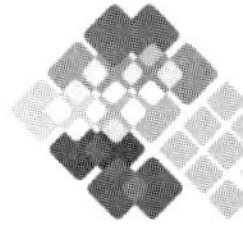

（1）使用 JavaScript 脚本创建 XMLHttpRequest 对象。

（2）使用 XMLHttpRequest 对象向服务器端发送异步请求，并监听响应状态，指定回调函数。

（3）在回调函数中使用 DOM API 处理服务器端的返回结果，更新到页面中。

自始至终，Ajax 技术都离不开 JavaScript 语言，JavaScript 语言就像胶水一样，把所有相关的技术连接起来。

22.6 本章小结

本章主要介绍了 Ajax 技术在 Web 应用中的使用。Ajax 技术严格意义上说，并不是一个新的技术，而是一系列技术的一种新的使用方法，其中包括 XMLHttpRequest、DOM、JavaScript 等。本章首先介绍了 Ajax 的基本概念，然后分别介绍了 Ajax 中的核心技术，最后修改了“案例”，使用 Ajax 技术实现了注册功能中对用户名的异步校验，帮助读者更进一步理解 Ajax 的具体使用。

22.7 思考与练习

1. 简述 Ajax 的含义及其在 Web 应用开发中的作用。

2. Ajax 技术主要包含 4 个组件，即 JavaScript、CSS、DOM 及 XMLHttpRequest 对象，请分别描述这 4 个组件在 Ajax 技术中的作用。

3. XMLHttpRequest 对象中封装了一系列的属性，请说明属性 readyState 有哪几个值，分别说明其含义。

4. XMLHttpRequest 对象中封装了一系列的属性，请说明属性 onreadystatechange 的含义。

5. XMLHttpRequest 对象中封装了一系列的属性，请说明属性 status 的含义。

6. 请解释 DOM 的含义及作用。

7. 完善案例：通过 Ajax 异步校验注册用户名，若用户名没有被注册过，则返回验证通过信息；若用户名已经被注册过，则返回验证失败信息。

第 23 章

JSF 框架

框架（Framework）是近些年在软件开发领域中广泛使用的概念，可以被理解为能被应用开发者定制的应用开发基础。框架有很多种，例如 Struts、JSF、Hibernate、Spring 等。其中，JSF（JavaServer Faces）框架是 Java EE 的组成部分，是通过 Java Community Process（JCP）定义的一种 Java 标准，是一种以组件为中心来开发 Java Web 应用的框架。本章将介绍 JSF 框架的使用。

23.1 JSF 框架快速入门

JSF 技术是一种服务器端框架，它提供了一种基于组件的 Web 应用开发方式。使用 JSF 开发 Web 应用，和使用 Swing、AWT 或 SWT 开发桌面应用有些类似，都围绕着 UI 组件展开。本节通过一个简单计算器的实例，帮助读者快速了解 JSF 框架。

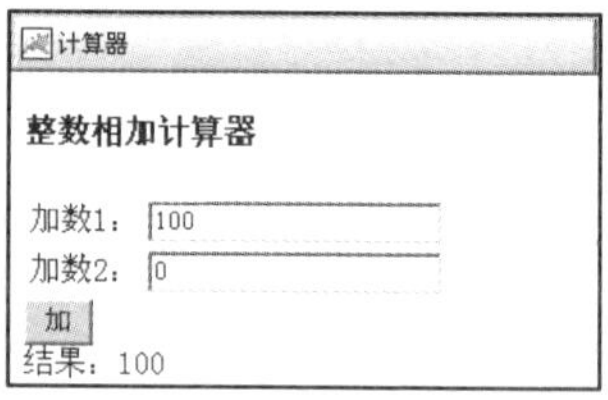

实现的计算器实例的页面如图 23-1 所示，有两个输入框，分别输入两个加数，单击“加”按钮，在页面下端显示结果，如果和为 0，则不显示。

计算器

整数相加计算器

加数1：100

加数2：0

加

结果：100

图 23-1　计算器实例的页面

下面详细介绍如何使用 JSF 框架实现如图 23-1 所示的计算器。要实现计算器，首先使用 Java 类实现计算器的业务逻辑，计算器里只需要实现两个整数相加的逻辑即可，在 Java 类 Calculator.java 中实现业务逻辑。代码如下。

```
public class Calculator {
  private int x=0;
  private int y=0;
  private int result;
  public int getX() {
        return x;
  }
  public void setX(int x) {
        this.x = x;
  }
```

```
        public int getY() {
                return y;
        }
        public void setY(int y) {
                this.y = y;
        }
        public int getResult() {
                return result;
        }
        public void setResult(int result) {
                this.result = result;
        }

        public String add(){
                result=x+y;
                return "success";
        }
}
```

上述代码中声明了两个变量 x 和 y，分别表示两个加数，声明变量 result 表示两数相加的结果，并为这些变量都声明了 getters 和 setters。Calculator 类中声明了 add 方法，用来对 x 和 y 进行加的操作，并将结果返回到 result，且最终返回字符串“success”。

值得一提的是，Calculator 类将作为 JSF 中的 bean 进行管理，其中的变量将与页面中的 UI 组件进行绑定，add 方法也是通过 UI 组件的动作进行调用，所以 add 方法必须遵从一定的编码规范，即没有参数，返回值为 String 类型。

实现了业务逻辑后，需要对类进行配置，使其成为容器管理的 bean 对象，以方便在 UI 组件中使用。JSF 的配置文件缺省为 WEB-INF 下的 faces-config.xml 文件，下面在配置文件中配置 Calculator 类。代码如下。

```
<?xml version="1.0" encoding="UTF-8"?>

<faces-config xmlns="http://java.sun.com/xml/ns/Java EE"
    xmlns:xsi="http://www.w3.org/2001/XMLSchema-instance"
    xsi:schemaLocation="http://java.sun.com/xml/ns/Java EE
    http://java.sun.com/xml/ns/Java EE/web-facesconfig_1_2.xsd"
    version="1.2">

    <managed-bean>
        <managed-bean-name>cal</managed-bean-name>
        <managed-bean-class>

            com.etc.Calculator
        </managed-bean-class>
        <managed-bean-scope>request</managed-bean-scope>
        </managed-bean>
</faces-config>
```

上述配置中使用<managed-bean>标签配置 bean，名字为 cal，类为 com.etc.Calculator，使用<managed-bean-scope>标签配置了 bean 的范围为请求范围 request。在 JSF 的页面组件中，就可以通过名字 cal 使用 Calculator 中的属性和方法。

至此，计算器的业务逻辑已经实现，并且在配置文件中配置为名字是 cal 的 bean。接下来实现计算器的视图部分。JSF 的视图部分依然使用 JSP 文件实现，不过不再直接使用 HTML 标签生成页面元素，而是使用 JSF 框架提供的 UI 组件实现 HTML 元素，而且这些 UI 组件是动态的，能够和后台的 bean 进行互动。计算器实例的视图部分只有 index.jsp 页面，代码如下。

```
<?xml version="1.0" encoding="gb2312" ?>
<%@ taglib uri="http://java.sun.com/jsf/html" prefix="h"%>
<%@ taglib uri="http://java.sun.com/jsf/core" prefix="f"%>
<%@ page contentType="text/html;charset=gb2312" %>

<!DOCTYPE html PUBLIC "-//W3C//DTD XHTML 1.0 Transitional//EN"
                "http://www.w3.org/TR/xhtml1/DTD/xhtml1-transitional.dtd">
<html xmlns="http://www.w3.org/1999/xhtml">
<head>
        <title>计算器</title>
</head>
<body>
<f:view>
        <h4>整数相加计算器</h4>
        <h:form id="calForm">

        <h:panelGrid columns="2" >
                <h:outputLabel value="加数1：" for="x" />
                <h:inputText id="x" label="加数1"
                        value="#{cal.x}" required="true" />

                <h:outputLabel   value="加数2：" for="y"/>
                <h:inputText id="y" label="加数2"
                        value="#{cal.y}" required="true"/>

        </h:panelGrid>
        <div>
                <h:commandButton action="#{cal.add}"   value="加" />
                </div>
  </h:form>
  <h:panelGroup rendered="#{cal.result != 0}">
        <h:outputLabel   value="结果：" for="result"/>
                <h:outputText value="#{cal.result}"   />
  </h:panelGroup>
</f:view>
</body>
</html>
```

JSF 的 UI 组件在 JSP 中是通过标签形式使用的，分别位于两个标签库中：一个被称为 HTML

库，定义了扩展 HTML 元素功能的标签；另一个被称为 Core（核心）库，定义了实现一些核心功能的标签。要使用 JSF 的 UI 组件，首先使用 taglib 指令引入两个标签库。

```
<%@ taglib uri="http://java.sun.com/jsf/html" prefix="h"%>
<%@ taglib uri="http://java.sun.com/jsf/core" prefix="f"%>
```

使用 JSF 构建 Web 页面，所有组件必须在<f:view></f:view>标签内，<f:view>标签是页面上所有标签的容器。上述 index.jsp 页面中，主要使用了以下几种标签。

（1）<h:form>：form 标签渲染（render）了 HTML 中的表单。

（2）<h:panelGrid columns="2" >：panelGrid 标签渲染了 HTML 中的表格，其中 columns 定义表格的列数，行数根据实际内容决定。

（3）<h:outputLabel value="加数 1：" for="x" />：outputLabel 标签渲染了 HTML 中的 label，value 表示 lable 的值，for 用来指定一个客户端组件的 id 值，例如 for="x"指定该标记将显示在 id 值为 x 的组件前。

（4）<h:inputText id="x" label="加数 1"value="#{cal.x}" required="true" />：inputText 渲染了 HTML 中的文本框，id 定义了该组件的 id 值，label 用来校验失败时显示校验信息使用，value 表示文本框的值，#{cal.x}是 JSF 表达式，cal 是配置文件中的 bean，cal.x 表示 bean 的名字为 x 的属性，value="#{cal.x}"表示该文本框的值与 cal 的属性 x 绑定。required="true"表示该文本框必须输入。

（5）<h:commandButton action="#{cal.add}" value="加"/>：commandButton 渲染了 HTML 中的按钮，action 定义了按钮的动作，#{cal.add}表示单击该按钮将调用名字为 cal 的 bean 的 add 方法，value="add"定义了该按钮的值。

（6）<h:panelGroup rendered="#{cal.result != 0}">：panelGroup 用来包含至少一个 UI 组件，其中 rendered 属性用来定义一个渲染的条件，rendered=#{cal.result != 0}表示当 cal 的 result 值不为 0 时才显示该组件，否则不显示。

（7）<h:outputText value="#{cal.result}"/>：outputText 用来渲染 HTML 中的输出文本，value="#{cal.result}"表示输出的值是 cal 的 result 值。

通过上面的介绍，已经了解计算器实例中视图的实现，可见 JSF 框架中的 UI 组件能够非常方便地与后台 bean 进行绑定互动，实现动态功能。单击“加”按钮后，将调用 Calculator 类中的 add 方法，并把文本框中的 x 和 y 赋值给 Calculator 类的变量 x 和 y。如果结果 result 不为 0，则在 index.jsp 的下端显示 result 值，如果结果为 0，则不显示结果。

页面导航问题是任何一个 Web 应用都必须解决的问题。JSF 框架的页面导航可以在 faces-config.xml 配置文件中配置。计算器实例中只有一个页面，即 index.jsp，提交请求后依然导航到 index.jsp 页面显示结果。在 faces-config.xml 中配置导航规则如下（完整代码请参见教学资料包中的教材实例源代码文件“javaweb\chapter23\WebRoot\WEB-INF\faces-config.xml”）。

```
<navigation-rule>
  <navigation-case>
      <from-outcome>success</from-outcome>
      <to-view-id>/index.jsp</to-view-id>
  </navigation-case>
```

```
    </navigation-rule>
```

上述配置中的<from-outcome>success</from-outcome>定义了导航案例的逻辑结果为 success，也就是说当一个动作方法返回 success 时，则使用这个导航案例。<to-view-id>定义了该导航案例的目标地址，例如，index.jsp 中的按钮动作 action="#{cal.add}"将调用 Calculator 类的 add 方法，最终返回“success”字符串，所以方法返回后，页面将导航到<to-view-id>/index.jsp</to-view-id>指定的 index.jsp 页面上。

最后，要使用 JSF 框架，必须在 web.xml 中配置 JSF 中的前端控制器 FacesServlet。任何一个请求，都必须经过 FacesServlet 才能进行到其他阶段。web.xml 中对 FacesServlet 的配置信息如下（完整代码请参见教学资料包中的教材实例源代码文件“javaweb\chapter23\WebRoot\WEB-INF\web.xml”）。

```
    <servlet>
        <servlet-name>Faces Servlet</servlet-name>
        <servlet-class>javax.faces.webapp.FacesServlet</servlet-class>
        <load-on-startup>1</load-on-startup>
    </servlet>
    <servlet-mapping>
        <servlet-name>Faces Servlet</servlet-name>
        <url-pattern>/faces/*</url-pattern>
  <url-pattern>*.jsf</url-pattern>
  </servlet-mapping>
```

上述配置信息中，将*.jsf 及 faces/*都配置给 FacesServlet，并且使用标签<load-on-startup>定义该 Servlet 在应用加载时就被初始化。因此，只要访问*.jsf 或/faces/*路径的请求，都会被发送给 FacesServlet。

至此，计算器的简单实例已经完成，使用 http://localhost:8080/testjsf/faces/或 http://localhost:8080/testjsf/index.jsf 都可以访问到 index.jsp，显示计算器首页，如图 23-2 所示。

在加数文本框中输入加数 100 和 200，单击“加”按钮，则调用 Calculator 类中的 add 方法，将 100 和 200 相加，并赋值给 Calculator 中的 result 变量，显示在下端，如图 23-3 所示。

如果两个加数的和是 0，则不显示结果，输入加数为 100 和-100，单击“加”按钮后，因为和为 0，所以并不显示结果，如图 23-4 所示。

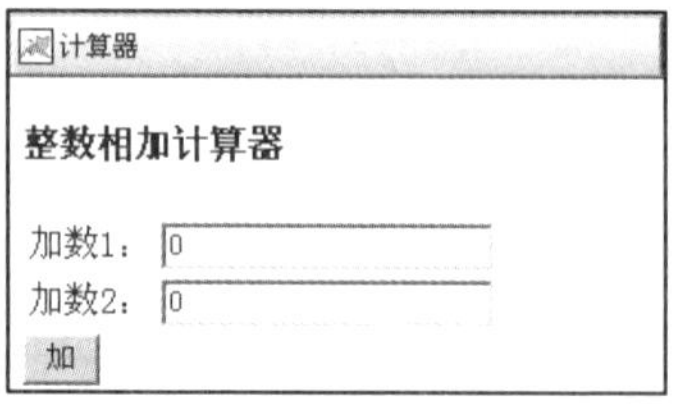

图 23-2　计算器首页

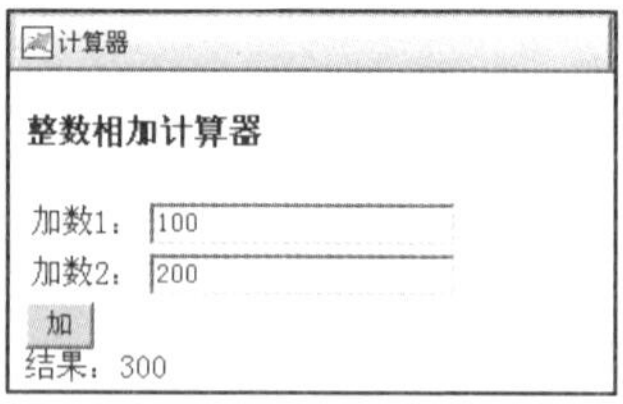

图 23-3　输出计算结果

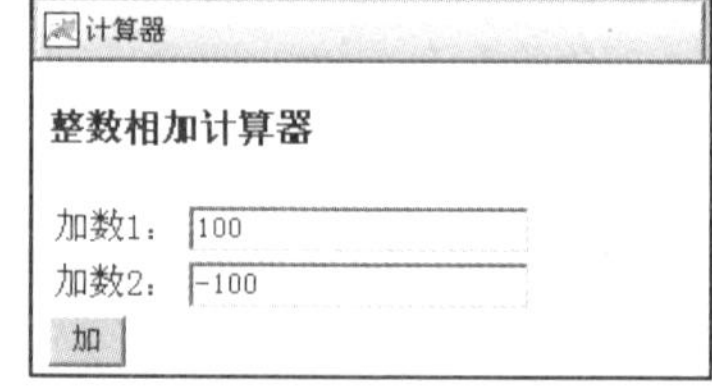

图 23-4　和为 0 时不显示结果

本节通过实现简单计算器的实例，快速了解 JSF 框架的主要部分，以及使用 JSF 框架构建 Web 应用的主要步骤。通过总结可见，使用 JSF 框架开发 Web 应用，主要有以下几项基本工作。

（1）实现业务逻辑。

业务逻辑可以使用多种技术实现，例如简单的 POJO 类、Spring 框架、EJB 组件等。计算器实例中的业务逻辑使用了 POJO 类实现，业务逻辑往往被配置成容器管理的 bean，可以在视图组件中直接使用。

（2）视图。

JSF 框架的视图可以使用 JSP 实现，每个 JSP 页面包含提供 GUI 功能的 JSF 组件。在 JSP 页面中，可以使用 JSF 定制标记库来显示 UI 组件、注册事件处理函数等。

（3）配置文件。

使用 JSF 框架，需要在配置文件 faces-config.xml 中配置框架相关的信息。配置文件 faces-config.xml 中主要可以配置受管理 bean、导航规则等。

（4）前端控制器 FacesServlet。

使用 JSF 框架，必须保证请求先通过前端控制器 FacesServlet，FacesServlet 需要在 web.xml 中进行配置才能生效。

23.2 UI 标准组件

JSF 框架与其他 Web 框架的主要区别之一就是 JSF 框架对 UI 组件的强大支持。JSF 框架不仅提供了很多标准组件可以直接使用，另外，开发人员也可以开发自定义的 UI 组件。JSF 中的所有组件都在一棵树中，本章介绍常用的标准组件。

每个组件都定义了一些属性，有些属性是所有组件通用的，例如 id 和 value 等，下面介绍所有组件都通用的属性。

（1）id：id 用来定义一个组件的标识符，例如：<h:form id="regForm">。

（2）value：value 用来定义组件的本地值，可以是字面值，如<h:inputText value="用户名">。value 也可以绑定到表达式，如<h:inputText value="#{cust.custname}"/>。

（3）rendered：控制组件是否可见，值为 true 表示组件可见，值为 false 则表示组件不可见。如<h:panelGroup rendered="#{cal.result != 0}">，表示当 cal.result 不等于 0 时才显示组件 panelGroup 中包含的组件。

（4）converter：设置用于值和显示字符串之间转换的转换器。

（5）styleClass：指定 CSS 样式类的名称，将解释为 HTML 中的 class 属性，可以同时指定多个样式类，使用逗号隔开即可。

（6）binding：用来将组件关联到后台 bean 属性。

了解通用属性后，接下来按照组件的功能进行分类，介绍常用组件的含义和使用，主要包含显示数据的组件、输入数据的组件、命令组件等。

23.2.1 显示数据的组件

显示数据的组件可以用来显示文本、标记、超链接、图像及消息等。

（1）<h:outputText>：outputText 将在页面中输出文本，如<h:outputText value="您好！">，将在浏览器中显示“您好!”。

（2）<h:outputLabel>：outputLabel 直接对应于 HTML 的<label>标签，可以通过 for 属性

指定需要关联到的组件，代码如下。

```
<h:outputLabel  value="送货地址：" for="address" accesskey="N"></h: outputLabel>
<h:inputText id="address"></h:inputText>
```

上述代码中，outputLabel 的 for 属性值为 address，所以该标记将关联到 id 值为 address 的组件。accesskey="N"指定快捷键为 N。在浏览器中的显示效果如图 23-5 所示。

送货地址：

图 23-5　outputLabel 显示效果

（3）<h:outputFormat>：outputFormat 可以按照一定的消息格式模板输出文本，消息模板中使用{数字}的格式定义参数，参数值通过<f:param>进行设置，代码如下。

```
<h:outputFormat value="浏览器：{0}">
  <f:param value="#{header['User-Agent']}"></f:param>
</h:outputFormat>
```

上述代码中，消息格式模板是"浏览器：{0}"，其中{0}表示第一个参数，标签体中使用<f:param>标签设置了参数的值，参数值使用表达式#{header['User-Agent']}表示，意思是名字为“User-Agent”的请求头信息。在浏览器中将显示如下内容。

```
浏览器：Mozilla/4.0 (compatible; MSIE 8.0; Windows NT 5.1; Trident/4.0; QQDownload 1.7; InfoPath.2)
```

（4）<h:outputLink>：outputLink 用来显示超链接。代码如下。

```
<h:outputLink value="http://www.5retc.com/">
  中软国际ETC
</h:outputLink>
```

上述代码将显示一个文本内容为“中软国际 ETC”的超链接，目标资源是 value 属性定义的 http://www.5retc.com。

（5）<h:graphicImage>：graphicImage 用来显示图像，对应 HTML 中的 img 标签。代码如下。

```
<h:graphicImage url="/images/vancouver.jpg"
alt="欢迎来到斯坦利公园！" width="100" height="100">
</h:graphicImage>
```

上述代码中的 url 指定了要显示的图像文件，alt 指定了如果图像无法显示的替换文本，width 与 height 分别设置了图像的宽度和高度。

（6）<h:message>及<h:messages/>：message 用来显示组件相关的消息，必须使用属性 for，来指定产生消息的组件的 id 值。messages 用来显示应用的消息，不与某个特定组件关联。代码如下。

```
<h:messages/>
<h:inputText id="email"></h:inputText>
<h:message for="email"></h:message>
```

如上面代码所示，如果服务器端返回了消息，则在相应位置进行显示。有关消息的相关处理，后面章节将详细介绍。

23.2.2 面板组件

JSF 中的面板组件与 Swing 中的面板组件类似，可以将一系列的组件作为一个单元，通过与面板的交互从而操作整体组件。

（1）<h:panelGroup>：panelGroup 可以用来将一些组件归组，从而把这些组件当作一个整体单元进行处理。代码如下。

```
<h:panelGroup rendered="#{cal.result != 0}">
        <h:outputLabel   value="结果：" for="result"/>
        <h:outputText value="#{cal.result}"   />
</h:panelGroup>
```

上述代码中，将一个 outputLabel 和 outputText 组织到一个 panelGroup 中，使用 panelGroup 的 rendered 属性控制所包含的两个组件的显示，当且只当 cal.result 的值不为 0 时才显示 panelGroup 中包含的组件，否则不进行显示。

（2）<h:panelGrid>：panelGrid 可以用来创建表格，通过属性 columns 指定列数，border 设置是否显示边框，代码如下。

```
<h:panelGrid columns="3" border="1">
  <h:outputText value="车次"></h:outputText>
  <h:outputText value="始发站"></h:outputText>
  <h:outputText value="到达站"></h:outputText>
  <h:outputText value="T17"></h:outputText>
  <h:outputText value="北京"></h:outputText>
  <h:outputText value="哈尔滨"></h:outputText>
</h:panelGrid>
```

上述代码中使用 panelGrid 构建了一个三列的表格，并使用 outputText 填充表格，共两行内容，在浏览器中显示效果如图 23-6 所示。

车次	始发站	到达站
T17	北京	哈尔滨

图 23-6　panelGrid 显示效果

23.2.3 输入组件

输入组件能够收集用户的输入，包括文本输入框、密码输入框、复选框及下拉列表等。

（1）<h:form>：form 的作用与 HTML 中的<form>一样，用来实现表单元素。如果服务器端需要处理用户的输入，或者跟踪输入的状态，那么输入组件必须包含在<h:form></h:form>标签内。代码如下。

```
<h:form id="regForm">
其他输入组件
</h:form>
```

（2）<h:inputText>：inputText 能够实现简单文本字段的文本框，对应 HTML 中的<input type="text">，代码如下。

```
<h:form id="form1">
    <h:outputLabel value="用户名：" for="name"></h:outputLabel>
  <h:inputText id="name" value="#{cust.custname}"></h:inputText>
</h:form>
```

上述代码中的 inputText 组件将实现文本框，id 值为 name，为该组件的唯一标记。value 属性设置该组件的值，使用#{cust.custname}表达式指定文本框的值为名字为 cust 的 bean 的 custname 属性值。在浏览器中的显示效果如图 23-7 所示。

（3）<h:inputSecret>：inputSecret 能够实现口令框，非常类似 inputText。代码如下。

```
<h:outputLabel value="密码：" for="pwd"></h:outputLabel>
<h:inputSecret id="pwd" value="#{cust.pwd}"></h:inputSecret>
```

上述代码中的 inputSecret 实现口令框，用户输入任何文本都将显示为圆点或星号来进行屏蔽，在浏览器中的显示效果如图 23-8 所示。

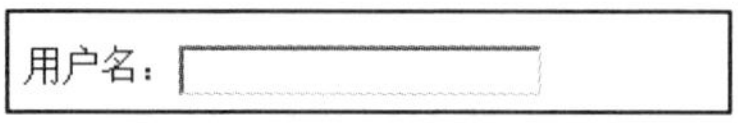

用户名：

图 23-7　inputText 显示效果

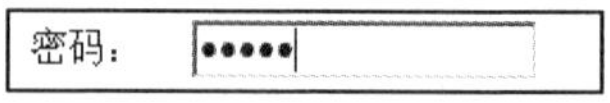

密码：•••••

图 23-8　inputSecret 显示效果

（4）<h:inputHidden>：inputHidden 用来实现隐藏域，与 HTML 中的<input type="hidden">对应，在页面中并不显示 inputHidden 的值，往往用来在页面间传递变量值。代码如下。

```
<h:inputHidden id="flag" value="true">  </h:inputHidden>
```

上述代码中实现了一个 id 值为 flag 的 inputHidden 域，值为 true，该值并不会显示到页面中，而是会随着表单提交到其他页面。

（5）<h:selectBooleanCheckbox>：selectBooleanCheckBox 表示是或否，显示为复选框，往往与一个 Boolean 值关联。代码如下。

```
<h:selectBooleanCheckbox   title="接收协议" value="#{cust.flag}">
接收协议
</h:selectBooleanCheckbox>
```

上述代码中，当 cust.flag 的值为 true 时，复选框被选中。相反，cust.flag 值为 false 时，复选框不被选中。显示效果如图 23-9 所示。

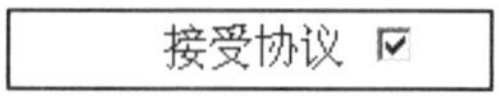

接受协议 ☑

图 23-9　selectBooleanCheckbox 显示效果

（6）<f:selectItem>：selectItem 表示单选条目，这个组件不能单独使用，往往需要嵌套到其他组件中使用，如嵌套到<h:selectManyCheckbox>或<h:selectManyListbox>中。

（7）<h:selectManyCheckbox>：selectManyCheckbox 可以用来实现复选框组，复选框组中的每个条目就可以使用上面的 selectItem 实现。代码如下。

```
<h:selectManyCheckbox>
  <f:selectItem itemValue="1" itemLabel="中国"/>
  <f:selectItem itemValue="2" itemLabel="美国"/>
  <f:selectItem itemValue="3" itemLabel="德国"/>
</h:selectManyCheckbox>
```

上述代码中，使用 selectManyCheckbox 实现复选框组，其中有 3 个条目，使用 selectItem 实现。在浏览器中的显示效果如图 23-10 所示。

□ 中国 □ 美国 □ 德国

图 23-10 selectManyCheckbox 显示效果

（8）<h:selectManyListbox>：selectManyListbox 可以用来显示列表框，列表框中的条目也可以使用上面提到的 selectItem 实现。代码如下。

```
<h:selectManyListbox>
  <f:selectItem itemValue="1" itemLabel="中国"/>
  <f:selectItem itemValue="2" itemLabel="美国"/>
  <f:selectItem itemValue="3" itemLabel="德国"/>
</h:selectManyListbox>
```

上述代码中，使用 selectItem 组件为列表框加入了 3 个条目，在浏览器中的显示效果如图 23-11 所示。

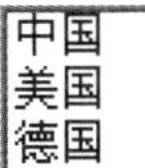

图 23-11 selectManyListbox 显示效果

（9）<h:selectOneRadio>：selectOneRadio 用来实现单选按钮，单选按钮的条目依然可以使用 selectItem 实现，代码如下。

```
<h:selectOneRadio>
    <f:selectItem itemValue="1" itemLabel="中国"/>
  <f:selectItem itemValue="2" itemLabel="美国"/>
  <f:selectItem itemValue="3" itemLabel="德国"/>
</h:selectOneRadio>
```

上述代码中，使用 selectOneRadio 实现单选按钮，使用 selectItem 组件添加了 3 个条目。在浏览器中显示效果如图 23-12 所示。

○ 中国 ○ 美国 ○ 德国

图 23-12 selectOneRadio 效果

23.2.4 命令组件

上面几节介绍的组件都是显示内容或收集用户输入的组件，然而，应用必须是动态的，能够执行用户的命令。命令组件就能够接收用户发起的动作，进一步调用指定的动作，对用户的动作进行响应。

（1）<h:commandButton>：commandButton 能够用来声明一个按钮，其中按钮的 action 属性设置单击该按钮时执行的动作，代码如下。

```
<h:commandButton value="测试" action="success"> </h:commandButton>
```

上述代码中使用 commandButton 组件实现了按钮，显示为“测试”，action 值为 success，单击该按钮后，将请求转发到 faces-config.xml 中配置的页面导航。faces-config.xml 中有如下配置的页面导航。

```
<navigation-rule>
  <navigation-case>
      <from-outcome>fail</from-outcome>
      <to-view-id>/index.jsp</to-view-id>
  </navigation-case>
    <navigation-case>
      <from-outcome>success</from-outcome>
      <to-view-id>/welcome.jsp</to-view-id>
  </navigation-case>
</navigation-rule>
```

上述配置中，success 对应的视图是 welcome.jsp，所以单击“测试”按钮，将调用 welcome.jsp 页面。

也可以使用 JSF 表达式将 action 的值指定为某个 bean 的方法，代码如下。

```
<h:commandButton action="#{controller.login}"  value="登录" />
```

上述代码中的按钮的 action 值使用 JSF 表达式#{controller.login}设置，单击该按钮后，将调用名字为 controller 的 bean 的 login 方法，根据该方法的返回值匹配配置文件中的导航规则进行导航。

（2）<h:commandLink>：commandLink 能够创建动作链接，对应于 HTML 中的锚或<a>元素。代码如下。

```
<h:commandLink action="success">
        <h:outputText value="测试"></h:outputText>
</h:commandLink>
```

上述代码将显示一个超链接“测试”，单击该超链接后，将连接到 faces-config.xml 中配置的输出为 success 的导航实例，与上面介绍的 commandButton 类似。

至此，本节已经分门别类地介绍了 JSF 中常用的标准 UI 组件，使用这些 UI 组件，Web 开发人员能够快速构建动态页面。

23.3 国际化

很多应用往往需要在不同语言环境及不同地区使用，也就是说，不同环境和地区的用户访问应用时，应用程序必须使用用户能看懂的语言并符合用户文化习惯的方式来显示信息，这就需要进行国际化。国际化（Internationalization）是设计一个适用于多种语言和地区的应用的过程。国际化有时候被简称为 i18n，因为有 18 个字母在国际化的英文单词的字母 i 和 n 之间。JSF 框架对国际化进行了支持，本节将介绍如何使用 JSF 框架进行国际化编程。使用 JSF 框架实现如图 23-13 所示的登录页面。

登录页面

登录页面

用户名：

密码：

登录

图 23-13　登录页面

目前，index.jsp 页面中的文本都硬编码在源文件中，如果需要实现不同的语言版本的登录页面，则需要重新编写新的页面。接下来，使用 JSF 框架的国际化支持编写 index.jsp 页面，使其能够根据浏览器支持的语言版本，动态显示不同语言版本的登录页面。

为了能够实现国际化编程，首先必须定义资源束文件，在资源束文件中包含应用的文本字符串。资源束文件大多以属性文件来实现，即以.properties 结尾的文件。资源束文件由键值对组成，不同版本的资源束文件中的键都相同，区别于值不同。资源束文件的命名规则为“基础名字_语言版本_国家简称.properties”，例如 messages_zh_CN.properties、messages_en_US.properties 等，其中 messages 是基础名字，zh 和 en 表示语言版本，分别表示中文和英文，CN 和 US 表示国家，分别表示中国和美国。针对登录页面，声明两个资源束文件，分别定义页面内容的中文版本和英文版本，属性文件存放在应用的 src 目录下即可。中文版的本 messages_zh_CN.properties 如下所示。

```
title=登录页面
custname=用户名
pwd=密码
loginbutton=登录
```

为了避免乱码，可以使用 JDK 提供的 native2ascii 工具将属性文件中的中文内容编码成 Unicode 码，在某些 IDE 工具中也可以自动进行转换，如下所示。

```
title=\u767B\u5F55\u9875\u9762
custname=\u7528\u6237\u540D
pwd=\u5BC6\u7801
loginbutton=\u767B\u5F55
```

英文版本的 messages_en_US.properties 如下所示。

```
title=Login Page
custname=Pls input your name
pwd=Pls input your password
loginbutton=Login
```

定义了资源束文件后，首先需要在 faces-config.xml 中进行配置，指定资源束文件的基础名字，例如上述两个资源束文件中的基础名字就是 messages，如下所示（完整代码请参见教学资料包中的教材实例源代码文件“javaweb\chapter23\WebRoot\WEB-INF\faces-config.xml”）。

```
<application>
  <locale-config>
        <default-locale>zh</default-locale>
        <supported-locale>en</supported-locale>
  </locale-config>
  <message-bundle>messages</message-bundle>
</application>
```

上述配置中使用<default-locale>配置缺省本地支持中文，使用<supported-locale>配置本地同时支持英文，使用<message-bundle>配置资源束文件的基础名字。接下来，就可以在 JSP 文件中使用资源束文件中的键值对，实现国际化。在 JSP 中使用资源束，首先要加载资源束文件，如下所示。

```
<f:view>
<f:loadBundle basename="messages" var="etc"/>
```

如上述代码所示，JSP 文件中要使用资源束文件，首先需要使用 loadBundle 组件加载资源束文件，使用 basename 指定资源束文件的基础名，使用 var 指定访问资源束的关键字，例如，可以使用#{etc.custname}访问资源束 messages 中的 custname 值。当加载了资源束文件后，就可以在组件中使用表达式获取资源束中的字符串值。index.jsp 文件的代码如下（完整代码请参见教学资料包中的教材实例源代码文件“javaweb\chapter23\WebRoot\index.jsp”）。

```
<f:view>
<f:loadBundle basename="messages" var="etc"/>
<head>
      <title><h:outputText value="#{etc.title}"/></title>
</head>
<body>
      <h4><h:outputText value="#{etc.title}"/></h4>
      <h:messages></h:messages>
      <h:form id="loginForm">

      <h:panelGrid columns="3" >
              <h:outputLabel value="#{etc.custname}" for="custname" />
              <h:inputText id="custname" label="#{etc.custname}"/>
              <h:message for="custname" />

              <h:outputLabel    value="#{etc.pwd}"    for="pwd"/>
              <h:inputSecret id="pwd" label="#{etc.pwd}"/>
              <h:message for="pwd" />
      </h:panelGrid>
      <div>
```

```
<h:commandButton action="#{controller.login}"    value="#{etc.loginbutton}" />
            </div>
    </h:form>
  </f:view>
  </body>
  </html>
```

上述代码中，凡是需要显示到浏览器中的属性值，都使用类似#{etc.title}、#{etc.custname}的表达式从资源束文件中获取，而并没有将字符串直接写到文件中。在浏览器中访问 index.jsp 文件，浏览器中的语言设置如图 23-14 所示，中文为语言首选项。

访问 index.jsp 文件后，将自动绑定到 messages_zh_CN.properties 文件，显示中文版本的登录页面，如图 23-15 所示。

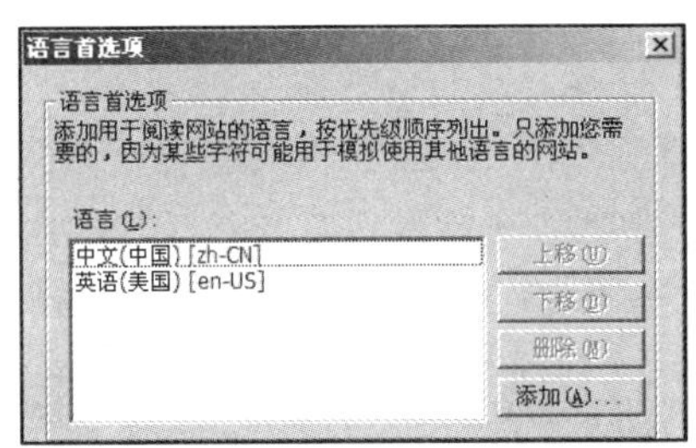

图 23-14　中文为首选项

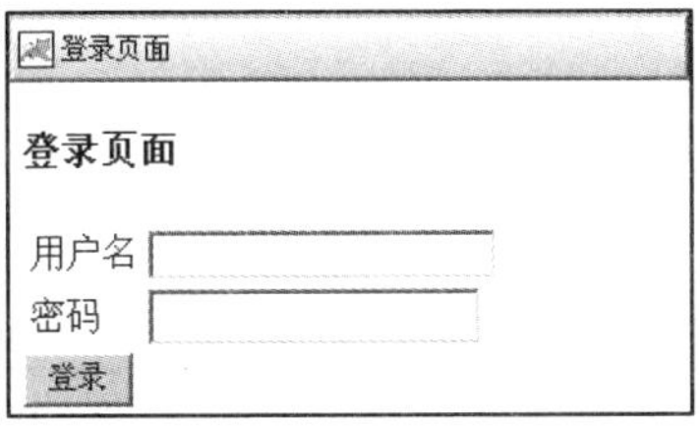

图 23-15　中文版本的登录页面

修改浏览器的语言版本，将语言首选项变为英语，如图 23-16 所示。

此时访问 index.jsp，将自动绑定到 messages_en_US.properties 文件中，显示英语版本的登录页面，如图 23-17 所示。

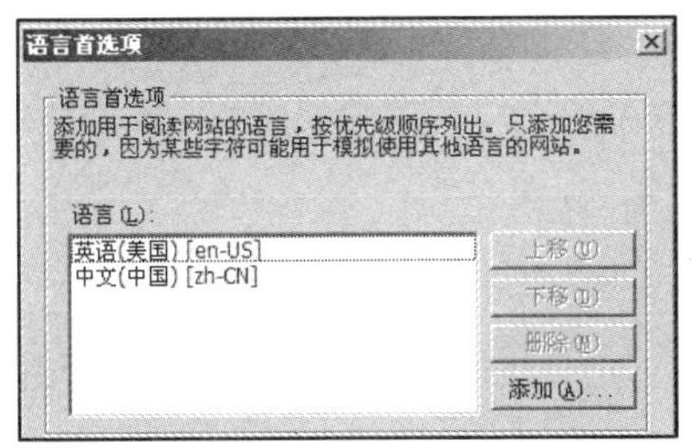

图 23-16　英语为首选项

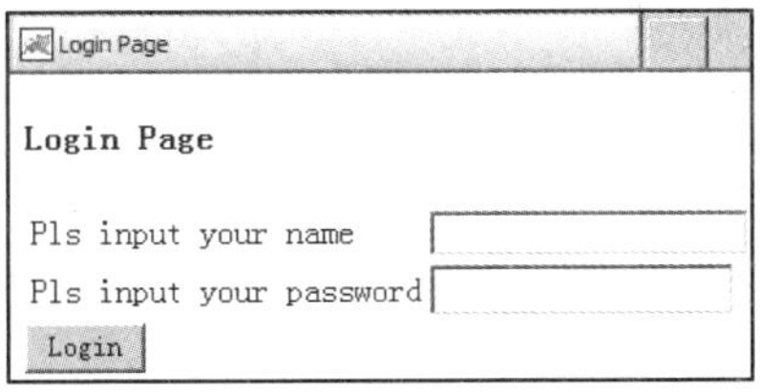

图 23-17　英语版本的登录页面

可见，通过使用 JSF 框架对国际化的支持，自始至终只编写了一个 index.jsp 文件，却能根据浏览器的语言首选项设置，动态显示不同语言版本的页面。

23.4 输入校验

对于任何一个 Web 应用来说，都需要对用户输入进行严格校验，尽早发现无效数据，以保证有效地输出。JSF 框架中既提供了一些标准校验器可以直接使用，也支持用户自定义校验器进行校验。本节先从标准校验器开始，介绍 JSF 框架中进行输入校验的方法。

23.4.1 标准校验器

标准校验器就是 JSF 框架已经定义好，可以直接在组件中使用的校验器，其中最常用的是“必须输入值校验器”，也就是能够校验一个输入组件是否为空，使用该校验器通过组件的属性 required 即可。required 的缺省值是 false，表示组件值可以为空，如果 required 值为 true，表示组件值不能为空，如果为空，将发生校验错误。将上节中的 index.jsp 页面中的用户名和密码，都添加 required 校验器，如下所示（完整代码请参见教学资料包中的教材实例源代码文件“javaweb\chapter23\WebRoot\index.jsp”）。

```
<h:outputLabel value="#{etc.custname}" for="custname" />
<h:inputText id="custname" label="#{etc.custname}" required="true" />
<h:outputLabel    value="#{etc.pwd}"    for="pwd"/>
<h:inputSecret id="pwd" label="#{etc.pwd}" required="true"     />
```

上述代码中，对 custname 和 pwd 两个输入域，都添加了 required="true"属性，即使用了 Required 校验器进行校验，如果值为空，则发生校验错误。进行输入校验，必须向用户显示校验结果信息，JSF 框架定义了显示消息的 UI 组件（参考 23.2 节 UI 组件内容）。JSF 定义了两个 UI 组件来显示消息：一个是<h:messages>，将显示所有的消息；另一个是<h:message>，将通过指定组件的 id 值只显示和该组件相关的消息。继续修改 index.jsp 页面，添加显示消息的组件，代码如下。

```
<h:messages></h:messages>
        <h:panelGrid columns="3" >
        <h:outputLabel value="#{etc.custname}" for="custname" />

        <h:inputText id="custname" label="#{etc.custname}" required="true" />
        <h:message for="custname" />

        <h:outputLabel    value="#{etc.pwd}"    for="pwd"/>
        <h:inputSecret id="pwd" label="#{etc.pwd}" required="true"    />
        <h:message for="pwd" />
        </h:panelGrid>
```

上述代码中的<h:messages>将显示所有的消息，而<h:message for= “custname” />只显示和 custname 组件相关的消息，<h:message for= “pwd” />只显示和 pwd 组件相关的消息。访问 index.jsp，但是并不输入用户名和密码，则发生校验错误，返回登录页面，效果如图 23-18 所示。

登录页面

登录页面

- 用户名: Validation Error: Value is required.
- 密码: Validation Error: Value is required.

用户名 [ ] 用户名: Validation Error: Value is required.
密码 [ ] 密码: Validation Error: Value is required.

图 23-18 校验错误

可见，首先是<h:messages>标签显示出了所有的消息，然后在各自组件后面通过<h:message>标签显示了与该标签相关的消息。然而，框架缺省的校验错误消息并不适用于每个应用，可以在资源束文件中修改校验消息。在资源束中添加如下键值对（完整代码请参见教学资料包中的教材实例源代码文件“javaweb\chapter23\src\messages_zh.properties”）。

```
javax.faces.component.UIInput.REQUIRED={0}不能为空
```

其中键值 javax.faces.component.UIInput.REQUIRED 是 JSF 框架已经定义的，代表 JSF 中输入组件的 Required 校验消息；{0}是动态参数，可以在使用的时候通过<f:param>指定。修改 index.jsp 页面如下。

```
<h:messages></h:messages>
<h:panelGrid columns="3" >
<h:outputLabel value="#{etc.custname}" for="custname" />
<h:inputText id="custname" label="#{etc.custname}" required="true" />
<h:message for="custname" >
<f:param value="用户名"></f:param>
</h:message>

<h:outputLabel  value="#{etc.pwd}"  for="pwd"/>
<h:inputSecret id="pwd" label="#{etc.pwd}" required="true"   />
<h:message for="pwd" >
<f:param value="密码"></f:param>
</h:message>
```

上述代码中，使用<f:param value="用户名"/>将校验信息中的{0}参数指定为用户名，使用<f:param value="密码"/>将校验信息中的{0}参数指定为密码，访问 index.jsp 页面，并不输入用户名和密码，校验出错，显示效果如图 23-19 所示。

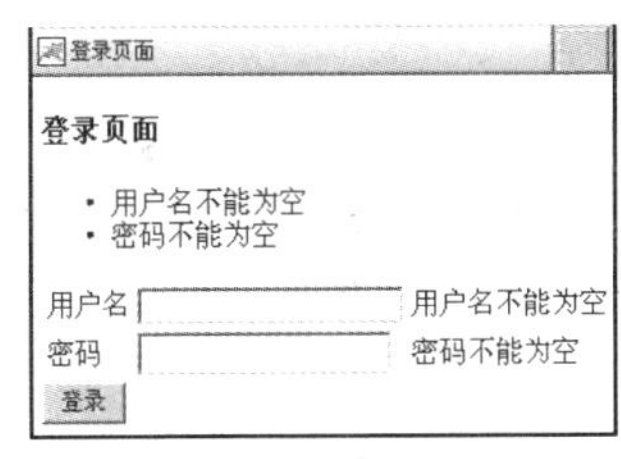

图 23-19　自定义校验信息

除 Required 标准校验器外，JSF 框架还定义了其他几个标准校验器，如下所述。

（1）长度校验器。

长度校验器可以校验组件的值的长度，使用<f:validateLength/>进行校验，代码如下。

```
<h:inputSecret id="pwd" label="#{etc.pwd}" required="true"   />
<f:validateLength minimum="6" maximum="10"></f:validateLength>
```

上述代码中，对口令输入框使用了长度校验器，指定口令的长度在 6 ~ 10 个字符。

（2）Long 范围校验器。

LongRange 校验器能够确保组件的值是 long 类型，并在指定范围内，代码如下。

```
<h:inputText id="number">
<f:validateLongRange minimum="10" maximum="999999"></f:validateLongRange>
</h:inputText>
```

上述代码中，对文本框使用了 LongRange 校验器，指定 number 的类型是 long 类型，取值范围为 10 ~ 999999。

（3）Double 范围校验器。

DoubleRange 校验器能够校验 double 类型的值是否在一定范围内，代码如下。

```
<h:inputText id="price">
<f:validateDoubleRange minimum="5.5"    maximum="160.8"></f:validateDoubleRange>
</h:inputText>
```

上述代码中，对文本框使用了 DoubleRange 校验器，规定 price 的取值范围介于 5.5 和 160.8 之间。

23.4.2 自定义校验器

除上节介绍到的标准校验器外，JSF 框架也允许自定义校验器。自定义校验器的类必须实现接口 Validator，并覆盖其中的 validate 方法，如下所示（完整代码请参见教学资料包中的教材实例源代码文件“javaweb\chapter23\src\com\etc\validator\EmailValidator.java”）。

```
public class EmailValidator implements Validator {
public void validate(FacesContext arg0, UIComponent arg1, Object arg2)
                throws ValidatorException {
  String email=(String)arg2;
  if(!email.contains("@")){
FacesMessage message=
new FacesMessage(FacesMessage.SEVERITY_ERROR,"Email格式不正确",null);
  throw new ValidatorException(message);
  }}}
```

上述 EmailValidator 类实现了接口 Validator，可以作为一个校验器类使用。validate 方法是校验器类中的关键方法，其中 FacesContext 类型的参数是 JSF 的上下文对象，UIComponent 类型的参数是被校验的组件，Object 类型的参数是被校验的组件的输入值。validate 方法首先将 arg2 强制转换成 String 类型，然后判断该字符串是否包含“@”字符，如果不包含，则校验失败，创建 FacesMessage 对象封装校验信息，校验信息能够使用<h:message>标签在客户端进行显示。

定义了校验器类后，需要在 faces-config.xml 中进行定义才能使用，如下所示（完整代码请参见教学资料包中的教材实例源代码文件“javaweb\chapter23\WebRoot\WEB-INF \faces-config.xml”）。

```
<validator>
<validator-id>emailValidator</validator-id>
<validator-class>com.etc.validator.EmailValidator</validator-class>
</validator>
```

上述配置中将 com.etc.validator.EmailValidator 类定义为 id 值为 emailValidator 的校验器。在配置文件中定义了校验器后，就可以在 UI 组件中使用校验器进行校验，代码如下（完整代码请参见教学资料包中的教材实例源代码文件“javaweb\chapter23\WebRoot\testvalidator.jsp”）。

```
<h:form id="test">
    <h:outputLabel value="输入Email：" for="email"></h:outputLabel>
    <h:inputText id="email" >
      <f:validator validatorId="emailValidator"/>
    </h:inputText>
    <h:message for="email"></h:message>
    <div> <h:commandButton value="测试"action="success"></h:commandButton> </div>
  </h:form>
```

上述代码中，对 email 输入框使用<f:validator>设置了校验器 emailValidator，提交表单时，将调用校验器的 validate 方法进行校验，如果校验失败则返回当前页面，并使用<h:message>标签显示校验消息，如图 23-20 所示。

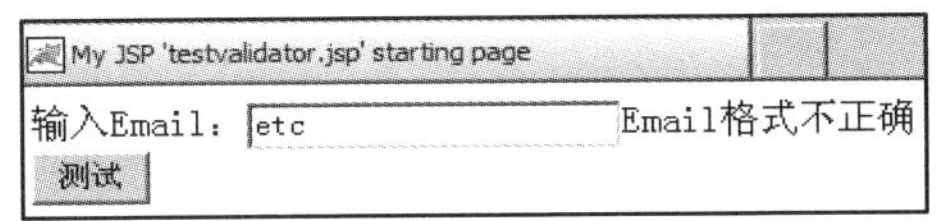

图 23-20　自定义校验器效果

23.5 本章小结

JSF 框架是一个 Web 框架，已经成为 Java EE 规范的一部分存在。JSF 框架的最大特点是以 UI 组件为核心，提供了强大的组件库，使开发 Web 应用和开发桌面应用非常类似，在很多 IDE 环境中，甚至可以达到所见即所得的开发效果。本章从 JSF 框架概述开始，通过简单计算器的实例，帮助读者快速入门 JSF 框架，学习使用 JSF 框架的主要步骤及核心组件。接下来几节分别介绍了 JSF 框架的标准 UI 组件、国际化、输入校验等内容。

23.6 思考与练习

1. 简述 JSF 框架配置文件 faces-config.xml 中的主要配置信息。
2. 简述 JSF 框架实现国际化的步骤。
3. JSF 框架可以使用内置标准校验器进行输入校验，请举例说明至少 3 个标准内置校验器的作用及用法。
4. JSF 框架支持自定义校验器，请说明自定义校验器开发及使用步骤。
5. 使用 JSF 框架，实现案例中的注册功能。

web.xml 文件

web.xml 文件是 Web 应用中必不可少的配置文件，配置了应用运行时的信息。附录 A 中将列举常见的 web.xml 元素。

1. Servlet 的配置信息

```
<servlet>
  <servlet-name>LoginServlet</servlet-name>
  <servlet-class>com.etc.servlet.LoginServlet</servlet-class>
  <init-param>
        <param-name>validate</param-name>
        <param-value>true</param-value>
  </init-param>
  <load-on-startup>1</load-on-startup>
</servlet>
<servlet-mapping>
  <servlet-name>LoginServlet</servlet-name>
  <url-pattern>/login</url-pattern>
</servlet-mapping>
```

Servlet 要运行，必须在 web.xml 中配置。主要配置信息如下。

（1）<servlet-name>：指定 Servlet 实例的名字，可以是任何合法标识符，建议使用 Servlet 类名。

（2）<servlet-class>：指定 Servlet 类的完整名字，包括包名和类名。

（3）<init-param>：为 Servlet 指定初始化参数，使用 ServletConfig 接口中的 getInitParameter 方法可以获取。

（4）<load-on-startup>：该选项配置非负整数，在应用加载时该 Servlet 实例即被初始化，而不是第一次访问时才初始化。数值表示初始化的顺序，而非实例的个数，Servlet 是单实例的，永远只有一个实例。

（5）<url-pattern>：配置 Servlet 的访问路径，必须以/开头，如果使用通配符，如*.do，不以/开头。

2. 过滤器的配置信息

```
<filter>
```

```
    <filter-name>LoginFilter</filter-name>
    <filter-class>com.etc.filter.LoginFilter</filter-class>
    <init-param>
        <param-name>startTime</param-name>
        <param-value>4</param-value>
    </init-param>
</filter>
<filter-mapping>

    <filter-name>LoginFilter</filter-name>
    <url-pattern>*.jsp</url-pattern>
    <dispatcher>REQUEST</dispatcher>
    <dispatcher>FORWARD</dispatcher>
    <dispatcher>INCLUDE</dispatcher>
    <dispatcher>REQUEST</dispatcher>
</filter-mapping>
```

开发过滤器后，必须在 web.xml 中进行配置才能生效。主要配置信息如下。

（1）<filter-name>：指定 filter 实例名字，可以是任意合法的标识符，建议使用 filter 类名。

（2）<filter-class>：指定 filter 类名，必须是包括包名在内的完整类名。

（3）<init-param>：为 filter 指定初始化参数，可以通过 FilterConfig 中的 getInitParameter 方法获取。

（4）<url-pattern>：指定该过滤器过滤的 url。

（5）<dispatcher>：指定该过滤器生效的分发方式，共 4 种，缺省是 REQUEST 方式。

3. 上下文参数

```
<context-param>
  <param-name>path</param-name>
  <param-value>/WEB-INF/tld</param-value>
</context-param>
```

上下文参数被封装在 ServletContext 对象中，可以通过其中的 getInitParameter 方法获取。上下文参数可以在整个应用中使用。

4. 会话超时时间

```
<session-config>
  <session-timeout>40</session-timeout>
</session-config>
```

容器缺省的会话超时时间往往是 30 分钟，可以通过<session-config>配置该应用的会话超时时间，单位为分钟。

5. 欢迎页面列表

```
<welcome-file-list>
    <welcome-file>index.jsp</welcome-file>
</welcome-file-list>
```

缺省的欢迎页面是 index.jsp 或 index.html，可以通过<welcome-file-list>指定多个欢迎页

面，容器将按照配置顺序查找。

6．错误页面

```
<error-page>
  <error-code>404</error-code>
  <location>/error/404.html</location>
</error-page>
<error-page>
  <exception-type>com.etc.exception.RegisterExcetpion</exception-type>
  <location>/register.jsp</location>
</error-page>
```

通过<error-page>可以指定应用中发生某种响应错误，如 404 错误跳转的页面。也可以配置发生某种异常，异常没有被捕获时跳转的页面。

7．监听器配置

```
<listener>
  <listener-class>com.etc.listener.CounterListener</listener-class>
</listener>
```

8．JSP 的属性配置信息

```
<jsp-config>
  <jsp-property-group>
        <url-pattern>/admin</url-pattern>
        <el-ignored>false</el-ignored>
        <scripting-invalid>false</scripting-invalid>
  </jsp-property-group>
  <jsp-property-group>
        <url-pattern>/admin</url-pattern>
        <page-encoding>gb2312</page-encoding>
  </jsp-property-group>
</jsp-config>
```

在 web.xml 中，可以对应用中某些特定 url 的 jsp 文件配置属性。主要的配置信息如下。

（1）<url-pattern>：指定特定的 url 模式。

（2）<el-ignored>：指定是否忽略 EL 语句，如果值为 true，则忽略，将 EL 解析成文本输出。

（3）<scripting-invalid>：指定脚本元素是否有效，如果值为 true，则脚本元素无效，包含脚本元素的 JSP 文件将出现翻译期错误。

（4）<page-encoding>：指定 JSP 的响应编码方式。

附录 B

企业关注的技能

“学以致用”应该是每位读者的心愿，本教材中讲解了 Java EE 架构与设计的方方面面，附录 B 将从企业的角度列举企业所关注的与本书内容相关的技能，帮助各位读者进一步理解教材中的内容，也可以根据这部分内容有针对性地进行练习，熟悉企业招聘面试官常关注的技能点，提高面试成功率。下面将根据教材中的内容进行划分，逐一列举企业关注的技能点，并进行分析。

第一部分 Servlet/JSP 入门

1. 请列举至少 6 种 Java EE 技术，并简述其作用。

解析 Java EE 是一系列的技术，主要包括 13 种。对于开发人员来说，了解主要的几种技术是非常必要的，例如 JDBC、JSP、Servlet、XML、JNDI、JMS、JTA 等。

参考答案

（1）JDBC（Java Database Connectivity）：用来访问数据库的 API。

（2）Java Servlet：是一种小型的 Java 程序，扩展了 Web 服务器的功能。

（3）JSP（Java Server Pages）：JSP 页面由 HTML 代码和嵌入其中的 Java 代码组成，用来实现动态视图。

（4）JNDI（Java Name and Directory Interface）：JNDI API 被用于访问名字和目录服务。

（5）EJB（Enterprise JavaBean）：实现业务逻辑的组件，可以构建分布式系统。

（6）RMI（Remote Method Invoke）：调用远程对象方法。

（7）Java IDL/CORBA：将 Java 和 CORBA 集成在一起。

（8）XML（Extensible Markup Language）：可以用来定义其他标记语言的语言。

（9）JMS（Java Message Service）：用于和消息中间件相互通信的 API

（10）JTA（Java Transaction Architecture）：一种标准的 API，可以访问各种事务管理器。

（11）JTS（Java Transaction Service）：是 CORBA OTS 事务监控的基本实现。

（12）JavaMail：用于存取邮件服务器的 API。

（13）JAF（JavaBeans Activation Framework）：JavaMail 利用 JAF 来处理 MIME 编码的邮件附件。

2. 在 web.xml 中配置 Servlet 时，主要配置哪些信息？

解析 使用 IDE 开发 Servlet 时，配置信息都可以通过可视化方式定义。然而，对于 Web 应用开发员来说，了解 Servlet 的配置非常必要，能够在必要的时候手动进行修改。

参考答案 配置 Servlet 时，主要配置<servlet>及<servlet-mapping>，代码如下。

```
<servlet>
<servlet-name>FirstServlet</servlet-name>
<servlet-class>com.etc.FirstServlet</servlet-class>
</servlet>
<servlet-mapping>
<servlet-name>FirstServlet</servlet-name>
<url-pattern>/first</url-pattern>
</servlet-mapping>
```

其中，<servlet-class>是 Servlet 源文件的名字，<servlet-name>是自定义的名字，往往使用类名。<url-pattern>是非常重要的信息，用来配置访问 Servlet 的逻辑路径，必须以“/”开头。

3. 如果通过一个超链接访问 Servlet，缺省调用 Servlet 中的哪个方法提供服务？

解析 对于不同的 HTTP 请求方法，Servlet 中都定义了对应的 doXXX 方法接收请求。以超链接的方式提交请求，缺省是 GET 方式，所以将调用 Servlet 中的 doGet 方法。程序员应该熟悉每种用户请求对应的 HTTP 方式。

参考答案 缺省调用 doGet 方法提供服务。

4. 如果一个表单<form>没有显式指定 method 属性值，缺省使用什么方法提交请求？

解析 表单提交是 Web 应用中常见的请求方式，一般情况下，建议使用 POST 方式提交请求，因为这种方式请求参数在请求体中传递，不会显示在 URL 中。但是，如果在 HTML 的<form>标记中没有使用 method 属性指定提交方式，缺省是 GET 方式。

参考答案 缺省使用 GET 方式。

5. 请求接口中的哪个方法可以返回请求参数的值？哪个方法可以将请求参数的多个值同时返回？

解析 Web 应用中复杂重要的功能往往通过表单提交实现，用户利用表单可以输入很多信息，这些信息被称为请求参数。在 Web 应用开发中，获得请求参数几乎是使用最多的功能，程序员应该熟练掌握获得请求参数有关的所有方法。

参考答案 请求接口中的 getParameter 方法可以返回某一个请求参数的值，getParameterValues 方法可以将某个请求参数的多个值同时返回，封装到一个数组中，例如复选框的多个值。

6. 响应接口中的哪个方法可以设置内容类型？用简单代码演示。

解析 响应可以封装服务器端返回到客户端的数据，而这些数据的格式和编码需要使用响应中的方法进行设置。如果设置错误，客户端浏览器将无法显示。

参考答案 响应中的 setContentType 方法可以设置内容类型，代码如下。

```
//设置响应的内容类型
    response.setContentType("text/html;charset=gb2312");
```

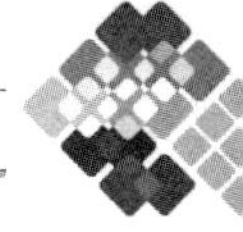

上述代码中设置响应的内容类型是 text 或 html，编码格式是 gb2312。

7. 简述 JSP 的运行过程。

解析 很多初级开发员对 JSP 的理解比较肤浅，不熟悉 JSP 的运行过程，JSP 出错时很难排错。开发员必须熟悉 JSP 的运行过程，这样才能编写出优良的 JSP 并能顺利调试。

参考答案

（1）容器将 JSP 翻译成符合 Servlet 规范的类。

（2）容器编译 JSP 生成的类。

（3）容器初始化 JSP 实例。

（4）将请求和响应对象传递给 JSP 实例的服务方法，提供服务。

8. JSP 中的<%%>和<%=%>有什么区别?

解析 JSP 从表面上看就是 HTML 代码中混合了 Java 代码，而为了区别 Java 代码和 HTML 代码，规范中定义了一些符号，即脚本元素。初级开发员应该从熟悉这些脚本元素开始，逐步熟悉 JSP 的开发。

参考答案 <%%>称为脚本片段，可以包含任何符合语法的 Java 代码，可以同时包含多行代码。而<%=%>称为表达式，=号后面是一个表达式，这个表达式的值将被输出到浏览器中，表达式后面不用使用分号结束，而且每个<%=%>只能包含一个表达式。

9. JDBC 编程中主要有哪几种语句对象？有什么区别?

解析 JDBC 主要用来操作数据库，操作数据库本质上是通过执行 SQL 语句完成。所以，JDBC 编程中，能够用来执行 SQL 语句的语句对象非常重要，每种语句对象都存在一些区别，开发员应该熟悉并掌握。

参考答案 JDBC 中主要有以下 3 种语句对象：

（1）Statement:Statement：是所有语句对象的父接口，定义了语句对象的规范。

（2）PreparedStatement：预编译的语句对象，将待执行的语句进行了预编译，可以在执行时动态指定 SQL 语句中的参数。

（3）CallableStatement：可以用来调用数据库的存储过程。

10. 简述使用 JDBC 操作数据库的主要步骤。

解析 不论使用什么数据库软件，JDBC 操作数据库的步骤都基本相同。开发员一定需要注意的是，JDBC 的连接对象、语句对象、结果集等都是高开销对象，使用完毕一定要在 finally 语句中进行关闭处理，否则将降低应用的性能。

参考答案

（1）加载驱动类。

（2）获得连接对象。

（3）获得语句对象。

（4）执行 SQL 语句，如果是查询语句，需要处理结果集。

（5）关闭结果集、语句对象、数据库连接对象。

11. 说明 MVC 模式的含义，并用图表示 Web 应用中 MVC 模式中每部分之间的关系。

解析 对于 Web 开发员来说，正确理解 MVC 模式非常关键。目前，大多数 Web 应用都

是基于 MVC 模式进行架构，也有很多 MVC 框架能够帮助开发员快速搭建 MVC 应用。值得注意的是，使用 JSP、Servlet、JavaBean 可以构建 MVC 模式的应用，但是 MVC 是一种架构思想，并不仅局限于 JSP、Servlet、JavaBean 这个范围内，可以使用很多其他技术实现。

参考答案 MVC 本来应用于桌面程序中，M 是指数据模型，V 是指用户界面，C 则是控制器，至今已被广泛使用。使用 MVC 的目的是将 M 和 V 的实现代码分离，从而使同一个程序可以使用不同的表现形式。C 存在的目的则是确保 M 和 V 的同步，一旦 M 改变，V 应该同步更新。MVC 模式是近些年被 Java EE 平台广泛使用的设计模式。Web 应用中的 MVC 模式与桌面程序中的 MVC 模式有所不同。由于 Web 应用大多基于请求响应模式，因此往往做不到"一旦 M 改变，V 应该同步更新"。MVC 每部分之间的关系如附图 1 所示。

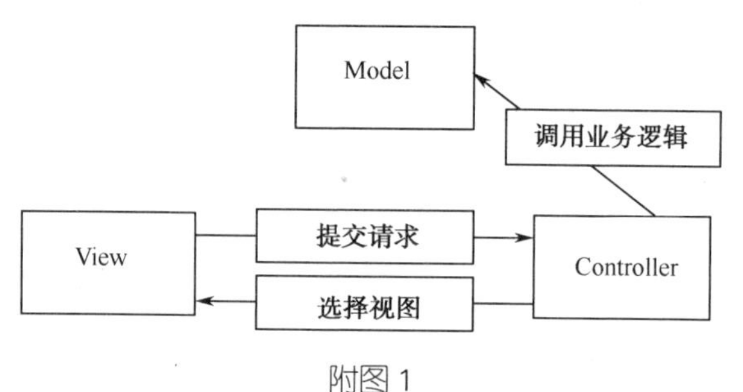

附图 1

第二部分　详解 Servlet 组件开发

1．请说明 Servlet 的生命周期。

解析 Servlet 作为服务器端的组件，需要在容器中才能运行，容器管理 Servlet 的生命周期。对于 Web 开发员来说，了解 Servlet 的生命周期才能更好地进行 Servlet 编程。

参考答案

阶段一　初始化。

客户端第一次访问 Servlet，或者容器加载应用时（配置<load-on-startup>），容器调用 Servlet 类的构造方法，实例化一个 Servlet 组件，该对象存在于服务器端内存中，容器将启动多线程并发访问该对象。实例化结束后，将对 Servlet 实例进行初始化，先调用 init(ServletConfig)方法，再调用 init()方法。

阶段二　提供服务。

Servlet 初始化成功后，容器调用 Servlet 接口中定义的 service(ServletRequest req, ServletResponse res)方法。service 方法将请求和响应对象转换成 HttpServletRequest 和 HttpServletResponse 对象，调用 HttpServlet 类中定义的 service(HttpServletRequest req, HttpServletResponse resp)方法。HttpServlet 中的 service 方法，将请求根据请求方式转发给对应的 doXXX 方法，如 doGet、doPost。

阶段三　销毁。

Servlet 提供服务结束，或者一段时间过后，容器将销毁 Servlet 实例。销毁 Servlet 实例前，容器先调用 Servlet 接口中定义的 destroy 方法，允许完成一些自定义操作。

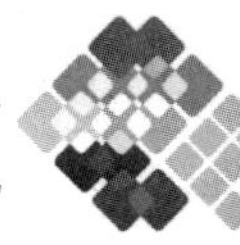

2. 什么是 Servlet 的初始化参数？如何配置？如何在程序中获得？

解析 如果某个 Servlet 需要一些参数，可以在 web.xml 中进行配置，而不必要硬编码到源代码中，这样可以方便地进行修改。值得注意的是，Servlet 的初始化参数只能在当前的 Servlet 中使用，其他 Servlet 中无法使用。

参考答案 Servlet 的初始化参数指的是初始化 Servlet 实例时的参数，可以在 web.xml 中进行配置，代码如下。

```
<servlet>
<servlet-name>TestServlet</servlet-name>
<servlet-class>com.etc.TestServlet</servlet-class>


<init-param>
<param-name>level</param-name>
<param-value>2.1</param-value>
</init-param>
</servlet>
```

上述配置中，使用<init-param>为 TestServlet 配置了一个名字为 level 的初始化参数，值为 2.1。可以使用多个<init-param>元素配置多个初始化参数。在 TestServlet 中，可以直接调用 getInitParameter("level")方法返回该参数的值。

3. 请列出请求接口中至少 3 个获得请求头的方法。

解析 当用户向服务器端提交请求时，HTTP 请求头的信息也随之被发送到服务器。请求接口中定义了获得请求头的方法，实际应用中常需要获得某些请求头的值，根据请求头的值判断客户端的情况进行编程。开发员应该熟悉各种请求头的含义，以及获得请求头的方法。

参考答案 getHeader 方法可以根据请求头名字获得请求头值；getIntHeader 方法用来返回整型请求头的值；getDateHeader 方法用来返回日期类型请求头的值。

4. 响应接口中的 addHeader 方法和 setHeader 方法有什么区别？

解析 响应封装了服务器端发送给客户端的信息，响应接口中定义了操作响应头的方法，有些方法容易混淆，开发员应该辨别清楚。

参考答案 addHeader 方法用来向响应中添加一个头，如果该头的名字已经存在，那么允许一个头包含多个值；setHeader 方法向响应中添加一个头信息，如果头存在，则覆盖已有的值。

5. Servlet 跳转到 JSP 常有两种方法：一种称为响应重定向，另一种称为请求转发。请用代码展示两种方法，并说明其区别。

解析 Servlet 作为 MVC 中的控制器，主要的作用就是接收客户端请求，获得请求信息后调用业务逻辑，然后根据业务逻辑的处理结果跳转到不同的视图显示给用户。开发员必须掌握常用的两种跳转方法，即响应重定向和请求转发。实际工作中常用的是请求转发，很多 MVC 框架缺省也是使用请求转发。

参考答案

响应重定向：response.sendRedirect("index.jsp");

请求转发：request.getRequestDispatcher("index.jsp").forward(request,response);

响应重定向相当于让客户端向重定向的资源重新发出一个请求，当前请求中的信息无法传递到下一个资源。而请求转发相当于把当前的请求转发到下一个资源，当前请求中的信息将可以传递到下一个资源。

6．请求接口中提供了处理属性的方法，请列举每个方法并说明其作用。

解析 控制器调用业务逻辑后，往往需要把一些处理的结果返回到视图上进行显示。这种时候，属性的概念就至关重要。请求属性是最常用的一种属性，是在请求范围内有效的属性。开发员一定要正确理解每种范围的属性并能够正确使用。

参考答案 请求接口中有 3 个和属性有关的方法，分别是：setAttribute(String,Object)，可以将一个对象设置一个名字，存储到请求中；getAttribute(String)，可以根据属性的名字返回属性值；removeAttribute(String)，可以根据属性的名字删除属性。

7. cookie 有什么作用？如何使用 Servlet 的 API 返回请求中的 cookie？如何将 cookie 保存到客户端？

解析 cookie 是保存在客户端的小文本，合理地使用 cookie 能够增强用户体验。然而，开发员使用 cookie 时，一定不要把涉及用户隐私的内容保存到 cookie 中，如银行账号的密码等。另外，cookie 可以被用户人为禁止或删除，这也是使用 cookie 时需要考虑的问题。

参考答案 cookie 用来将一些信息保存到客户端，以备用户下次访问同一应用时，能够自动将这些信息发送到服务器端。服务器端通过使用 cookie 编程，能够提高用户体验。请求接口中提供了 getCookies 方法返回所有 cookie，响应接口中提供了 addCookie 方法能够将 cookie 对象返回到客户端。

8．如何获得会话对象？请用简单代码展示。

解析 Web 应用中，常需要使用会话对象。会话是指客户端对服务器端一次连续的访问过程。开发员应该熟悉会话相关的操作。

参考答案 可以通过请求对象获得会话对象，如 request.getSession()。如果当前存在会话，直接返回使用；如果不存在，则创建一个新的会话返回。还有一个重载的 getSession 方法，具有一个 boolean 类型的参数，其中 request.getSession(true)和 request.getSession()完全相同，而 request.getSession(false)意思是如果存在会话对象就返回使用，如果不存在则返回 null。

9．有哪几种方式可以设置会话有效时间？

解析 会话对象都被存储在容器中，如果很长时间不被使用，就应该被销毁，以保证内存的有效使用。容器总是会为会话设置缺省的有效时间，大多数是 30 分钟，也可以自己定义会话的有效时间。

参考答案 有两种方法可以设置会话的有效时间，一种是在 web.xml 中配置，代码如下。

```
<session-config>
    <session-timeout>40</session-timeout>
</session-config>
```

使用这种方式设置的有效时间，是对当前应用中所有会话都有效，单位是分钟。

另一种是使用 HttpSession 中的 setMaxInactiveInterval(int)方法，这个方法能够设定最大不

活动时间，超过这个时间会话没有被访问，即被容器销毁。这个方法只能控制调用该方法的会话对象，不会对所有会话对象生效。

10. 什么是 URL 重写？能解决什么问题？

解析 大多数容器实现会话，都是基于 cookie 机制实现的。然而，cookie 可能被用户人为地设置失效，这种情况下，会话也将无效。为了能够在 cookie 失效时依然使会话有效，可以使用 URL 重写策略。如果使用某些 MVC 框架编程，如 Struts，这些问题都已经在框架层面得到了解决。

参考答案 URL 重写就是使用响应接口中的 encodeURL(path)方法，把指定的 path 重新编码，将名字是 JSESSIONID 的 cookie 的值强制加到 path 对应的 URL 中，传递到服务器端，这样就能够保证即使 cookie 被阻止，服务器端永远能得到会话对象的 ID 值，使会话有效。

11. 会话接口中提供了处理会话属性的方法，请列举每个方法并说明其作用。

解析 如果某些对象需要在会话范围内有效，那么就可以考虑使用会话范围的属性。保存在会话范围内的属性，在当前会话中一直有效。然而，由于会话的生命周期较长，所以属性也将随着会话一直存在于内存中。只有当必须使用会话属性时再考虑使用，能用请求属性解决的场合就使用请求属性，开发员必须能够正确选择不同范围属性进行使用。

参考答案 会话接口中有 3 个和属性有关的方法，分别是：setAttribute(String,Object)，可以将一个对象设置一个名字，存储到会话中；getAttribute(String)，可以根据属性的名字返回属性值；removeAttribute(String)，可以根据属性的名字删除属性。

12. 什么是上下文对象？如何获得上下文对象？

解析 上下文是一个全局的概念，每个应用都有唯一的上下文对象。上下文接口中定义了一系列的方法，开发员应该熟悉这个接口的常用方法。

参考答案 当容器启动时，会加载容器中的每一个应用，并且针对每一个应用创建一个对象，称为上下文对象。每个应用都只有唯一的上下文对象，Servlet API 中提供了 ServletContext 接口来表示上下文对象。要在 Servlet 中获得上下文对象非常简单，直接使用 getServletContext()方法就可以返回当前的上下文对象，在 JSP 中可以直接使用 application 内置对象使用上下文。

13. 如何配置上下文参数？在程序中如何获得上下文参数？

解析 如果在应用中的很多地方，都需要使用某一个参数，那么就可以配置一个上下文参数。上下文参数与 Servlet 初始化参数不同的是，上下文参数能够在应用中所有资源里使用，而 Servlet 初始化参数只能在当前 Servlet 中使用。

参考答案 在 web.xml 中可以使用<context-param>配置上下文参数，代码如下。

```
<context-param>
        <param-name>path</param-name>
        <param-value>/WEB-INF/props</param-value>
</context-param>
```

要获得上下文参数，可以使用 ServletContext 接口中的 getInitParameter 方法返回。

14. 上下文接口中提供了处理属性的方法，请列举每个方法并说明其作用。

解析 除请求属性、会话属性外，还可以使用上下文属性。如果某个对象需要在上下文范围内使用，就可以考虑使用上下文属性存储。上下文的生命周期很长，应用加载时初始化，直到应用重新加载才被销毁，所以只有必须使用上下文属性时方可使用，否则应该尽量使用请求属性。

参考答案 上下文接口中有 3 个和属性有关的方法，分别是：setAttribute(String,Object)，可以将一个对象设置一个名字，存储到上下文范围中；getAttribute(String)，可以根据属性的名字返回属性值；removeAttribute(String)，可以根据属性的名字删除属性。

15. 说明请求属性、会话属性、上下文属性的区别。

解析 属性在 Web 应用开发中占有举足轻重的地位，是用来在组件之间传递对象的主要方式。主要有三个对象可以存储属性，即请求、会话、上下文。由于请求生命周期最短，所以应该尽量使用请求属性，而只有在必须用会话属性或必须用上下文属性时才考虑使用这两种属性。

参考答案 请求属性是请求范围内的属性，除请求转发外，只在当前的请求中有效；会话属性是会话范围内的属性，只要会话没有失效，就一直随着当前的会话存在；上下文属性是上下文范围的属性，只要容器没有重新加载应用，就一直随着上下文对象存在。应该尽量使用请求属性实现功能，只有在必须用会话属性或必须用上下文属性时才考虑使用这两种属性。

16. 请说明 ServletContextEvent 什么场景下会被触发，以及如何处理。

解析 事件处理在很多时候非常有效，开发员应该熟悉 Servlet 中的常用事件类型，并熟悉每种事件触发的条件。

参考答案 当上下文对象被初始化或被销毁时，将触发 ServletContextEvent。要处理该事件，可以自定义事件处理类实现 ServletContextListener 接口，然后覆盖该接口中的方法，实现处理逻辑。

17. 请说明 HttpSessionEvent 什么场景下会被触发，以及如何处理。

解析 会话事件在很多场合可以使用，开发员应该熟悉会话事件的触发条件及处理方法等。

参考答案 当会话对象有变化的时候，将触发 HttpSessionEvent 事件发生，例如会话被创建、会话被销毁、会话被活化、会话被钝化。要处理该事件，有两个接口可以监听，分别是 HttpSessionListener 和 HttpSessionActivationListener。其中前者监听会话创建和销毁的情况，后者监听会话活化和钝化的情况。

18. 如何在 web.xml 中配置监听器，使监听器生效?

解析 监听器必须在 web.xml 中配置才能生效。

参考答案 在 web.xml 中，可以使用<listener>配置监听器，代码如下。

```
<listener>
<listener-class>com.etc.listener.CounterListener</listener-class>
</listener>
```

19. 简述监听器的开发配置步骤。

解析 每种监听器的开发和配置步骤都非常类似，开发员应该做到熟练掌握。

参考答案

（1）根据需求分析需要使用哪种监听器。

（2）创建类实现监听器接口，并实现接口中必要的方法，实现监听功能。

（3）在 web.xml 中使用<listener>配置监听器。

20. 过滤器有什么作用?

解析 过滤器是 Web 应用中非常重要的概念，甚至在 Struts2 框架中也作为核心控制器使用。

参考答案 在 Web 应用中，往往需要一些通用的处理和控制，如果把这些通用的处理编写在每一个需要的资源文件中，代码就很冗余，且不好管理。只要需要修改，就得修改所有文件中的相关代码，造成维护困难。过滤器就是用来执行这些通用处理的程序，往往可以用来实现图像转换、数据压缩、登录验证、权限控制等。

21. Filter 接口中定义了哪几个方法? 分别有什么作用?

解析 Filter 接口是所有过滤器都必须实现的接口，了解这个接口中的方法对开发员胜任过滤器开发非常必要。

参考答案 Filter 接口中有以下 3 个方法：

（1）init(FilterConfig filterConfig)：该方法是对 filter 对象进行初始化的方法，仅在容器初始化 filter 对象结束后被调用一次。

（2）doFilter(ServletRequest request, ServletResponse response, FilterChain chain)：该方法是 filter 进行过滤操作的方法，是最重要的方法。过滤器实现类必须实现该方法。方法体中可以对 request 和 response 进行预处理。其中 FilterChain 可以将处理后的 request 和 response 对象传递到过滤链上的下一个资源。

（3）destroy()：该方法在容器销毁过滤器对象前被调用。

22. 简述过滤器的开发配置步骤。

解析 开发员应该熟练掌握过滤器的开发配置步骤。

参考答案

（1）创建类实现 Filter 接口。

（2）实现 Filter 接口中的方法，重点实现 doFilter 方法对请求和响应进行过滤。

（3）在 web.xml 中配置过滤器，使用<filter>配置过滤器的类和名字，使用<filter-mapping>配置过滤器需要过滤的资源路径。

23. 过滤器的配置中，<dispatcher>元素是什么含义? 有几个可选值?

解析 <dispatcher>元素是 Servlet 2.4 以后新增的配置，能够用来指定转发方式。

参考答案 <dispatcher>可以配置能够被过滤的 URL 的请求方式，有以下四个值可以使用：

（1）REQUEST：请求方式，是一种缺省的方式。即不配置 dispatcher 选项时，缺省过滤 REQUEST 方式请求的 URL，包括在地址栏中输入 URL、表单提交、超链接、响应重定向，但是如果指定了其他 dispatcher 值，REQUEST 也必须显式指定才能生效。

（2）FORWARD：转发方式，表示可以过滤请求转发方式访问的 URL。

（3）INCLUDE：包含方式，表示可以过滤动态包含的 URL。

（4）ERROR：错误方式，表示可以过滤错误页面。

第三部分　详解 JSP 组件开发

1. 列举至少 5 个 JSP 内置对象，并说明其类型。

解析　内置对象是 JSP 中非常重要的概念，是真正的 Servlet API 中的对象，不过是容器翻译 JSP 时进行声明创建的，所以在 JSP 中不需要声明创建就可以直接使用。Web 开发员起码需要能够熟练使用 JSP 中常用的内置对象。

参考答案

（1）request:HttpServletRequest

（2）response:HttpServletResponse

（3）session:HttpSession

（4）application:ServletContext

（5）pageContext:PageContext

（6）out:JspWriter

2. 说明<%@include%>和<jsp:include/>的区别。

解析　JSP 中的指令和标准动作中都有一个名字为 include 的元素，都是包含的意思，二者具体含义却不同，分别是静态和动态包含，开发员应该熟悉二者区别，避免混淆。

参考答案　<%@include%>是指令，是静态包含，在翻译期将把被包含的资源翻译到包含资源中，源代码合二为一。而<jsp:include/>是动作，是动态包含，在运行期动态访问被包含的资源，将生成的响应合二为一进行显示。

3. 列举 page 指令中至少 3 种常用属性，并说明其含义。

解析　page 指令是 JSP 中最常用的指令之一，开发员应该熟悉 page 指令的常用属性。

参考答案

（1）import：用来导入需要使用的类。

（2）pageEncoding：指定 JSP 页面的编码。

（3）errorPage：指定错误页面。

4. <jsp:foward>的含义是什么?

解析　请求转发是经常使用的跳转方式，在 JSP 中有更为简单的方式进行请求转发，就是使用标准动作 forward。

参考答案　<jsp:forward>可以在 JSP 中实现请求转发，类似在 Servlet 中使用 RequestDispatcher 的 forward 方法进行请求转发。

5. 列举与 JavaBean 相关的 3 个标准动作，并说明其含义。

解析　JavaBcan 可以实现 MVC 中的 Model 部分，然而它并不是一个真正的组件，而是有编程规范的 Java 类。为了能够便捷使用 JavaBean，JSP 规范定义了一系列标准动作。

参考答案 与 JavaBean 相关的有以下三个标准动作。

（1）<jsp:useBean>：用来获得或创建 JavaBean 实例。

（2）<jsp:setProperty>：用来为 JavaBean 的属性赋值。

（3）<jsp:getProperty>：用来显示 JavaBean 的属性值。

6. 什么是 EL？EL 的主要作用是什么？

解析 随着 Java EE 技术的发展，人们越来越希望 JSP 中的动态部分能够更加简练。可以使用<%=%>表达式在 JSP 中动态输出内容，然而总是过于烦琐，因此出现了 EL，可以很大限度地简化 JSP 中的表达式。然而，实际使用中，EL 总是和 JSTL 配合使用才能发挥更大作用。

参考答案 EL 是 Expression Language 的简称，即表达式语言，主要用来替代表达式<%=%>，使 JSP 更为简单。EL 常结合 JSTL 一起使用，发挥更强大的作用。

7. 列举 EL 中 4 个与属性相关的内置对象，并说明其含义。

解析 EL 中定义了一系列的内置对象，其中与属性有关的内置对象特别常用，开发员应该熟练掌握。

参考答案

（1）pageScope：可以获得 PageContext 范围的属性。

（2）requestScope：获得请求范围的属性。

（3）sessionScope：获得会话范围的属性。

（4）applicationScope：获得上下文范围的属性。

8. 如果 web.xml 中定义了一个名字为 rate 的上下文参数，在 JSP 中如何使用 EL 进行输出？

解析 EL 中定义了 11 个内置对象，分别能够输出不同的信息，其中 initParam 能够用来输出上下文参数。

参考答案 ${initParam.rate}

9. EL 中的内置对象 pageContext，与其他内置对象有什么不同？

解析 EL 的 11 个内置对象中，pageContext 是一个非常特殊的内置对象。其他内置对象都只能输出特定的信息，例如 requestScope 只能输出请求范围的属性，并不是一个真正的请求对象。而 pageContext 是一个真正的 PageContext 类型对象，可以返回任意属性。

参考答案 pageContext 内置对象非常特殊，它是一个真正的 PageContext 类型的对象，只要 PageContext 中存在 getXXX 方法，就可以使用${pageContext.xxx}将 getXXX 方法的返回值进行输出。而其他的内置对象都没有这个特点，只能输出特定的信息。

10. EL 中的.与[]有什么区别？

解析 EL 中的.和[]有类似的功能，特别容易混淆，开发员应该熟练掌握。

参考答案 EL 中，使用.和[]都可以用来获得数据，然而某些情况下只能使用[]，而不能使用圆点，有以下三种情况只能使用[]。

（1）通过数组或集合的索引返回值，只能使用[]。

（2）属性值中包括-或.等非字母或数字的字符，只能使用[]。

（3）属性值不是常量，而是变量时，只能使用[]。

11. JSP 中的自定义标记有什么作用？

解析 自定义标记是 JSP1.2 版本开始支持的功能，可以将 JSP 文件中需要使用的 Java 功能定义成标记，在 JSP 文件中多次调用。自定义标记能够使 JSP 文件结构简练，可读性强，可维护性也增强。

参考答案 使用自定义标记，能够使 JSP 文件结构简练，减少冗余代码，能够在多个地方使用自定义标记，达到重复使用的目的，同时也使动态功能更容易管理、维护。

12. 简述开发自定义标记的主要步骤。

解析 开发自定义标记有基本的步骤，开发员应该做到熟悉。

参考答案

（1）根据需求设计需要开发的标记。

（2）在 tld 文件中描述标记的基本信息，包括标记名称、标记的属性、标记体的特征及标记的处理器类等。

（3）根据 tld 描述的信息开发标记处理器类，实现标记的功能。

13. 如何使用自定义标记？

解析 即使有的应用中不需要自行开发标记库，然而开发员至少需要能够熟练掌握自定义标记的使用方法。

参考答案

（1）将自定义标记相关的 tld 文件引入到工程中，可以存放到 WEB-INF 目录下。

（2）将自定义标记相关的 jar 文件引入到工程中，可以存放到 WEB-INF\lib 目录下。

（3）在 JSP 文件中，使用 taglib 指令指定标记库的 uri，并指定使用该标记库的前缀。

（4）在 JSP 中需要使用标记的地方，利用前缀引用标记，传递属性即可使用。

14. 简述 tld 文件的主要作用。

解析 tld 文件在标记库中有着举足轻重的作用，开发员至少要了解 tld 文件中的主要信息。

参考答案 tld 文件是标记库描述文件，主要描述了标记库的信息。主要包括标记名称、标记体的情况、标记中的属性、标记对应的处理器类。另外还会指定唯一的 uri 值，在 JSP 中使用标记库时就通过这个 uri 进行引用。

15. JSTL 是什么？有什么作用？

解析 目前标记库有很多，除 JSTL 外，还有很多第三方提供的标记库，然而作用和使用步骤都大同小异。开发员应该首先掌握标记库的含义及使用，这样对其他标记库也能很快熟练使用。

参考答案 JSTL 是原 SUN 公司定义的一套标准标签库，提供了一些在 Web 应用中常用的标签，例如迭代数组或集合的标签。使用 JSTL 能够使 JSP 代码更为简练，减少 JSP 中的 Java 代码量。这些标签能够在多个场合重复使用，提高了开发效率。

16. 如何使用 JSTL？

解析 使用 JSTL 和使用自定义的标记类似，使用任何标记库的步骤都很类似，无非是每个标记的作用、名字及属性等不同而已。

参考答案

（1）引入 JSTL 的 tld 文件和相关的 jar 文件。

（2）在 JSP 中使用 taglib 指令指定要使用的 tld 的 uri 值，并自定义一个前缀。

（3）在需要使用标记的地方，使用前缀引用标记，设置必要的属性即可。

17. 假设存在一个会话属性 list，list 是泛型为 Customer 的集合对象，Customer 中包含 custname、age、address 3 个属性。请使用 JSTL 中的迭代标记遍历该 list，将集合中的数据显示到表格的行中。

解析 JSTL 中有很多标记，开发员应该熟悉常用标记的使用，例如迭代标记就是常用标记之一。

参考答案

```
<c:forEach items="${sessionScope.list}" var="cust">
  <tr>
  <td>${cust.custname}</td>
  <td>${cust.age}</td>
  <td>${cust.address}</td>
  </tr>
</c:forEach>
```

18. 如何在 web.xml 中配置异常处理?

解析 异常处理一直是应用开发中必须面对的一个问题。在 Web 应用中，也可以使用 try/catch/finally 处理异常，同时，还可以在 web.xml 中进行配置，对某种异常进行统一处理。

参考答案 在 web.xml 中配置异常处理的方式如下：

```
<error-page>
<exception-type>com.etc.exception.RegisterException</exception-type>
<location>/register.jsp</location>
</error-page>
```

上述配置后，当发生了 RegisterException 却没有被捕获时，将跳转到 register.jsp 页面进行处理。

第四部分 高级主题

1. Log4j 有什么作用?

解析 Log4j 是目前使用最多的日志处理组件，程序员应该掌握 Log4j 的使用。

参考答案 Log4j 是 Apache 的一个开源项目，使用 Log4j 可以便捷地控制日志信息输出的目的地，包括控制台、文件、GUI 组件及 NT 事件记录器等。同时，Log4j 可以控制每一条日志信息的输出格式，也能够通过定义每一条日志信息的级别，更加细致地控制日志的生成过程。

2. Log4j 主要由哪 3 部分组成？每部分的主要作用是什么？

解析 掌握 Log4j 的使用，可以从了解 log4j 的主要组件入手。

参考答案 Log4j 包含 3 个主要组成部分，即 Logger、Appender 及 Layout。其中 Logger 是日志记录器，是 Log4j 的核心组件；一个 Logger 可以指定多个 Appender，Appender 用来指定日志信息的输出目的地，可以是文件、控制台或消息文件等；一个 Appender 又可以指定一个 Layout，Layout 用来指定日志信息的格式，可以是 HTML、简单文本等。

3. 列举至少 3 种 Log4j 的输出目的地，并说明其含义。

解析 能够将日志输出到不同目的地，是 Log4j 的一大特征。

参考答案

（1）org.apache.log4j.ConsoleAppender：将日志信息输出到控制台，如果 Logger 没有使用 addAppender 显式添加 Appender，缺省使用 ConsoleAppender。

（2）org.apache.log4j.FileAppender：将日志信息输出到一个文件。

（3）org.apache.log4j.DailyRollingFileAppender：将日志信息输出到一个日志文件，并且根据指定的模式，可以按照一定日期时间段将日志信息输出到一个新的日志文件。

4. 使用 properties 文件配置 Log4j 属性，要求日志级别为 debug，目的地为文件，格式为 HTML。

解析 使用 Log4j 进行日志管理，往往都在属性文件中配置相关的属性，开发员必须熟悉 Log4j 属性的配置，才能够顺利使用 Log4j。

参考答案

```
log4j.rootLogger=debug,appender1
log4j.appender.appender1=org.apache.log4j.FileAppender
log4j.appender.appender1.Threshold=debug
log4j.appender.appender1.ImmediateFlush=true
log4j.appender.appender1.File=log.html
log4j.appender.appender1.Append=true
log4j.appender.appender1.layout=org.apache.log4j.HTMLLayout
log4j.appender.appender1.layout.LocationInfo=true
log4j.appender.appender1.layout.Title=Log Message
```

5. 在 Web 应用中使用 Log4j 记录日志，往往有哪些方法加载属性文件？

解析 Web 应用中使用 Log4j，首先需要考虑的问题是如何加载属性文件。

参考答案 Web 应用中加载 Log4j 的属性文件往往有以下两种方式：

（1）定义一个 Servlet，并使用<load-on-startup>在 web.xml 中配置这个 Servlet，应用加载时就初始化这个 Servlet，从而可以在这个 Servlet 的 init 方法中加载 Log4j 属性文件。只要加载了应用，就会初始化 Servlet，就会调用 init 方法，从而就会加载属性文件。

（2）定义一个上下文事件监听器，在监听器的 contextInitialized 方法中加载 Log4j 属性文件。这样能够保证只要加载了应用，就会触发上下文事件，从而调用监听器中的 contextInitialized 方法，加载 Log4j 属性文件。

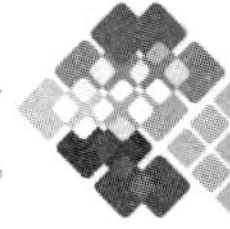

6. Ajax是什么含义？有什么作用？

解析 Ajax并不是一个新技术，而是一系列已有技术的一个新的使用方法。目前，人们越来越关注用户体验，Web应用开发员也应该注重这方面的技术发展。

参考答案 Ajax是“Asynchronous JavaScript and XML”的简称，即异步的JavaScript和XML。Ajax就是能够在Web浏览器中实现与桌面应用类似客户端的技术。例如，使用Ajax技术后，服务器端不会每次都返回一个完整页面，而会只返回一部分文本，只刷新页面的一部分，不需要等待整个页面刷新；使用Ajax可以异步提交请求，不需要必须等待服务器端响应后才进行其他操作。Ajax试图在Web应用中实现桌面应用的功能和交互性，并能够使用和桌面应用中类似的友好界面和漂亮控件。

7. Ajax中的XMLHttpRequest对象有哪些作用？

解析 XMLHttpRequest对象是Ajax技术的核心对象，使用Ajax技术都是从XMLHttpRequest对象开始。

参考答案 XMLHttpRequest是Ajax技术的核心对象，使用Ajax技术都是从XMLHttpRequest对象开始。在Ajax应用程序中，XMLHttpRequest对象负责将用户信息以异步方式发送到服务器端，并接收服务器响应的信息和数据。

8. 什么是DOM？有什么作用？

解析 DOM是独立于脚本和语言的概念，很多语言都对DOM进行了实现，DOM能够对标记语言进行结构化的表示。

参考答案 DOM是Document Object Model的简称，即文档对象模型，是用于HTML和XML文档的API。DOM提供了文档的结构化表示，把网页和脚本或编程语言连接了起来，可以修改文档的内容和视觉表现。使用Ajax编程时，从服务器端返回的内容需要更新到客户端页面中，就可以使用DOM对象操作浏览器内容，进行局部刷新。

9. JSF框架的主要特点是什么？

解析 JSF框架已经是Java EE规范的一部分，是非常有发展前景的框架，开发人员可以关注。

参考答案 JSF是一种以组件为中心来开发Java Web应用的框架。JSF提供了一组用户界面组件，这些组件是可重用的，开发员可以利用这些组件方便地构建Web应用的用户界面；JSF框架支持开发自定义的用户界面组件，而且这些自定义用户界面组件同样可以重用。另外，使用JSF框架，可以方便地进行输入校验、国际化编程等。

反侵权盗版声明